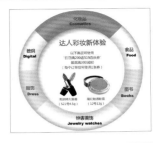

| 1 | 2 | 3 |
|---|---|---|
| | 4 | 5 |
| | | 6 |
| 8 | 7 | |

1. 绘制青蛙卡片
2. 制作漫天飞雪
3. 绘制透明按钮
4. 绘制圣诞贺卡
5. 制作系统时钟
6. 绘制美丽家园插画
7. 制作发光效果
8. 制作创意城市动画

六一儿童节：
　　愿小朋友茁壮成长，
天 —

1. 制作打字效果
2. 绘制环保插画
3. 绘制风景插画
4. 制作记事日记
5. 制作小松鼠动画

相约在春天里 spring

一曲心语燕低翅，杨柳依稀烟雨里，
满树婆娑东风至。三杯暂停入梦时，
两靥渐明笑多姿，花后月着犹思伊。

| 1 | 2 |
|---|---|
| 3 | 4 |
| 5 | 6 |

1. 制作环球旅游相册
2. 制作精品购物网页
3. 制作美食宣传卡
4. 制作滑雪网站广告
5. 制作啤酒广告
6. 制作飞舞的蒲公英

1. 制作情人节音乐贺卡
2. 制作油画展示
3. 制作城市动画
4. 制作太空旅行
5. 制作珍馐美味相册
6. 制作商场促销吊签

| | 1 | 2 |
|---|---|---|
| | | 3 |
| | | 4 |
| 6 | | 5 |

# Flash CC
## 动画制作
### 标准教程

微课版

**互联网＋数字艺术教育研究院 策划**

付琳 编著

人民邮电出版社

北　京

**图书在版编目（CIP）数据**

Flash CC动画制作标准教程：微课版 / 付琳编著
. — 北京 : 人民邮电出版社，2016.3（2021.12重印）
ISBN 978-7-115-41302-4

Ⅰ．①F… Ⅱ．①付… Ⅲ．①动画制作软件—教材
Ⅳ．①TP391.41

中国版本图书馆CIP数据核字（2015）第314577号

## 内 容 提 要

　　本书系统地介绍了 Flash CC 动画制作的基本操作方法和网页动画的制作技巧，包括 Flash CC 基础入门、图形的绘制与编辑、对象的编辑与修饰、文本的编辑、外部素材的应用、元件和库、基本动画的制作、层与高级动画、声音素材的导入和编辑、动作脚本的应用、制作交互式动画、组件和动画预设、测试与发布、商业案例实训等内容。

　　本书将案例融入软件功能的介绍过程中，在介绍了基础知识和基本操作后，精心设计了课堂案例，力求通过课堂案例演练，使学生快速掌握软件的应用技巧；最后通过课后习题实践，拓展学生的实际应用能力。在本书的最后一章，精心安排了专业设计公司的 4 个精彩实例，力求通过这些实例的制作，提高学生网页动画的制作能力。

　　本书适合作为高等院校数字艺术、计算机等相关专业的教材，也可作为相关人员的自学参考书。

◆ 编　著　付　琳
　　责任编辑　邹文波
　　执行编辑　税梦玲
　　责任印制　沈　蓉　彭志环
◆ 人民邮电出版社出版发行　　北京市丰台区成寿寺路 11 号
　　邮编　100164　　电子邮件　315@ptpress.com.cn
　　网址　https://www.ptpress.com.cn
　　涿州市京南印刷厂印刷
◆ 开本：787×1092　1/16　　彩插：2
　　印张：19.5　　　　　　　2016 年 3 月第 1 版
　　字数：549 千字　　　　　2021 年 12 月河北第 7 次印刷

定价：45.00 元
读者服务热线：(010)81055256　印装质量热线：(010)81055316
反盗版热线：(010)81055315

# 前　言　FOREWORD

## 编写目的

　　Flash 功能强大、易学易用，深受网页制作爱好者和动画设计人员的喜爱。为了让读者能够快速且牢固地掌握 Flash 软件，人民邮电出版社充分发挥在线教育方面的技术优势、内容优势、人才优势，潜心研究，为读者提供一种"纸质图书＋在线课程"相配套，全方位学习 Flash 软件的解决方案。读者可根据个人需求，利用图书和"微课云课堂"平台上的在线课程进行碎片化、移动化的学习，以便快速全面地掌握 Flash 软件以及与之相关联的其他软件。

## 平台支撑

　　"微课云课堂"目前包含近 50 000 个微课视频，在资源展现上分为"微课云""云课堂"两种形式。"微课云"是该平台中所有微课的集中展示区，用户可随需选择；"云课堂"是在现有微课云的基础上，为用户组建的推荐课程群，用户可以在"云课堂"中按推荐的课程进行系统化学习，或者将"微课云"中的内容进行自由组合，定制符合自己需求的课程。

### ◇ "微课云课堂"主要特点

　　**微课资源海量，持续不断更新：**"微课云课堂"充分利用了出版社在信息技术领域的优势，以人民邮电出版社 60 多年的发展积累为基础，将资源经过分类、整理、加工以及微课化之后提供给用户。

　　**资源精心分类，方便自主学习：**"微课云课堂"相当于一个庞大的微课视频资源库，按照门类进行一级和二级分类，以及难度等级分类，不同专业、不同层次的用户均可以在平台中搜索自己需要或者感兴趣的内容资源。

　　**多终端自适应，碎片化移动化：**绝大部分微课时长不超过 10 分钟，可以满足读者碎片化学习的需要；平台支持多终端自适应显示，除了在 PC 端使用外，用户还可以在移动端随心所欲地进行学习。

# FOREWORD

◇ **"微课云课堂"使用方法**

扫描封面上的二维码或者直接登录"微课云课堂"（www.ryweike.com）→用手机号码注册→在用户中心输入本书激活码（19becbcb），将本书包含的微课资源添加到个人账户，获取永久在线观看本课程微课视频的权限。

此外，购买本书的读者还将获得一年期价值 168 元的 VIP 会员资格，可免费学习 50 000 个微课视频。

## 内容特点

本书章节内容按照"课堂案例—软件功能解析—课堂练习—课后习题"这一思路进行编排，且在本书最后一章设置了专业设计公司的 4 个商业实例，以帮助读者综合应用所学知识。

**课堂案例：** 精心挑选课堂案例，通过对课堂案例的详细操作，使读者快速熟悉软件基本操作和设计基本思路。

**软件功能解析：** 在对软件的基本操作有一定了解之后，再通过对软件具体功能的详细解析，帮助读者深入掌握该功能。

**课堂练习和课后习题：** 为帮助读者巩固所学知识，设置了课堂练习这一环节，同时为了拓展读者的实际应用能力，设置了难度略为提升的课后习题。

## 学时安排

本书的参考学时为 58 学时，讲授环节为 40 学时，实训环节为 18 学时。各章的参考学时参见以下学时分配表。

| 章 | 课 程 内 容 | 学 时 分 配 | |
|---|---|---|---|
| | | 讲　授 | 实　训 |
| 第 1 章 | Flash CC 基础入门 | 2 | |
| 第 2 章 | 图形的绘制与编辑 | 3 | 2 |
| 第 3 章 | 对象的编辑与修饰 | 3 | 1 |
| 第 4 章 | 文本的编辑 | 3 | 1 |
| 第 5 章 | 外部素材的应用 | 2 | 1 |
| 第 6 章 | 元件和库 | 3 | 1 |
| 第 7 章 | 基本动画的制作 | 4 | 2 |
| 第 8 章 | 层与高级动画 | 4 | 2 |
| 第 9 章 | 声音素材的编辑 | 2 | 1 |
| 第 10 章 | 动作脚本的应用 | 3 | 2 |
| 第 11 章 | 制作交互式动画 | 3 | 3 |
| 第 12 章 | 组件和动画预设 | 3 | 2 |

续表

| 章 | 课程内容 | 学时分配 | |
|---|---|---|---|
| | | 讲 授 | 实 训 |
| 第13章 | 测试与发布 | 1 | |
| 第14章 | 商业案例实训 | 4 | |
| 课 时 总 计 | | 40 | 18 |

## 资源下载

为方便读者线下学习或教师教学，本书提供书中所有案例的微课视频、基本素材和效果文件，以及教学大纲、PPT课件、教学教案等资料，用户请登录微课云课堂网站并激活本课程，进入下图所示界面，单击"下载地址"进行下载。

## 致 谢

本书由互联网＋数字艺术教育研究院策划，由北京印刷学院付琳编著。本书在编写过程中，得到了北京印刷学院相关领导和同事的大力支持，也得到了北京印刷学院校级重点社科项目《基于用户体验的多媒体交互设计应用研究》的资助，在此表示感谢。

编 者

2015 年 10 月

# 目录 CONTENTS

第1章 Flash CC 基础入门 1

1.1 Flash 的诞生与发展历程 2
　1.1.1 Flash 的诞生 2
　1.1.2 Flash 的发展历程 2
1.2 Flash 的应用领域 4
　1.2.1 电子贺卡 4
　1.2.2 网络广告 5
　1.2.3 音乐宣传 5
　1.2.4 游戏制作 5
　1.2.5 电视领域 6
　1.2.6 电影动画 6
　1.2.7 多媒体教学 6
1.3 Flash CC 新增和改进功能 7
　1.3.1 Flash Professional CC 和创意云 7
　1.3.2 64 位架构 7
　1.3.3 高清导出 7
　1.3.4 改进 HTML 的发布 7
　1.3.5 简化的用户界面 7
　1.3.6 在移动设备上实时测试 7
　1.3.7 强大的代码编辑器 7
　1.3.8 实时绘图 7
　1.3.9 节省时间和时间轴 8
　1.3.10 无限的画板大小 8
　1.3.11 自定义数据 API 8
1.4 Flash CC 的操作界面 8
　1.4.1 菜单栏 8
　1.4.2 工具箱 9
　1.4.3 时间轴 10
　1.4.4 场景和舞台 11
　1.4.5 "属性"面板 12
　1.4.6 "浮动"面板 13
1.5 Flash CC 的文件操作 14
　1.5.1 新建文件 14
　1.5.2 保存文件 14
　1.5.3 打开文件 15
1.6 Flash CC 的系统配置 15
　1.6.1 "首选参数"面板 15
　1.6.2 设置"浮动"面板 17
　1.6.3 "历史记录"面板 18

第2章 图形的绘制与编辑 20

2.1 基本线条与图形的绘制 21
　2.1.1 课堂案例——绘制青蛙卡片 21
　2.1.2 线条工具 26
　2.1.3 铅笔工具 26
　2.1.4 椭圆工具 27
　2.1.5 刷子工具 28
2.2 图形的绘制与选择 29
　2.2.1 课堂案例——绘制网络
　　　　公司网页标志 30
　2.2.2 矩形工具 33
　2.2.3 多角星形工具 34
　2.2.4 钢笔工具 35
　2.2.5 选择工具 36
　2.2.6 部分选取工具 37
　2.2.7 套索工具 39
　2.2.8 多边形工具 39
　2.2.9 魔术棒工具 40
2.3 图形的编辑 40
　2.3.1 课堂案例——绘制新春卡片 40
　2.3.2 墨水瓶工具 49
　2.3.3 颜料桶工具 49
　2.3.4 滴管工具 51
　2.3.5 橡皮擦工具 52
　2.3.6 任意变形工具和渐变变形工具 54
　2.3.7 手形工具和缩放工具 57
2.4 图形的色彩 58
　2.4.1 课堂案例——绘制透明按钮 58

# CONTENTS

2.4.2 "纯色编辑"面板 62
2.4.3 "颜色"面板 62
2.4.4 "样本"面板 64
2.5 课堂练习——绘制童子拜年贺卡 65
2.6 课后习题——绘制圣诞贺卡 65

## 第3章 对象的编辑与修饰 66

3.1 对象的变形与操作 67
3.1.1 课堂案例——绘制环保插画 67
3.1.2 扭曲对象 71
3.1.3 封套对象 71
3.1.4 缩放对象 72
3.1.5 旋转与倾斜对象 72
3.1.6 翻转对象 73
3.1.7 组合对象 73
3.1.8 分离对象 74
3.1.9 叠放对象 74
3.1.10 对齐对象 74
3.2 对象的修饰 75
3.2.1 课堂案例——绘制风景插画 75
3.2.2 优化曲线 77
3.2.3 将线条转换为填充 78
3.2.4 扩展填充 78
3.2.5 柔化填充边缘 79
3.3 "对齐"面板与"变形"面板的使用 79
3.3.1 课堂案例——制作商场促销吊签 80
3.3.2 "对齐"面板 83
3.3.3 "变形"面板 85
3.4 课堂练习——绘制圣诞夜插画 87
3.5 课后习题——绘制美丽家园插画 87

## 第4章 文本的编辑 88

4.1 文本的类型及使用 89
4.1.1 课堂案例——制作记事本日记 89
4.1.2 创建文本 90
4.1.3 文本"属性"面板 92
4.1.4 静态文本 96
4.1.5 动态文本 96

4.1.6 输入文本 96
4.2 文本的转换 97
4.2.1 课堂案例——制作水果标牌 97
4.2.2 变形文本 99
4.2.3 填充文本 99
4.3 课堂练习——制作马戏团标志 100
4.4 课后习题——制作变色文字 100

## 第5章 外部素材的应用 101

5.1 图像素材的应用 102
5.1.1 课堂案例——制作名胜古迹鉴赏 102
5.1.2 图像素材的格式 109
5.1.3 导入图像素材 109
5.1.4 设置导入位图属性 112
5.1.5 将位图转换为图形 114
5.1.6 将位图转换为矢量图 116
5.2 视频素材的应用 117
5.2.1 课堂案例——制作体育赛事精选 117
5.2.2 视频素材的格式 120
5.2.3 导入视频素材 121
5.2.4 视频的属性 122
5.3 课堂练习——制作饮品广告 122
5.4 课后习题——制作美食栏目动画 122

## 第6章 元件和库 123

6.1 元件与"库"面板 124
6.1.1 课堂案例——制作城市动画 124
6.1.2 元件的类型 128
6.1.3 创建图形元件 129
6.1.4 创建按钮元件 129
6.1.5 创建影片剪辑元件 132
6.1.6 转换元件 133
6.1.7 "库"面板的组成 135
6.1.8 "库"面板弹出式菜单 137
6.1.9 外部库的文件 138
6.2 实例的创建与应用 138
6.2.1 课堂案例——制作家电销售广告 138
6.2.2 建立实例 143

# CONTENTS

6.2.3 转换实例的类型 145
6.2.4 替换实例引用的元件 145
6.2.5 改变实例的颜色和透明效果 146
6.2.6 分离实例 149
6.2.7 元件编辑模式 149
6.3 课堂练习——制作动态菜单 149
6.4 课后习题——制作美食电子菜单 150

## 第7章 基本动画的制作 151

7.1 帧与时间轴 152
7.1.1 课堂案例——制作打字效果 152
7.1.2 动画中帧的概念 155
7.1.3 帧的显示形式 155
7.1.4 "时间轴"面板 157
7.1.5 绘图纸（洋葱皮）功能 158
7.1.6 在"时间轴"面板中设置帧 159
7.2 帧动画 160
7.2.1 课堂案例——制作小松鼠动画 160
7.2.2 帧动画 164
7.2.3 逐帧动画 165
7.3 形状补间动画 167
7.3.1 课堂案例——制作时尚戒指广告 167
7.3.2 简单形状补间动画 172
7.3.3 应用变形提示 173
7.4 动画补间动画 174
7.4.1 课堂案例——制作促销广告 175
7.4.2 动作补间动画 179
7.4.3 色彩变化动画 183
7.4.4 测试动画 185
7.5 课堂练习——制作LOADING加载条 186
7.6 课后习题——制作创意城市动画 187

## 第8章 层与高级动画 188

8.1 层、引导层与运动引导层的动画 189
8.1.1 课堂案例——制作太空旅行 189
8.1.2 层的设置 191
8.1.3 图层文件夹 195
8.1.4 普通引导层 196

8.1.5 运动引导层 196
8.2 遮罩层与遮罩的动画制作 198
8.2.1 课堂案例——制作油画展示 199
8.2.2 遮罩层 202
8.2.3 静态遮罩动画 203
8.2.4 动态遮罩动画 204
8.3 分散到图层 205
8.4 课堂练习——制作发光效果 205
8.5 课后习题——制作飞舞的蒲公英 206

## 第9章 声音素材的导入和编辑 207

9.1 音频的基本知识及声音素材的格式 208
9.1.1 音频的基本知识 208
9.1.2 声音素材的格式 208
9.2 导入并编辑声音素材 209
9.2.1 课堂案例——制作情人节
音乐贺卡 209
9.2.2 添加声音 215
9.2.3 "属性"面板 217
9.3 课堂练习——制作美食宣传卡 218
9.4 课后习题——制作儿童学英语 219

## 第10章 动作脚本的应用 220

10.1 动作脚本的使用 221
10.1.1 课堂案例——制作系统时钟 221
10.1.2 数据类型 225
10.1.3 语法规则 226
10.1.4 变量 228
10.1.5 函数 228
10.1.6 表达式和运算符 229
10.2 课堂练习——制作漫天飞雪 229
10.3 课后习题——制作鼠标跟随效果 230

## 第11章 制作交互式动画 231

11.1 播放和停止动画 232
11.1.1 课堂案例——制作珍馐
美味相册 232

# CONTENTS

11.1.2 播放和停止动画 238
11.1.3 按钮事件 240
11.1.4 制作交互按钮 241
11.1.5 添加控制命令 244
11.2 课堂练习——制作美食在线 246
11.3 课后习题——制作动态按钮 247

第 12 章 组件和动画预设 248
12.1 组件 249
12.1.1 关于 Flash 组件 249
12.1.2 设置组件 249
12.2 使用动画预设 250
12.2.1 课堂案例——制作房地产广告 250
12.2.2 预览动画预设 255
12.2.3 应用动画预设 255
12.2.4 将补间另存为自定义动画预设 257
12.2.5 导入和导出动画预设 259
12.2.6 删除动画预设 260
12.3 课堂练习——制作啤酒广告 260
12.4 课后习题——制作旅游广告 261

第 13 章 测试与发布 262
13.1 Flash 的测试环境 263
13.1.1 测试影片 263
13.1.2 测试场景 263
13.2 优化影片 263
13.3 动画的调试 265
13.3.1 调试命令 265
13.3.2 调试 ActionScript 3.0 265
13.3.3 远程调试会话 266
13.4 动画的发布 266
13.4.1 发布设置 266
13.4.2 Flash 267

13.4.3 SWC 268
13.4.4 HTML 包装器 268
13.4.5 发布 GIF 图像 271
13.4.6 发布 JPEG 图像 272
13.4.7 发布 PNG 图像 272
13.4.8 发布 Flash 动画 273
13.4.9 发布 AIR for Android
应用程序 273
13.4.10 为 AIR for iOS 打包应用
程序 274

第 14 章 商业案例实训 275
14.1 制作春节贺卡 276
14.1.1 案例分析 276
14.1.2 案例设计 276
14.1.3 案例制作 276
14.2 制作手机广告 282
14.2.1 案例分析 282
14.2.2 案例设计 283
14.2.3 案例制作 283
14.3 制作旅游相册 288
14.3.1 案例分析 288
14.3.2 案例设计 289
14.3.3 案例制作 289
14.4 制作房地产网页 295
14.4.1 案例分析 295
14.4.2 案例设计 296
14.4.3 案例制作 296
14.5 课堂练习 1——制作端午节贺卡 300
14.6 课堂练习 2——制作滑雪网站广告 301
14.7 课后习题 1——制作儿童电子相册 302
14.8 课后习题 2——制作精品购物网页 302

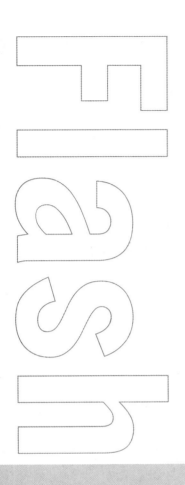

Chapter

1

# 第1章
# Flash CC基础入门

　　本章将详细讲解Flash CC的基础知识和基本操作。读者通过学习要对Flash CC有初步的认识和了解，并能够掌握软件的基本操作方法和技巧，为以后的学习打下一个坚实的基础。

## 课堂学习目标

- 了解Flash的诞生、发展与应用
- 了解Flash新增和改进功能
- 掌握Flash基本操作的方法和技巧

# 1.1 Flash 的诞生与发展历程

Flash 是一种集动画创作与应用程序开发于一身的创作软件。在网络盛行的今天，Flash 已经成为一个新的专有名词，并成为交互式矢量动画的标准。

### 1.1.1 Flash 的诞生

Flash 的前身是 FutureSplash，当时最大的两个用户是 Microsoft 和 Disney。1996 年 11 月 FutureSplash 正式卖给 MM（Macromedia.com）并改名为 Flash1.0。在发布 Flash8.0 版本以后，Macromedia 又被 Adobe 公司收购，并把 Flash 的功能进一步强化，让 Flash 这种互动动画形式成为当今动画设计领域应用最广泛的动画形式之一。

### 1.1.2 Flash 的发展历程

Flash 从 Future Splash 转变而来，在 1996 年诞生了 Flash 1.0 版本。一年后，推出 Flash 2.0 版本，但是并没有引起人们的重视。直到 2000 年 Macromedia 推出了酝酿已久的具有里程碑意义的 Flash 5.0，首次引入了完整的脚本语言 ActionScriptl.0，迈出了面向对象的开发环境领域的第一步。

在 2004 年推出了 Flash MX 2004，这是 Flash 作为面向对象开发环境的第二个里程碑。图 1-1 所示为 Flash MX 2004 的启动界面。Flash 8.0 是 Macromedia 于 2006 年推出的版本，提供了 Macromedia Flash Basic 8 和 Macromedia Flash Professional 8 两种版本。图 1-2 所示为 Flash 8.0 的启动界面。2006 年 Macromedia 公司被 Adobe 公司收购，Flash 8.0 也成为 Macromedia 公司推出的最后一个版本。

图1-1

2007 年，Adobe 公司推出了全新的 Flash CS3，增加了全新的功能，包括对 Photoshop 和 Illustrator 文件的本地支持，以及复制、移动功能，并且整合了 ActiconScript 3.0 脚本语言开发。图 1-3 所示为 Flash CS3 的启动界面。

图 1-2

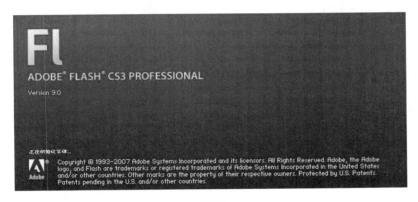

图 1-3

其后又依次推出 CS4 版本、CS5 版本和 CS6 版本，如图 1-4、图 1-5、图 1-6 所示。2013 年 6 月，Adobe 公司再次推出全新的 Flash CC 版本。这个版本的特点有：使用 64 位架构，增强及简化的 UI，FULL HD 视频和音效转存，全新的程序代码编辑器，通过 USB 进行行动测试，改进的 HTML 发布，实时绘图和实时色彩预览，时间轴增强功能，无限制的绘图板大小，自定义元数据和同步设定。图 1-7 所示为 Flash CC 的启动界面。

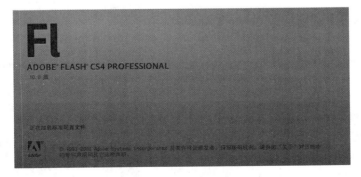

图 1-4

图 1-5

图 1-6                                          图 1-7

## 1.2 Flash 的应用领域

　　随着互联网和 Flash 的发展，Flash 动画技术的应用越来越广泛。如电子贺卡、网络广告、音乐宣传、游戏制作、电视领域、电影动画、多媒体教学等。下面分别介绍 Flash 动画技术在以下领域的应用。

### 1.2.1 电子贺卡

　　网络发展给网络贺卡带来了商机。当今，越来越多的人在亲人朋友重要日子的时候通过互联网发送贺卡，但传统的图片文字贺卡太过单调，这就使得具有丰富效果的 Flash 动画有了用武之地，Flash 动画形式的电子贺卡如图 1-8 所示。

图 1-8

### 1.2.2 网络广告

很多知名企业通过 Flash 动画广告宣传自己的品牌和产品，如图 1-9 所示，并且获得了理想的效果。

图 1-9

### 1.2.3 音乐宣传

Flash MV 提供了在唱片宣传上既保证质量又降低成本的有效途径，并且成功地把传统的唱片推广扩展到网络经营的更大空间。"中国闪客第一人"老蒋制作的"新长征路上的摇滚"是典型的 Flash MV，如图 1-10 所示。

图 1-10

### 1.2.4 游戏制作

Flash 强大的交互功能搭配其优良的动画能力，使得它能够在游戏制作中占一席之地。Flash 游戏可以实现任何内容丰富的动画效果，如图 1-11 所示，同时，利用 Flash 制作游戏还能节省很多空间。

图 1-11

### 1.2.5　电视领域

随着 Flash 动画的发展，Flash 动画在电视领域的应用已经非常普及，不仅应用于短片，而且应用于电视系列片生产，并成为了一种新的形式。此外，一些动画电视台还专门开设了 Flash 动画的栏目，使得Flash 动画在电视领域的运用越来越广泛。由广东原创动力文化传播有限公司制作的原创动画片"喜洋洋与灰太狼"，是典型的 Flash 动画，如图 1-12 所示。

图 1-12

### 1.2.6　电影动画

在传统的电影领域，Flash 动画也越来越广泛地发挥着其作用。在电影领域应用 Flash 动画制作比较成功的动画片有《花木兰》等，如图 1-13 所示。

图 1-13

### 1.2.7　多媒体教学

随着多媒体教学的普及，Flash 动画技术越来越广泛地被应用到课件制作上，使得课件功能更加完善，内容更加精彩。如图 1-14 所示。

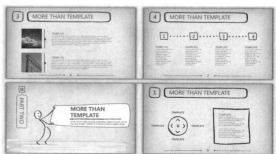

图 1-14

# 1.3 Flash CC 新增和改进功能

Flash CC 是一个全面更新的应用程序，具有模块化 64 位架构和流畅的用户界面，并增加了许多强大的功能。它还是一个 Cocoa 应用程序，能确保与 Mac OS X 未来是兼容的，这种全方位的重构在性能、可靠性以及可用性方面都带来了极大的改善。

## 1.3.1 Flash Professional CC 和创意云

使用最新版本的 Flash Professional CC，用户就可以时常获得最新的版本，因为 Flash Professional CC 内置了访问每一个未来版本的权利，而且它支持与同步设置，用户可以把自己的设置和快捷方式同步在多台计算机上。

创意云是 Adobe 公司提供的云服务之一。创意云现在已经与 Behance 集成，实现实时灵感和以无缝方式来分享工作。

## 1.3.2 64 位架构

64 位 Flash Professional CC，是从头开始重新开发的，与以前的旧版本相比，更加模块化，并提供前所未有的速度和稳定性。此外，还拥有轻松管理多个大型文件、发布更加迅速、反应更加灵敏的时间轴。

## 1.3.3 高清导出

用户可以将制作内容导出为全高清（HD）视频和音频，即使是复杂的时间表或脚本驱动中的动画，而且不丢帧。

## 1.3.4 改进 HTML 的发布

更新的 CreatejS 工具包增强了 HTML5 的支持，变得更有创意，并包括按钮、热区和运动曲线等新功能。

## 1.3.5 简化的用户界面

简化的用户界面可以让用户清晰地关注制作的内容，使对话框和面板更直观和更容易地浏览，用户还可以选择浅色或深色之间的用户界面。

## 1.3.6 在移动设备上实时测试

Flash CC 通过 USB 把多个 iOS 和 Android 移动设备直接连接到计算机，以更少的步骤测试和调试制作的内容。

## 1.3.7 强大的代码编辑器

在 Flash Profes-sional CC 中使用代码编辑器能够更有效地编写代码，内置开源的 Scintilla 库。使用新的"查找和替换"面板在多个文件中搜索，以便更快地更新代码。

## 1.3.8 实时绘图

在 Flash Professional CC 中能够立即查看全部预览，并且可以使用任何形状工具创建具有填充和描边颜色的形状，以便更快地完成各种动画的制作。

### 1.3.9 节省时间和时间轴

用户可以在"时间轴"面板中管理多个选定图层的属性。使用最新版本的 Flash Professional CC 的新增功能，如交换多个元件和位图，可以轻松交换舞台上的多个实例、位图或图像。使用"分散到关键帧"命令，可以将所有选中元素在不改变原有属性和动画效果的情况下分发到不同的关键帧，操作简单、省时省力。

### 1.3.10 无限的画板大小

Flash Professional CC 具有无限的画板（在 Flash Professional CC 中直译为"粘贴板"）工作区，使用户可以轻松管理大型背景或定位在舞台之外的内容。

### 1.3.11 自定义数据 API

使用一套新 JavaScript API 设计布局、对话框、游戏素材或游戏关卡，在 Flash Professional CC 中创建这些元素时，将会为它们分配属性。

## 1.4 Flash CC 的操作界面

Flash CC 的操作界面由以下几部分组成：菜单栏、工具箱、时间轴、场景和舞台、"属性"面板，以及"浮动"面板，如图 1-15 所示。下面将对其进行一一介绍。

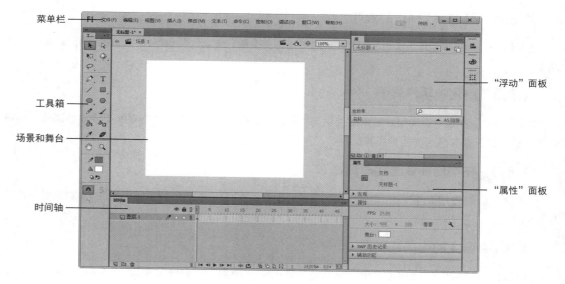

图 1-15

### 1.4.1 菜单栏

Flash CC 的菜单栏分为："文件"菜单、"编辑"菜单、"视图"菜单、"插入"菜单、"修改"菜单、

"文本"菜单、"命令"菜单、"控制"菜单、"调试"菜单、"窗口"菜单及"帮助"菜单，如图 1-16 所示。

Fl　文件(F)　编辑(E)　视图(V)　插入(I)　修改(M)　文本(T)　命令(C)　控制(O)　调试(D)　窗口(W)　帮助(H)

图 1-16

- "文件"菜单：主要功能是创建、打开、保存、打印、输出动画，以及导入外部图形、图像、声音和动画文件，以便在当前动画中使用。
- "编辑"菜单：主要功能是对舞台上的对象以及帧进行选择、复制、粘贴，以及自定义面板、设置参数等。
- "视图"菜单：主要功能是进行环境设置。
- "插入"菜单：主要功能是向动画中插入对象。
- "修改"菜单：主要功能是修改动画中的对象。
- "文本"菜单：主要功能是修改文字的外观、对齐，以及对文字进行拼写检查等。
- "命令"菜单：主要功能是保存、查找和运行命令。
- "控制"菜单：主要功能是测试播放动画。
- "调试"菜单：主要功能是对动画进行调试。
- "窗口"菜单：主要功能是控制各功能面板是否显示，以及对面板的布局进行设置。
- "帮助"菜单：主要功能是提供 Flash CC 在线帮助信息和支持站点的信息，包括教程和 ActionScript 帮助。

### 1.4.2　工具箱

工具箱提供了图形绘制和编辑的各种工具，分为"工具""查看""颜色"和"选项" 4 个功能区，如图 1-17 所示。选择"窗口 > 工具"命令，或按 Ctrl+F2 组合键，可以调出工具箱。

图 1-17

#### 1."工具"区

"工具"区提供选择、创建和编辑图形的工具。

- "选择"工具 ▶：选择和移动舞台上的对象，改变对象的大小和形状等。
- "部分选取"工具 ▶：用来抓取、选择、移动和改变形状路径。
- "任意变形"工具 ▦：对舞台上选定的对象进行缩放、扭曲和旋转变形。
- "渐变变形"工具 ▦：对舞台上选定对象的填充渐变色变形。
- "3D 旋转"工具 ⊙：可以在 3D 空间中旋转影片剪辑实例。在使用该工具选择影片剪辑后，3D 旋转控件出现在选定对象之上。$x$ 轴为红色、$y$ 轴为绿色、$z$ 轴为蓝色。使用橙色的自由旋转控件可同时绕 $x$ 和 $y$ 轴旋转。
- "3D 平移"工具 ⟰：可以在 3D 空间中移动影片剪辑实例。在使用该工具选择影片剪辑后，影片剪辑的 $x$ 轴、$y$ 轴和 $z$ 3 个轴将显示在舞台上对象的顶部。$x$ 轴为红色、$y$ 轴为绿色，而 $z$ 轴为黑色。应用此工具可以将影片剪辑分别沿着 $x$ 轴、$y$ 轴或 $z$ 轴进行平移。
- "套索"工具 ⊘：在舞台上选择不规则的区域或多个对象。
- "多边形"工具 ⊽：在舞台上选择规则的多边形区域。

- "魔术棒"工具 ![icon]：在舞台上选择颜色接近或相似的区域。
- "钢笔"工具 ![icon]：绘制直线和光滑的曲线，调整直线长度、角度及曲线曲率等。
- "文本"工具 ![icon]：创建、编辑字符对象和文本窗体。
- "线条"工具 ![icon]：绘制直线段。
- "矩形"工具 ![icon]：绘制矩形向量色块或图形。
- "椭圆"工具 ![icon]：绘制椭圆形、圆形向量色块或图形。
- "基本矩形"工具 ![icon]：绘制基本矩形，此工具用于绘制图元对象。图元对象是允许用户在"属性"面板中调整其特征的形状。可以在创建形状之后，精确地控制形状的大小、边角半径，以及其他属性，而无需从头开始绘制。
- "基本椭圆"工具 ![icon]：绘制基本椭圆形，此工具用于绘制图元对象。图元对象是允许用户在"属性"面板中调整其特征的形状。可以在创建形状之后，精确地控制形状的开始角度、结束角度、内径，以及其他属性，而无需从头开始绘制。
- "多角星形"工具 ![icon]：绘制等比例的多边形（单击矩形工具，将弹出多角星形工具）。
- "铅笔"工具 ![icon]：绘制任意形状的向量图形。
- "刷子"工具 ![icon]：绘制任意形状的色块向量图形。
- "颜料桶"工具 ![icon]：改变色块的色彩。
- "墨水瓶"工具 ![icon]：改变向量线段、曲线和图形边框线的色彩。
- "滴管"工具 ![icon]：将舞台图形的属性赋予当前绘图工具。
- "橡皮擦"工具 ![icon]：擦除舞台上的图形。

### 2. "查看"区

在"查看"区可改变舞台画面以便更好地观察。

- "手形"工具 ![icon]：移动舞台画面以便更好地观察。
- "缩放"工具 ![icon]：改变舞台画面的显示比例。

### 3. "颜色"区

在"颜色"区可选择绘制、编辑图形的笔触颜色和填充色。

- "笔触颜色"按钮 ![icon]：选择图形边框和线条的颜色。
- "填充色"按钮 ![icon]：选择图形要填充区域的颜色。
- "黑白"按钮 ![icon]：系统默认的颜色。
- "交换颜色"按钮 ![icon]：可将笔触颜色和填充色进行交换。

### 4. "选项"区

不同工具有不同的选项，通过"选项"区可以为当前选择的工具选择属性。

## 1.4.3　时间轴

时间轴用于组织和控制文件内容在一定时间内播放。按照功能的不同，时间轴窗口分为左右两部分，即层控制区和时间线控制区，如图 1-18 所示。时间轴的主要组件是层、帧和播放头。

### 1. 层控制区

层控制区位于时间轴的左侧。层就像堆叠在一起的多张幻灯胶片一样，每个层都包含一个显示在舞台中的不同图像。在层控制区中，可以显示舞台上正在编辑作品的所有层的名称、类型和状态，并可以通过工具按钮对层进行操作。

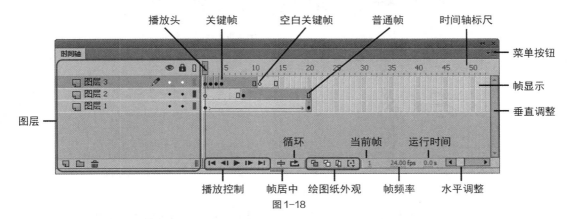

图 1-18

- "新建图层"按钮：增加新层。
- "新建文件夹"按钮：增加新的图层文件夹。
- "删除"按钮：删除选定层。
- "显示或隐藏所有图层"按钮：控制选定层的显示/隐藏状态。
- "锁定或解除锁定所有图层"按钮：控制选定层的锁定/解锁状态。
- "将所有图层显示为轮廓"按钮：控制选定层的显示图形外框/显示图形状态。

**2. 时间线控制区**

时间线控制区位于时间轴的右侧，由帧、播放头和多个按钮及信息栏组成。与胶片一样，Flash 文档也将时间长度分为帧。每个层中包含的帧显示在该层名右侧的一行中。时间轴顶部的时间轴标题指示帧编号。播放头指示舞台中当前显示的帧。信息栏显示当前帧编号、动画播放速率，以及到当前帧为止的运行时间等信息。时间线控制区按钮的基本功能如下。

- "帧居中"按钮：将当前帧显示到控制区窗口中间。
- "绘图纸外观"按钮：在时间线上设置一个连续的显示帧区域，区域内的帧所包含的内容同时显示在舞台上。
- "绘图纸外观轮廓"按钮：在时间线上设置一个连续的显示帧区域，除当前帧外，区域内的帧所包含的内容仅显示图形外框。
- "编辑多个帧"按钮：在时间线上设置一个连续的显示帧区域，区域内的帧所包含的内容可同时显示和编辑。
- "修改绘图纸标记"按钮：单击该按钮会显示一个多帧显示选项菜单，定义 2 帧、5 帧或全部帧内容。

## 1.4.4　场景和舞台

场景是所有动画元素的最大活动空间，如图 1-19 所示。像多幕剧一样，场景可以不止一个。要查看特定场景，可以选择"视图 > 转到"命令，再从其子菜单中选择场景的名称。

场景中的舞台，是编辑和播放动画的矩形区域。在舞台上可以放置、编辑向量插图、文本框、按钮、导入的位图图形和视频剪辑等。舞台包括大小和颜色等设置。

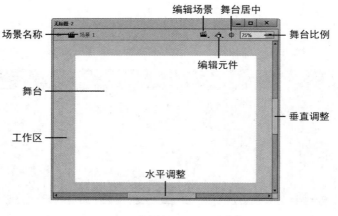

图 1-19

在舞台上可以显示网格和标尺，帮助用户准确定位。显示网格的方法是选择"视图 > 网格 > 显示网格"命令，如图 1-20 所示。显示标尺的方法是选择"视图 > 标尺"命令，如图 1-21 所示。

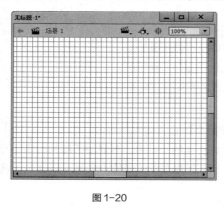

图 1-20

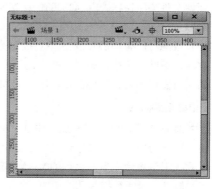

图 1-21

在制作动画时，还常常需要用辅助线来作为舞台上不同对象的对齐标准。需要时可以从标尺上向舞台拖曳光标以产生蓝色的辅助线，如图 1-22 所示。辅助线在动画播放时并不显示。不需要辅助线时，将其从舞台向标尺方向拖曳即可删除。还可以通过"视图 > 辅助线 > 显示辅助线"命令，显示出辅助线，通过"视图 > 辅助线 > 编辑辅助线"命令，修改辅助线的颜色等属性。

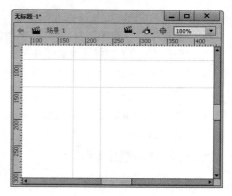

图 1-22

### 1.4.5 "属性"面板

对于正在使用的工具或资源，使用"属性"面板，可以很容易地查看和更改它们的属性，从而简化文档的创建过程。当选定单个对象时，如文本、组件、形状、位图、视频、组或帧等，"属性"面板可以显示相应的信息和设置，如图 1-23 所示。当选定了两个或多个不同类型的对象时，"属性"面板会显示选定对象的总数，如图 1-24 所示。

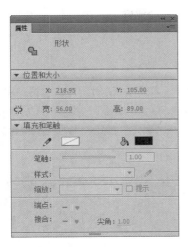

图 1-23

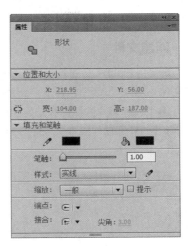

图 1-24

## 1.4.6 "浮动"面板

"浮动"面板是 Flash 中所有面板的统称，使用"浮动"面板可以查看、组合和更改资源。但屏幕的大小有限，为了尽量使工作区最大化，Flash CC 提供了多种自定义工作区的方式。如可以通过"窗口"菜单显示和隐藏面板，也可以通过拖动面板左上方的面板名称，将面板从组合中拖曳出来，还可以利用它将独立的面板添加到面板组合中，如图 1-25 和图 1-26 所示。

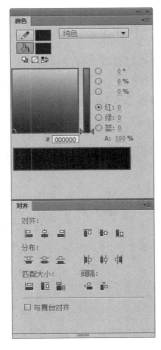

图 1-25

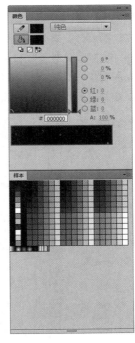

图 1-26

# 1.5 Flash CC 的文件操作

## 1.5.1 新建文件

新建文件是使用 Flash CC 进行设计的第一步。

选择"文件 > 新建"命令，弹出"新建文档"对话框，如图 1-27 所示。在对话框中，可以创建 Flash 文档，设置 Flash 影片的媒体和结构。创建基于窗体的 Flash 应用程序，应用于 Internet；也可以创建用于控制影片的外部动作脚本文件等。选择完成后，单击"确定"按钮，即可完成新建文件的任务，如图 1-28 所示。

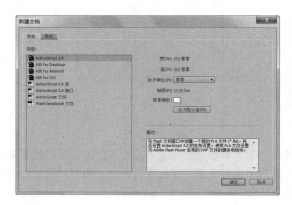

图 1-27

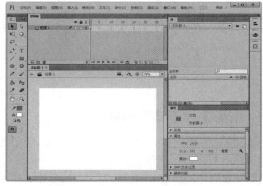

图 1-28

## 1.5.2 保存文件

编辑和制作完动画后，就需要将动画文件进行保存。

通过"文件 > 保存""另存为"和"另存为模板"等命令可以将文件保存在磁盘中，如图 1-29 所示。当设计好作品进行第一次存储时，选择"保存"命令，会弹出"另存为"对话框，如图 1-30 所示；在对话框中，输入文件名，选择保存类型，单击"保存"按钮，即可将动画保存。

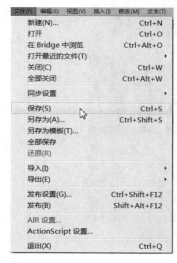

图 1-29

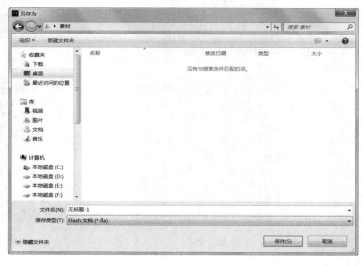

图 1-30

当对已经保存过的动画文件进行了各种编辑操作后，选择"保存"命令，将不弹出"另存为"对话框，计算机直接保留最终确认的结果，并覆盖原始文件。因此，在未确定要放弃原始文件之前，应慎用此命令。

若既要保留修改过的文件，又不想放弃原文件，可以选择"文件 > 另存为"命令，在弹出的"另存为"对话框中，为更改过的文件重新命名、选择路径和设定保存类型，然后进行保存。这样原文件将保持不变。

### 1.5.3　打开文件

如果要修改已完成的动画文件，必须先将其打开。

选择"文件 > 打开"命令，弹出"打开"对话框，在对话框中搜索路径和文件，确认文件类型和名称，如图 1-31 所示。然后单击"打开"按钮，或直接双击文件，即可打开所指定的动画文件，如图 1-32 所示。

图 1-31

图 1-32

在"打开"对话框中，也可以同时打开多个文件，只要在文件列表中将所需的几个文件选中，并单击"打开"按钮，系统就将逐个打开这些文件，以免多次反复调用"打开"对话框。在"打开"对话框中，按住 Ctrl 键的同时，用鼠标单击可以选择不连续的文件。按住 Shift 键，用鼠标单击可以选择连续的文件。

## 1.6　Flash CC 的系统配置

应用 Flash 软件制作动画时，可以使用系统默认的配置，也可根据需要自己设定"首选参数"面板中的数值，以及"浮动"面板的位置。

### 1.6.1　"首选参数"面板

应用"首选参数"面板可以自定义一些常规操作的参数选项。

"首选参数"面板依次分为："常规"选项卡、"同步设置"选项卡、"代码编辑器"选项卡、"文本"选项卡和"绘制"选项卡，如图 1-33 所示。选择"编辑 > 首选参数"命令，或按 Ctrl+U 组合键，弹出"首选参数"对话框。

### 1. "常规"选项卡

"常规"选项卡如图 1-33 所示。

- "撤销"选项：在该选项下方的"层级"文本框中输入数值，可以对影片编辑中的操作步骤的撤销／重做次数进行设置。输入数值的范围为 2 ～ 300 的整数。使用撤销级越多，占用的系统内存就越多，所以可能会影响进行速度。
- "自动恢复"选项：可以恢复突然断电或是死机时没有保存的文档。
- "用户界面"选项：主要用来调整 Flash 的工具界面颜色的深浅度。
- "工作区"选项：若要在选择"控制 > 测试影片"时在应用程序窗口中打开一个新的文档选项卡，请选择"在选项卡中打开测试影片"选项。默认情况是在其自己的窗口中打开测试影片。若要在单击处于图标模式中的面板的外部时使这些面板自动折叠，请选择"自动折叠图标面板"选项。
- "加亮颜色"选项：用于设置舞台中独立对象被选取时的轮廓颜色。

### 2. "同步设置"选项卡

"同步设置"选项卡如图 1-34 所示，主要用于多用户之间的同步。

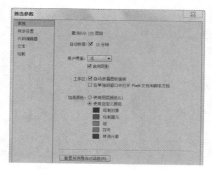

图 1-33

图 1-34

### 3. "代码编辑器"选项卡

"代码编辑器"选项卡如图 1-35 所示，主要用于设置"动作"面板中动作脚本的外观。

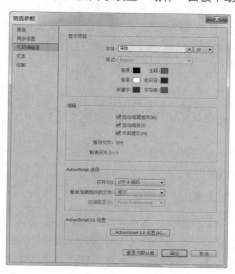

图 1-35

#### 4. "文本"选项卡

"文本"选项卡用于设置 Flash 编辑过程中使用到"默认映射字体""字体菜单"和"字体预览大小"等功能时的基本属性，如图 1-36 所示。

#### 5. "绘制"选项卡

"绘制"选项卡如图 1-37 所示。它可以指定钢笔工具指针外观的首选参数，用于在画线段时进行预览，或者查看选定锚点的外观；也可以通过绘画设置来指定对齐、平滑和伸直行为，更改每个选项的"容差"设置；还可以打开或关闭每个选项。一般在默认状态下为正常。

图 1-36　　　　　　　　　　　　　　　　　　　图 1-37

## 1.6.2　设置"浮动"面板

Flash 中的"浮动"面板用于快速设置文档中对象的属性，可以应用系统默认的面板布局；可以根据需要随意地显示或隐藏面板，调整面板的大小。

#### 1. 系统默认的面板布局

选择"窗口 > 工作区布局 > 传统"命令，操作界面中将显示传统的面板布局。

#### 2. 自定义面板布局

将需要设置的面板调到操作界面中，效果如图 1-38 所示。

图 1-38

将光标放置在面板名称上，将其移动到操作界面的右侧，效果如图 1-39 所示。

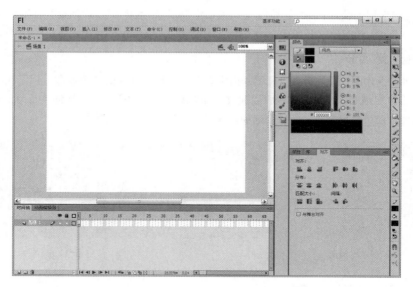

图 1-39

### 1.6.3 "历史记录"面板

"历史记录"面板用于将文档新建或打开以后进行操作的步骤进行一一记录，便于用户查看操作过程。在面板中可以有选择地撤销一个或多个操作步骤，还可将面板中的步骤应用于同一对象或文档中的不同对象。系统默认的状态下，"历史记录"面板可以撤销 100 次的操作步骤，还可以根据自身需要在"首选参数"面板（可在操作界面的"编辑"菜单中选择"首选参数"面板）中设置不同的撤销步骤数，数值的范围为 2 ~ 300。

**提示**

"历史记录"面板中的步骤顺序是按照操作过程对应记录下来的，且不能进行重新排列。

选择"窗口 > 历史记录"命令，或按 Ctrl+F10 组合键，弹出"历史记录"面板，如图 1-40 所示。在文档中进行一些操作后，"历史记录"面板将这些操作按顺序进行记录，如图 1-41 所示。其中滑块所在位置就是当前进行操作的步骤。

将滑块移动到绘制过程中的某一个操作步骤时，该步骤下方的操作步骤将显示为灰色，如图 1-42所示。这时，再进行新的步骤操作，原来为灰色部分的操作将被新的操作步骤所替代，如图 1-43 所示。在"历史记录"面板中，已经被撤销的步骤将无法重新找回。

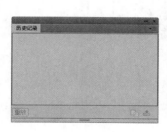   

图 1-40　　　　　图 1-41　　　　　图 1-42　　　　　图 1-43

　　"历史记录"面板可以显示操作对象的一些数据。在面板中单击鼠标右键，在弹出式菜单中选择"视图 >
在面板中显示参数"命令，如图 1-44 所示。这时，在面板中显示出操作对象的具体参数，如图 1-45 所示。

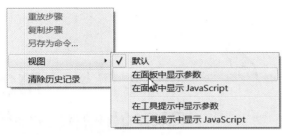

图 1-44

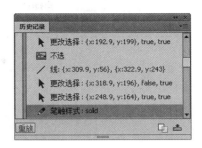

图 1-45

　　在"历史记录"面板中，可以将已经应用过的操作步骤进行清除。在面板中单击鼠标右键，在弹出式
菜单中选择"清除历史记录"命令，如图 1-46 所示，弹出提示对话框，如图 1-47 所示；单击"是"按钮，
面板中的所有操作步骤将会被清除，如图 1-48 所示。清除历史记录后，将无法找回被清除的记录。

图 1-46

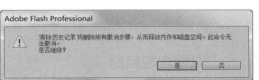

图 1-47

图 1-48

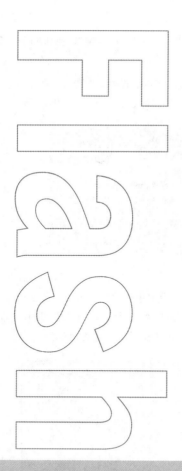

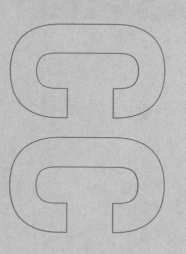

Chapter

2

# 第2章
# 图形的绘制与编辑

　　本章将介绍Flash CC绘制图形的功能和编辑图形的技巧，详细讲解多种选择图形的方法以及设置图形色彩的技巧。通过对本章的学习，读者可以掌握绘制图形、编辑图形的方法和技巧，能独立绘制出所需的各种图形效果并对其进行编辑，为进一步学习Flash CC打下坚实的基础。

## 课堂学习目标

● 掌握基本线条与图形的绘制

● 熟练掌握多种图形编辑工具的使用方法和技巧

● 了解图形的色彩，并掌握几种常用的色彩面板

# 2.1　基本线条与图形的绘制

在 Flash CC 中设计的充满活力的作品都是由基本图形组成的，Flash CC 提供了各种工具来绘制线条和图形。

## 2.1.1　课堂案例——绘制青蛙卡片

**案例学习目标**

使用不同的绘图工具绘制图形并组合成图像效果。

**案例知识要点**

使用"铅笔"工具和"颜料桶"工具，绘制白云和飘带图形；使用"椭圆"工具，绘制脸部和眼睛，效果如图 2-1 所示。

**效果所在位置**

资源包 /Ch02/ 效果 / 绘制青蛙卡片 .fla。

图 2-1

### 1. 新建文档并绘制白云

**STEP ⓵** 选择"文件 > 新建"命令，在弹出的"新建文档"对话框中选择"ActionScript 3.0"选项，将"宽"选项设为198，"高"选项设为283，将"背景颜色"颜色设为浅黄色（#F4E8DA），如图 2-2 所示，单击"确定"按钮，完成文档的创建，如图 2-3 所示。

绘制青蛙卡片 1

图 2-2

图 2-3

STEP 2 按 Ctrl+F8 组合键，弹出"创建新元件"对话框，在"名称"选项的文本框中输入"白云"，在"类型"选项下拉列表中选择"图形"选项，如图 2-4 所示，单击"确定"按钮，新建图形元件"白云"，如图 2-5 所示。舞台窗口也随之转换为图形元件的舞台窗口。

图 2-4                          图 2-5

STEP 3 选择"铅笔"工具，在工具箱中将"笔触颜色"设为黑色，并在工具箱下方的"铅笔模式"选项组的下拉菜单中选中"平滑"选项 S 。在舞台窗口中绘制出 1 条闭合曲线，效果如图 2-6 所示。

STEP 4 选择"颜料桶"工具，在工具箱中将"填充颜色"设为白色，在闭合曲线的内部单击鼠标填充颜色，效果如图 2-7 所示。选择"选择"工具，双击边线将其选中，如图 2-8 所示，按 Delete 键将其删除，效果如图 2-9 所示。

图 2-6

图 2-7                          图 2-8                          图 2-9

## 2. 绘制脸部图形

STEP 1 单击文档窗口左上方的"场景 1"图标，进入"场景 1"的舞台窗口中。将"图层 1"重命名为"白云 1"，如图 2-10 所示。将"库"面板中的图形元件"白云"向舞台窗口中拖曳多次并调整适当的大小与角度，效果如图 2-11 所示。

绘制青蛙卡片 2

图 2-10                          图 2-11

**STEP 2** 单击“时间轴”面板下方的“新建图层”按钮□，创建新图层并将其命名为“脸蛋”。选择“椭圆”工具⬭，在工具箱中将“笔触颜色”设为无，“填充颜色”设为红色（#E60027），选中工具箱下方的“对象绘制”按钮◙，按住 Shift 键的同时在舞台窗口中绘制 1 个圆形，效果如图 2-12 所示。

**STEP 3** 单击“时间轴”面板下方的“新建图层”按钮□，创建新图层并将其命名为“眼睛”。按住 Shift 键的同时在舞台窗口中绘制 1 个圆形，效果如图 2-13 所示。在工具箱中将“填充颜色”设为白色，按住 Shift 键的同时在舞台窗口中绘制 1 个白色的圆形，效果如图 2-14 所示。

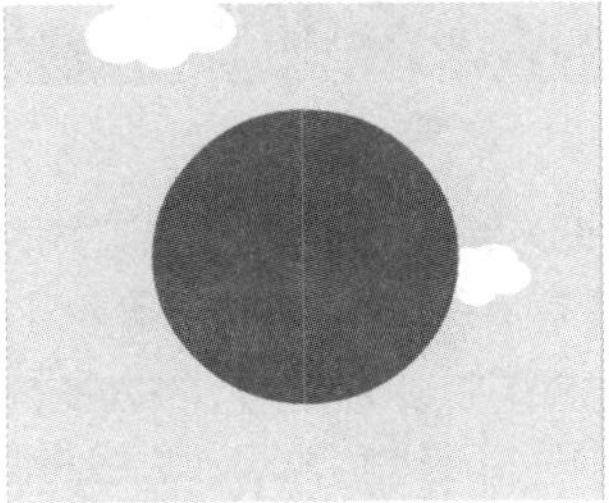

图 2-12

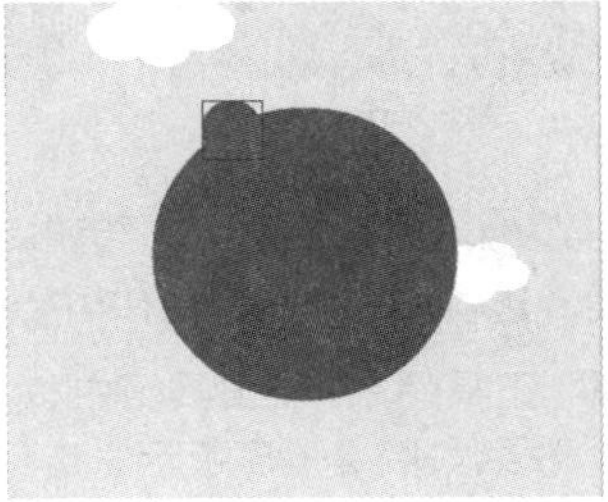

图 2-13

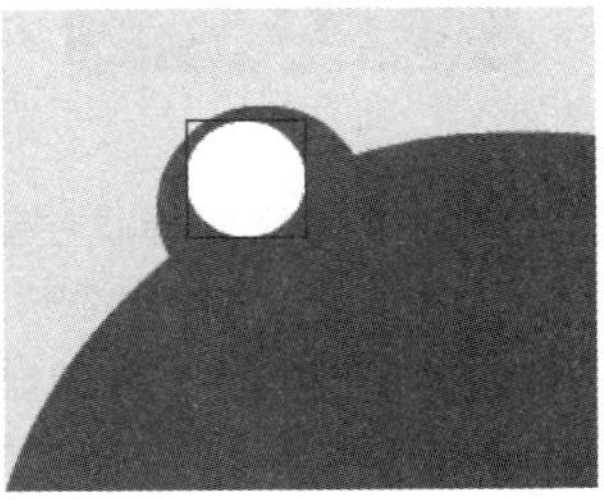

图 2-14

**STEP 4** 在工具箱中将“填充颜色”设为黑色，按住 Shift 键的同时在舞台窗口中绘制 1 个黑色的圆形，效果如图 2-15 所示。在工具箱中将“填充颜色”设为白色，按住 Shift 键的同时在舞台窗口中绘制两个白色的圆形，效果如图 2-16 所示。用相同的方法绘制出如图 2-17 所示的效果。

**STEP 5** 单击“时间轴”面板下方的“新建图层”按钮□，创建新图层并将其命名为“嘴和装饰”。选择“线条”工具╱，在线条工具“属性”面板中，将“笔触颜色”设为黑色，“笔触”选项设为 1，在舞台窗口中绘制 1 条直线，如图 2-18 所示。

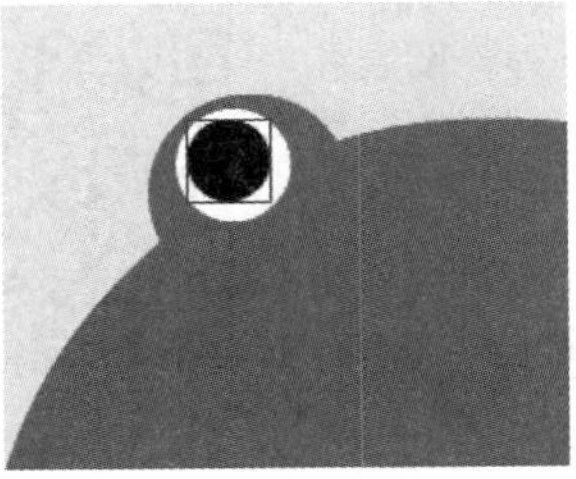

图 2-15

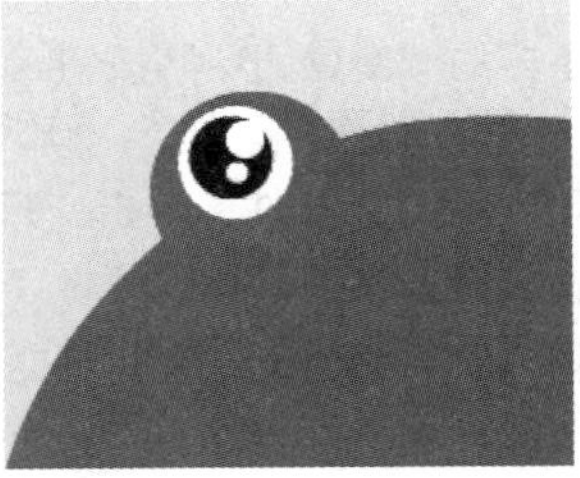

图 2-16

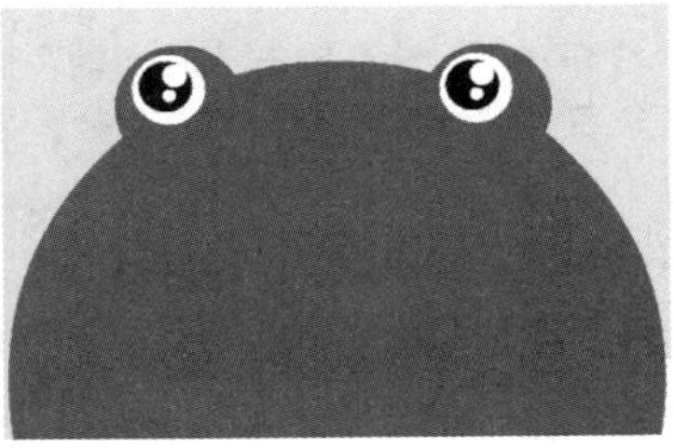

图 2-17

**STEP 6** 选择“选择”工具↖，将鼠标光标放置在直线的中心部位，当鼠标光标变为↖时，如图 2-19 所示，单击鼠标并向下拖曳到适当的位置，将直线转换为弧线，效果如图 2-20 所示。

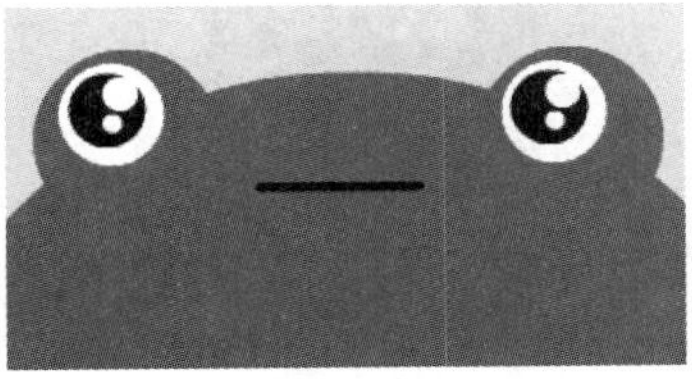

图 2-18

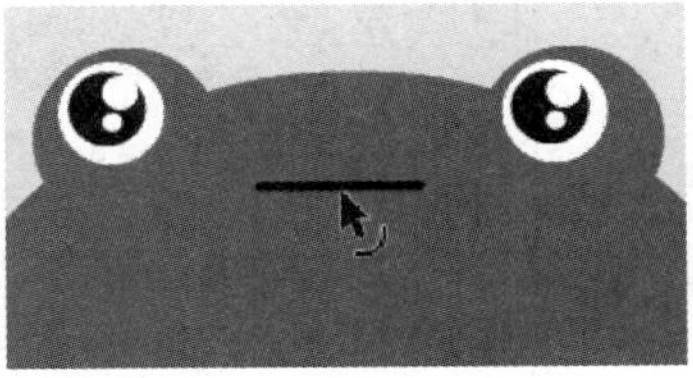

图 2-19

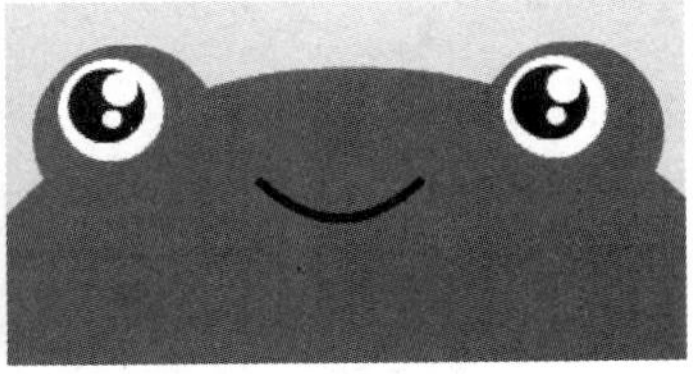

图 2-20

**STEP 7** 选择“椭圆”工具⬭，在工具箱中将“笔触颜色”设为无，“填充颜色”设为肉色（#F3A7A3），选中工具箱下方的“对象绘制”按钮◙，按住 Shift 键的同时在舞台窗口中绘制 1 个圆形，效果如图 2-21 所示。

**STEP** 8 选择"选择"工具 ▶，选中圆形，按住 Alt 键的同时拖曳鼠标到适当的位置，复制圆形，效果如图 2-22 所示。按 3 次 Ctrl+Y 组合键，重复复制圆形，效果如图 2-23 所示。

图 2-21　　　　　　　　图 2-22　　　　　　　　图 2-23

**STEP** 9 选择"铅笔"工具 ✐，在工具箱中将"笔触颜色"设为黑色，并在工具箱下方的"铅笔模式"选项组的下拉菜单中选中"平滑"选项 S。在舞台窗口中绘制出 1 条闭合曲线，效果如图 2-24 所示。

**STEP** 10 选择"颜料桶"工具 🪣，在工具箱中将"填充颜色"设为黄色（#FABE00），在闭合曲线的内部单击鼠标填充颜色，效果如图 2-25 所示。选择"选择"工具 ▶，双击边线将其选中，按 Delete 键将其删除，效果如图 2-26 所示。

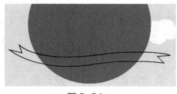

图 2-24　　　　　　　　图 2-25　　　　　　　　图 2-26

### 3. 导入素材绘制小山

**STEP** 1 单击"时间轴"面板下方的"新建图层"按钮 🗗，创建新图层并将其命名为"文字"。选择"文件 > 导入 > 导入到舞台"命令，在弹出的"导入"对话框中选择"Ch02 > 素材 > 绘制青蛙卡片 > 01"文件，单击"打开"按钮，弹出"Adobe Flash Professional"对话框，单击"否"按钮，弹出"将"01".ai 导入到舞台"对话框，单击"确定"按钮，图像被导入到舞台窗口中，如图 2-27 所示。

绘制青蛙卡片 3

**STEP** 2 单击"时间轴"面板下方的"新建图层"按钮 🗗，创建新图层并将其命名为"下体"。选择"文件 > 导入 > 导入到库"命令，在弹出的"导入到库"对话框中选择"Ch02 > 素材 > 绘制青蛙卡片 > 02、03"文件，单击"打开"按钮，弹出提示对话框，单击"确定"按钮，图像被导入到"库"面板中，如图 2-28 所示。将"库"面板中的图形元件"03"拖曳到舞台窗口中，并放置在适当的位置，如图 2-29 所示。

图 2-27　　　　　　　　图 2-28　　　　　　　　图 2-29

**STEP** **3** 单击 "时间轴" 面板下方的 "新建图层" 按钮 🗐，创建新图层并将其命名为 "白云 2"。将 "库" 面板中的图形元件 "白云" 向舞台窗口中拖曳两次，并分别调整其大小及角度，效果如图 2-30 所示。

**STEP** **4** 单击 "时间轴" 面板下方的 "新建图层" 按钮 🗐，创建新图层并将其命名为 "降落伞"。将 "库" 面板中的图形元件 "02" 拖曳到舞台窗口中，如图 2-31 所示。

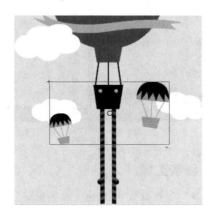

图 2-30                                图 2-31

**STEP** **5** 单击 "时间轴" 面板下方的 "新建图层" 按钮 🗐，创建新图层并将其命名为 "小山"。选择 "线条" 工具 ✏，在线条工具 "属性" 面板中，将 "笔触颜色" 设为黑色，"笔触" 选项设为 1，在舞台窗口中绘制两条直线和一条斜线，使斜线和直线形成闭合路径，效果如图 2-32 所示。

**STEP** **6** 选择 "选择" 工具 🖰，将鼠标光标放置在斜线的中心部位，当鼠标光标变为 🖰 时，单击鼠标并向上拖曳到适当的位置，将直线转换为弧线，效果如图 2-33 所示。

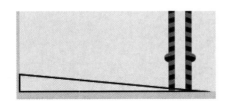

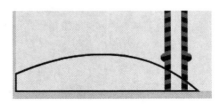

图 2-32                                图 2-33

**STEP** **7** 选择 "颜料桶" 工具 🪣，在工具箱中将 "填充颜色" 设为黄绿色（#AB9E4B），在闭合曲线的内部单击鼠标填充颜色，效果如图 2-34 所示。选择 "选择" 工具 🖰，双击边线将其选中，按 Delete 键将其删除，效果如图 2-35 所示。

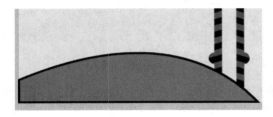

图 2-34                                图 2-35

**STEP 8** 用上述的方法绘制出如图 2-36 所示的效果。青蛙卡片绘制完成，按 Ctrl+Enter 组合键即可查看效果，如图 2-37 所示。

图 2-36          图 2-37

### 2.1.2　线条工具

选择"线条"工具 ，在舞台上单击鼠标，按住鼠标左键不放并向右拖动到需要的位置，绘制出一条直线，松开鼠标，直线效果如图 2-38 所示。可以在直线工具"属性"面板中设置不同的线条颜色、线条粗细和线条类型，如图 2-39 所示。

设置不同的线条属性后，绘制的线条如图 2-40 所示。

图 2-38          图 2-39          图 2-40

提示

选择"线条"工具时，如果按住 Shift 键的同时拖动鼠标绘制，则限制线条只能在 45°或 45°的倍数方向绘制直线。无法为线条工具设置填充属性。

### 2.1.3　铅笔工具

选择"铅笔"工具 ，在舞台上单击鼠标，按住鼠标左键不放，在舞台上随意绘制出线条，松开鼠标，线条效果如图 2-41 所示。如果想要绘制出平滑或伸直线条和形状，可以在工具箱下方的选项区域中为铅笔工具选择一种绘画模式，如图 2-42 所示。

图 2-41　　　　　　　　　　　　　　图 2-42

- "伸直化"选项：可以绘制直线，并将接近三角形、椭圆、圆形、矩形和正方形的形状转换为这些常见的几何形状。
- "平滑"选项：可以绘制平滑曲线。
- "墨水"选项：可以绘制不用修改的手绘线条。

可以在铅笔工具"属性"面板中设置不同的线条颜色、线条粗细和线条类型，如图 2-43 所示。设置不同的线条属性后，绘制的图形如图 2-44 所示。

单击"属性"面板样式选项右侧的"编辑笔触样式"按钮 ✐，弹出"笔触样式"对话框，如图 2-45 所示，在对话框中可以自定义笔触样式。

- "4 倍缩放"选项：可以放大 4 倍预览设置不同选项后所产生的效果。
- "粗细"选项：可以设置线条的粗细。
- "锐化转角"选项：勾选此选项可以使线条的转折效果变得明显。
- "类型"选项：可以在下拉列表中选择线条的类型。

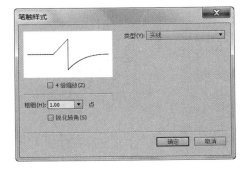

图 2-43　　　　　　　　　图 2-44　　　　　　　　　图 2-45

 **提示**

*选择"铅笔" ✐ 工具时，如果按住 Shift 键的同时拖动鼠标绘制，则可将线条限制为垂直或水平方向。*

### 2.1.4　椭圆工具

选择"椭圆"工具 ⬭，在舞台上单击鼠标，按住鼠标左键不放，向需要的位置拖曳，绘制出椭圆图形后松开鼠标，图形效果如图 2-46 所示。若按住 Shift 键的同时绘制图形，可以绘制出圆形，效果如图 2-47 所示。

可以在椭圆工具"属性"面板中设置不同的边框颜色、边框粗细、边框线型和填充颜色，如图 2-48 所示。设置不同的边框属性和填充颜色后，绘制的图形如图 2-49 所示。

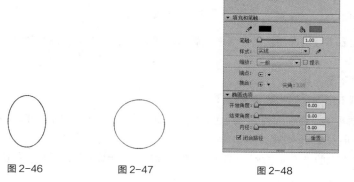

图 2-46　　　图 2-47　　　　　图 2-48　　　　　图 2-49

### 2.1.5　刷子工具

选择"刷子"工具 ，在舞台上单击鼠标，按住鼠标左键不放，随意绘制出笔触后松开鼠标，图形效果如图 2-50 所示。可以在刷子工具"属性"面板中设置不同的笔触颜色和平滑度，如图 2-51 所示。

图 2-50

图 2-51

在工具箱的下方应用"刷子大小"选项 、"刷子形状"选项 ，可以设置刷子的大小与形状。设置不同的刷子形状后所绘制的笔触效果如图 2-52 所示。

系统在工具箱的下方提供了 5 种刷子的模式可供选择，如图 2-53 所示。

图 2-52　　　　　　　　　　　　　图 2-53

- "标准绘画"模式：会在同一层的线条和填充上以覆盖的方式涂色。
- "颜料填充"模式：对填充区域和空白区域涂色，其他部分（如边框线）不受影响。
- "后面绘画"模式：在舞台上同一层的空白区域涂色，但不影响原有的线条和填充。
- "颜料选择"模式：在选定的区域内进行涂色，未被选中的区域不能涂色。

- "内部绘画"模式：在内部填充上绘图，但不影响线条。如果在空白区域中开始涂色，该填充不会影响任何现有填充区域。

应用不同模式绘制出的效果如图 2-54 所示。

　标准绘画　　　　　颜料填充　　　　　后面绘画　　　　　颜料选择　　　　　内部绘画
图 2-54

- "锁定填充"按钮 ：先为刷子选择径向渐变色彩，当没有选择此按钮时，用刷子绘制线条，每个线条都有自己完整的渐变过程，线条与线条之间不会互相影响，如图 2-55 所示。当选择此按钮时，颜色的渐变过程形成一个固定的区域，在这个区域内，刷子绘制到的地方，就会显示出相应的色彩，如图 2-56 所示。

图 2-55　　　　　　　　　　　　　　图 2-56

在使用刷子工具涂色时，可以使用导入的位图作为填充。

导入图片，效果如图 2-57 所示。选择"窗口 > 颜色"命令，弹出"颜色"面板，将"颜色类型"选项设为"位图填充"，用刚才导入的位图作为填充图案，如图 2-58 所示。选择"刷子"工具 ，在窗口中随意绘制一些笔触，效果如图 2-59 所示。

图 2-57　　　　　　　　图 2-58　　　　　　　　　　　　　图 2-59

## 2.2　图形的绘制与选择

应用绘制工具可以绘制多变的图形与路径。若要在舞台上修改图形对象，则需要先选择对象，再对其进行修改。

### 2.2.1　课堂案例——绘制网络公司网页标志

🔍 **案例学习目标**

使用不同的绘图工具绘制标志图形。

🔍 **案例知识要点**

使用"文本"工具，输入标志名称；使用"钢笔"工具，添加画笔效果；使用"属性"面板，改变元件的颜色使标志产生阴影效果，如图 2-60 所示。

🔍 **效果所在位置**

资源包 /Ch02/ 效果 / 绘制网络公司网页标志 .fla。

图 2-60

#### 1．输入文字

**STEP** 👆**1** 选择"文件 > 新建"命令，在弹出的"新建文档"对话框中选择"ActionScript 3.0"选项，将"宽"选项设为 500，"高"选项设为 350，单击"确定"按钮，完成文档的创建。

**STEP** 👆**2** 按 Ctrl+L 组合键，弹出"库"面板，单击"库"面板下方的"新建元件"按钮🔲，弹出"创建新元件"对话框，在"名称"选项的文本框中输入"标志"，在"类型"选项的下拉列表中选择"图形"选项，单击"确定"按钮，新建图形元件"标志"，如图 2-61 所示，舞台窗口也随之转换为图形元件的舞台窗口。

**STEP** 👆**3** 将"图层 1"图层重新命名为"文字"。选择"文本"工具 T，在文本工具"属性"面板中进行设置，在舞台窗口中适当的位置输入大小为 60，字体为"迷你简汉真广标"的蓝色（#0B2C88）文字，文字效果如图 2-62 所示。选择"选择"工具 ▶，在舞台窗口中选中文字，按两次 Ctrl+B 组合键，将文字打散，效果如图 2-63 所示。

绘制网络公司网页标志 1

图 2-61

度升科技　　　度升科技

图 2-62 　　　　　　　　　　　　　　　图 2-63

**2. 添加笔画**

**STEP** **1** 单击"时间轴"面板下方的"新建图层"按钮 ，创建新图层并将其命名为"钢笔绘制"。选择"钢笔"工具 ，在钢笔工具"属性"面板中，将"笔触颜色"设为黑色，在"度"字的右下方单击鼠标，设置起始点，如图 2-64 所示。在空白处单击鼠标，设置第 2 个节点，按住鼠标左键不放，向右上拖曳控制手柄，调节控制手柄改变路径的弯度，效果如图 2-65 所示。使用相同的方法，应用"钢笔"工具 绘制出如图 2-66 所示的边线效果。

绘制网络公司网页标志 2

图 2-64 　　　　　　　　图 2-65　　　　　　　　　　　图 2-66

**STEP** **2** 在工具箱中将"填充颜色"设为蓝色（#0B2C88）。选择"颜料桶"工具 ，在边线内部单击鼠标，填充图形，如图 2-67 所示。选择"选择"工具 ，双击边线将其选中，如图 2-68 所示，按 Delete 键将其删除。使用相同的方法，在"升"字的上方绘制图形，效果如图 2-69 所示。

图 2-67　　　　　　　　　　图 2-68　　　　　　　　　　图 2-69

**STEP** **3** 选择"选择"工具 ，在"度"字的上方拖曳出一个矩形，如图 2-70 所示，松开鼠标，将其选中，按 Delete 键将其删除，效果如图 2-71 所示。按住 Shift 键的同时，选中"升"字左方、"科"字左方和"技"字的左下方的笔画，按 Delete 键将其删除，效果如图 2-72 所示。

图 2-70 　　　　　图 2-71　　　　　　　图 2-72

**STEP** **4** 单击"时间轴"面板下方的"新建图层"按钮 ，创建新图层并将其命名为"线条绘制"。选择"椭圆"工具 ，在工具箱中将"笔触颜色"设为无，"填充颜色"设为蓝色（#0B2C88），按住 Shift 键的同时绘制圆形，效果如图 2-73 所示。选择"选择"工具 ，选择圆形，按住 Alt 键的同时拖曳鼠标到适当的位置，复制圆形，效果如图 2-74 所示。

图 2-73 　　　　　　　　　图 2-74

**STEP** **5** 选择"线条"工具 ，在线条工具"属性"面板中，将"笔触颜色"设为蓝色

（#0B2C88），"笔触"选项设为10，其他选项的设置如图2-75所示。将"升"字绘出如图2-76所示效果。

**STEP 6** 选择"选择"工具，选择直线，按住Alt键的同时拖曳光标到适当的位置，复制直线，效果如图2-77所示。用相同的方法再次复制一条直线，效果如图2-78所示。

图 2-75

图 2-76

图 2-77

图 2-78

### 3. 制作标志

**STEP 1** 单击舞台窗口左上方的"场景1"图标，进入"场景1"的舞台窗口。将"图层1"图层重命名为"底图"。按Ctrl+R组合键，在弹出的"导入"对话框中选择"Ch02＞素材＞制作网络公司网页标志＞01"文件，单击"打开"按钮，文件被导入舞台窗口中，效果如图2-79所示。

绘制网络公司网页标志3

**STEP 2** 单击"时间轴"面板下方的"新建图层"按钮，创建新图层并将其命名为"标志"。将"库"面板中的图形"标志"拖曳到舞台窗口中，效果如图2-80所示。

图 2-79

图 2-80

**STEP 3** 选择"选择"工具，在舞台窗口中选中"标志"实例，在图形"属性"面板中的"样式"选项下拉列表中选择"色调"，各选项的设置如图2-81所示，舞台效果如图2-82所示。

**STEP 4** 将"库"面板中的图形元件"标志"再次拖曳到舞台窗口中，并将其放置到适当的位置，使标志产生阴影效果，效果如图2-83所示。

图 2-81　　　　　　　　　　图 2-82　　　　　　　　　　图 2-83

**STEP 5** 单击"时间轴"面板下方的"新建图层"按钮 ，创建新图层并将其命名为"英文"。选择"文本"工具 ，在文本工具"属性"面板中进行设置，在舞台窗口中适当的位置输入大小为 30，字体为"Kunstler Script"的蓝色（#0B2C88）文字，文字效果如图 2-84 所示。

**STEP 6** 选择"选择"工具 ，选择英文，按住 Alt 键的同时拖曳光标到适当的位置，复制英文，在工具箱中将"填充颜色"设为白色，效果如图 2-85 所示。网络公司网页标志效果绘制完成，如图 2-86 所示。

图 2-84　　　　　　　　　　图 2-85　　　　　　　　　　图 2-86

## 2.2.2 矩形工具

选择"矩形"工具 ，在舞台上单击鼠标，按住鼠标左键不放，向需要的位置拖曳，绘制出矩形图形，松开鼠标，矩形图形效果如图 2-87 所示。按住 Shift 键的同时绘制图形，可以绘制出正方形，效果如图 2-88 所示。

图 2-87　　　　图 2-88

可以在矩形工具"属性"面板中设置不同的边框颜色、边框粗细、边框线型和填充颜色，如图 2-89 所示。设置不同的边框属性和填充颜色后，绘制的图形如图 2-90 所示。

图 2-89　　　　　　　　　　　　　图 2-90

可以应用矩形工具绘制圆角矩形。选择"属性"面板，在"矩形边角半径"选项的数值框中输入需要的数值，如图 2-91 所示。输入的数值不同，绘制出的圆角矩形也相对不同，效果如图 2-92 所示。

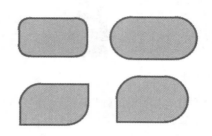

图 2-91 图 2-92

### 2.2.3 多角星形工具

应用多角星形工具可以绘制出不同样式的多边形和星形。选择"多角星形"工具，在舞台上按住鼠标左键不放，向需要的位置拖曳，绘制出多边形，松开鼠标，多边形效果如图 2-93 所示。

可以在多角星形工具"属性"面板中设置不同的边框颜色、边框粗细、边框线型和填充颜色，如图 2-94 所示。设置不同的边框属性和填充颜色后，绘制的图形如图 2-95 所示。

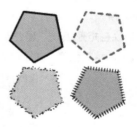

图 2-93 图 2-94 图 2-95

单击"属性"面板下方的"选项"按钮，弹出"工具设置"对话框，如图 2-96 所示，在对话框中可以自定义多边形的各种属性。

- "样式"选项：在此选项中选择绘制多边形或星形。
- "边数"选项：设置多边形的边数。其选取范围为 3 ~ 32。
- "星形顶点大小"选项：输入一个 0 ~ 1 之间的数字以指定星形顶点的深度。此数字越接近 0，创建的顶点就越深。此选项在多边形形状绘制中不起作用。

设置不同数值后，绘制出的多边形和星形也相应不同，如图 2-97 所示。

图 2-96

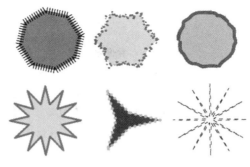

图 2-97

### 2.2.4　钢笔工具

　　选择"钢笔"工具 ，将光标放置在舞台上想要绘制曲线的起始位置，然后按住鼠标左键不放，此时出现第一个锚点，并且钢笔尖光标变为箭头形状，如图 2-98 所示。松开鼠标，将光标放置在想要绘制的第二个锚点的位置，单击鼠标左键并按住不放，绘制出一条直线段，如图 2-99 所示。将光标向其他方向拖曳，直线转换为曲线，如图 2-100 所示。松开鼠标，一条曲线绘制完成，如图 2-101 所示。

图 2-98 　　　　　　图 2-99 　　　　　　　图 2-100 　　　　　　　图 2-101

　　用相同的方法可以绘制出多条曲线段组合而成的不同样式的曲线，如图 2-102 所示。

　　在绘制线段时，如果按住 Shift 键，再进行绘制，绘制出的线段将被限制为倾斜 45°的倍数，如图 2-103 所示。

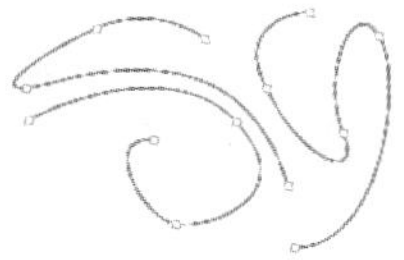

图 2-102 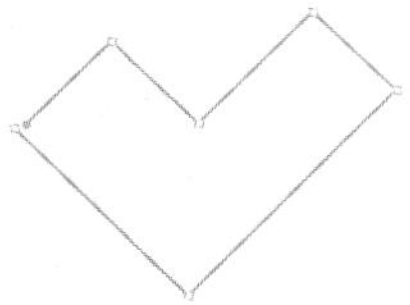　　　　　　　　　　　　　　　　　图 2-103

　　在绘制线段时，"钢笔"工具 的光标会产生不同的变化，其表示的含义也不同。

- 增加节点：当光标变为带加号时 ，如图 2-104 所示，在线段上单击鼠标就会增加一个节点，这样有助于更精确地调整线段。增加节点前后效果对照如图 2-105 所示。

图 2-104 　　　　　　　　　　　　　　　　图 2-105

- 删除节点：当光标变为带减号时 ，如图 2-106 所示，在线段上单击节点，就会将这个节点删除。删除节点前后效果对照如图 2-107 所示。

图 2-106                                      图 2-107

- 转换节点：当光标变为带折线时 ，如图 2-108 所示，在线段上单击节点，就会将这个节点从曲线节点转换为直线节点。转换节点前后效果对照如图 2-109 所示。

图 2-108                                      图 2-109

**提示**

当选择钢笔工具绘画时，若在用铅笔、刷子、线条、椭圆或矩形工具创建的对象上单击，就可以调整对象的节点，以改变这些线条的形状。

### 2.2.5 选择工具

选择"选择"工具 ，工具箱下方会出现图 2-110 所示的按钮，利用这些按钮可以完成以下工作。
- "贴紧至对象"按钮 ：自动将舞台上两个对象定位到一起，一般制作引导层动画时可利用此按钮将关键帧的对象锁定到引导路径上。此按钮还可以将对象定位到网格上。
- "平滑"按钮 ：可以柔化选择的曲线条。当选中对象时，此按钮变为可用。
- "伸直"按钮 ：可以锐化选择的曲线条。当选中对象时，此按钮变为可用。

#### 1. 选择对象

选择"选择"工具 ，在舞台中的对象上单击鼠标进行点选，如图 2-111 所示，点选了头部。按住 Shift 键，可以同时选中多个对象，如图 2-112 所示，在选中头部的同时又选中了左手臂和左腿。在舞台中拖曳出一个矩形可以框选对象，如图 2-113 所示。

图 2-110            图 2-111                 图 2-112              图 2-113

#### 2. 移动和复制对象

选择"选择"工具 ，选中对象，如图 2-114 所示。按住鼠标左键不放，直接将对象拖曳到任意位置，如图 2-115 所示。

选择"选择"工具 ，选中对象，按住 Alt 键，拖曳选中的对象到任意位置，选中的对象被复制，如图 2-116 所示。

图 2-114

图 2-115

图 2-116

### 3. 调整向量线条和色块

选择"选择"工具，将光标移至对象上，光标下方出现圆弧，如图 2-117 所示。拖动鼠标，对选中的线条和色块进行调整，如图 2-118 所示，效果如图 2-119 所示。

图 2-117

图 2-118

图 2-119

### 2.2.6　部分选取工具

选择"部分选取"工具，在对象的外边线上单击，对象上出现多个节点，如图 2-120 所示。拖动节点来调整控制线的长度和斜率，从而改变对象的曲线形状，如图 2-121 所示。

图 2-120

图 2-121

提示

若想增加图形上的节点，可选择"钢笔"工具在图形上单击来增加节点。

在改变对象的形状时，"部分选取"工具的光标会产生不同的变化，其表示的含义也不同。

带黑色方块的光标 ▶ ▪：当光标放置在节点以外的线段上时，光标变为 ▶ ▪，如图 2-122 所示。这时，可以移动对象到其他位置，如图 2-123 和图 2-124 所示。

带白色方块的光标 ▶ □：当光标放置在节点上时，光标变为 ▶ □，如图 2-125 所示。这时，可以移动单个的节点到其他位置，如图 2-126 和图 2-127 所示。

图 2-122 图 2-123 图 2-124

图 2-125 图 2-126 图 2-127

变为小箭头的光标 ▶：当光标放置在节点调节手柄的尽头时，光标变为 ▶，如图 2-128 所示。这时，可以调节与该节点相连的线段的弯曲度，如图 2-129 和图 2-130 所示。

图 2-128 图 2-129 图 2-130

 **提 示**

在调整节点的手柄时，调整一个手柄，另一个相对的手柄也会随之发生变化。如果只想调整其中的一个手柄，按住 Alt 键，再进行调整即可。

可以将直线节点转换为曲线节点，并进行弯曲度调节。选择"部分选取"工具 ，在对象的外边线上单击，对象上显示出节点，如图 2-131 所示。用鼠标单击要转换的节点，节点从空心变为实心，表示可编辑，如图 2-132 所示。

按住 Alt 键，将节点向外拖曳，节点增加出两个可调节手柄，如图 2-133 所示。应用调节手柄可调节线段的弯曲度，如图 2-134 所示。

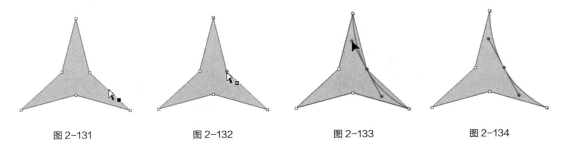

图 2-131　　　　　　　图 2-132　　　　　　　图 2-133　　　　　　　图 2-134

## 2.2.7　套索工具

选择"套索"工具 ，在场景中导入一幅位图，按 Ctrl+B 组合键，将位图进行分离。用鼠标在位图上任意勾选想要的区域，形成一个封闭的选区，如图 2-135 所示。松开鼠标，选区中的图像被选中，如图 2-136 所示。

图 2-135　　　　　　　　　　　　　图 2-136

## 2.2.8　多边形工具

选择"多边形"工具 ，在场景中导入一幅位图，按 Ctrl+B 组合键，将位图进行分离。在图像上单击鼠标，确定第一个定位点，松开鼠标并将鼠标移至下一个定位点，再单击鼠标，用相同的方法直到勾画出想要的图像，并使选取区域形成一个封闭的状态，如图 2-137 所示。双击鼠标，选区中的图像被选中，如图 2-138 所示。

图 2-137　　　　　　　　　　　　　图 2-138

### 2.2.9 魔术棒工具

选中"魔术棒"按钮 ，在场景中导入一幅位图，按 Ctrl+B 组合键，将位图进行分离。将光标放在位图上，光标变为 ，在要选择的位图上单击鼠标，如图 2-139 所示。与取点颜色相近的图像区域被选中，如图 2-140 所示。

可以在魔术棒工具"属性"面板中设置阈值和平滑，如图 2-141 所示。设置不同数值后，所产生的不同效果如图 2-142 所示。

图 2-139　　　　　　　　　　　　　　　图 2-140

图 2-141

（a）阈值为 10 时选取图像的区域　　　（b）阈值为 60 时选取图像的区域

图 2-142

## 2.3　图形的编辑

图形的编辑工具可以改变图形的色彩、线条和形态等属性，可以创建充满变化的图形效果。

### 2.3.1　课堂案例——绘制新春卡片

**+ 案例学习目标**

使用不同的绘图工具绘制卡通小羊图形。

**+ 案例知识要点**

使用"钢笔"工具、"颜料桶"工具，来完成卡通小羊的绘制，如图 2-143 所示。

**+ 效果所在位置**

资源包 /Ch02/ 效果 / 绘制新春卡片 .fla。

图 2-143

### 1. 导入素材绘制头部图形

绘制新春卡片 1

**STEP 1** 选择"文件 > 新建"命令，在弹出的"新建文档"对话框中选择"ActionScript 3.0"选项，将"宽"选项设为 596，"高"选项设为 402，单击"确定"按钮，完成文档的创建。

**STEP 2** 选择"文件 > 导入 > 导入到库"命令，在弹出的"导入到库"对话框中选择"Ch02 > 素材 > 绘制新春卡片 > 01、02、03"文件，单击"打开"按钮，文件被导入到"库"面板中，如图 2-144 所示。

**STEP 3** 在"库"面板下方单击"新建元件"按钮，弹出"创建新元件"对话框，在"名称"选项的文本框中输入"羊娃"，在"类型"选项的下拉列表中选择"图形"，单击"确定"按钮，新建图形元件"羊娃"，如图 2-145 所示，舞台窗口也随之转换为图形元件的舞台窗口。

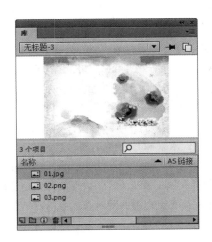

图 2-144

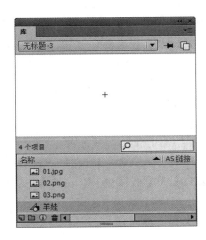

图 2-145

**STEP 4** 将"图层 1"重命名为"头部"。选择"钢笔"工具，在钢笔工具"属性"面板中，将"笔触颜色"设为土红色（#A34935），"笔触"选项设为 2，如图 2-146 所示，在舞台窗口中绘制一个闭合路径，如图 2-147 所示。

图 2-146　　　　　　　　　　　图 2-147

**STEP 5** 选择"颜料桶"工具 🪣，在工具箱中将"填充颜色"设为黄色（#FDDC9E），在闭合路径的内部单击鼠标填充图形，效果如图 2-148 所示。

**STEP 6** 选择"钢笔"工具 ✒️，选择工具箱下方的"对象绘制"按钮 ⬤，在钢笔工具"属性"面板中，将"笔触颜色"设为黑色，"笔触"选项设为 1，在舞台窗口中绘制一个闭合路径，如图 2-149 所示。

**STEP 7** 选择"颜料桶"工具 🪣，在工具箱中将"填充颜色"设为深黄色（#FBCC7E），在闭合路径的内部单击鼠标填充图形，效果如图 2-150 所示。选择"选择"工具 ▶，选中边线，如图 2-151 所示，在工具箱中将"笔触颜色"设为无，效果如图 2-152 所示。

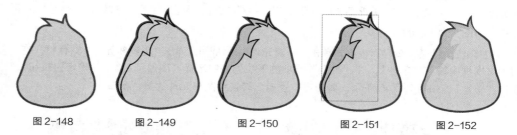

图 2-148　　　　　图 2-149　　　　　图 2-150　　　　　图 2-151　　　　　图 2-152

**STEP 8** 选择"椭圆"工具 ⬭，在椭圆工具"属性"面板中，将"笔触颜色"设为无，"填充颜色"设为白色，"Alpha"选项设为 20%，在舞台窗口中绘制一个椭圆，如图 2-153 所示。

**STEP 9** 单击"时间轴"面板下方的"新建图层"按钮 🔲，创建新图层并将其命名为"眼睛"。在椭圆工具"属性"面板中，将"笔触颜色"设为无，"填充颜色"设为土红色（#A34935），"Alpha"选项设为 100%，在舞台窗口中绘制一个圆形，如图 2-154 所示。选择"选择"工具 ▶，按住 Alt+Shift 组合键的同时，水平向右拖曳圆形，复制圆形，效果如图 2-155 所示。

**STEP 10** 单击"时间轴"面板下方的"新建图层"按钮 🔲，创建新图层并将其命名为"腮红"。在椭圆工具"属性"面板中，将"填充颜色"设为洋红色（#F6BCB7），在舞台窗口中绘制一个椭圆，如图 2-156 所示。选择"选择"工具 ▶，按住 Alt+Shift 组合键的同时，水平向右拖曳圆形，复制椭圆形，效果如图 2-157 所示。

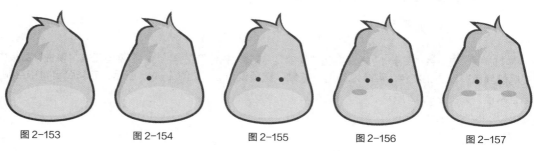

图 2-153　　　　　图 2-154　　　　　图 2-155　　　　　图 2-156　　　　　图 2-157

**STEP 11** 在"时间轴"面板中单击"腮红"图层，将其图层中的图形全部选中，舞台窗口中的效果如图 2-158 所示。选择"修改 > 形状 > 柔化填充边缘"命令，在弹出的"柔化填充边缘"对话框中进行设置，如图 2-159 所示，单击"确定"按钮，效果如图 2-160 所示。

图 2-158　　　　　　　　　图 2-159　　　　　　　　　图 2-160

**STEP 12** 单击"时间轴"面板下方的"新建图层"按钮，创建新图层并将其命名为"鼻孔"。选择"钢笔"工具，选择工具箱下方的"对象绘制"按钮，在钢笔工具"属性"面板中，将"笔触颜色"设为黑色，"笔触"选项设为1，在舞台窗口中绘制一个闭合路径，如图 2-161 所示。选择"选择"工具，选中边线，如图 2-162 所示，在工具箱中将"笔触颜色"设为无，"填充颜色"设为土褐色（#7E2F00），效果如图 2-163 所示。

**STEP 13** 保持图形的选取状态，按住Alt+Shift组合键的同时，水平向右拖曳圆形，复制圆形，效果如图 2-164 所示。选择"修改 > 变形 > 水平翻转"命令，将组合图形水平翻转，如图 2-165 所示。

图 2-161　　　图 2-162　　　图 2-163　　　图 2-164　　　图 2-165

**STEP 14** 单击"时间轴"面板下方的"新建图层"按钮，创建新图层并将其命名为"犄角"。选择"钢笔"工具，选择工具箱下方的"对象绘制"按钮，在钢笔工具"属性"面板中，将"笔触颜色"设为土红色（#A34935），"笔触"选项设为1，在舞台窗口中绘制一个闭合路径，如图 2-166 所示。选择"选择"工具，选中边线，如图 2-167 所示，在工具箱中将"填充颜色"设为橘黄色（#F0831F），效果如图 2-168 所示。

**STEP 15** 选择"钢笔"工具，选择工具箱下方的"对象绘制"按钮，在钢笔工具"属性"面板中，将"笔触颜色"设为土红色（#A34935），"笔触"选项设为1，在舞台窗口中绘制多个开放路径，如图 2-169 所示。

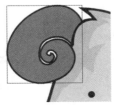
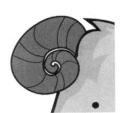

图 2-166　　　　　图 2-167　　　　　图 2-168　　　　　图 2-169

**STEP 16** 用相同的方法绘制右侧的犄角，效果如图 2-170 所示。单击"时间轴"面板下方的"新建图层"按钮，创建新图层并将其命名为"装饰"。选择"钢笔"工具，选择工具箱下方的"对象绘制"按钮，在钢笔工具"属性"面板中，将"笔触颜色"设为黑色，"笔触"选项设为 1，在舞台窗口中绘制一个闭合路径，如图 2-171 所示。选择"选择"工具，选中边线，如图 2-172 所示，在工具箱中将"笔触颜色"设为无，"填充颜色"设为土红色（#A34935），效果如图 2-173 所示。

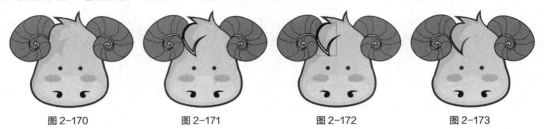

图 2-170        图 2-171        图 2-172        图 2-173

## 2. 绘制身体

**STEP 1** 单击"时间轴"面板下方的"新建图层"按钮，创建新图层并将其命名为"衣服"。选择"钢笔"工具，选择工具箱下方的"对象绘制"按钮，在钢笔工具"属性"面板中，将"笔触颜色"设为土红色（#A34935），"笔触"选项设为 1，在舞台窗口中绘制一个闭合路径，如图 2-174 所示。选择"选择"工具，选中边线，如图 2-175 所示，在工具箱中将"笔触颜色"设为无，"填充颜色"设为米黄色（#FFF6E9），效果如图 2-176 所示。

绘制新春卡片 2

图 2-174        图 2-175        图 2-176

**STEP 2** 选择"钢笔"工具，选择工具箱下方的"对象绘制"按钮，在钢笔工具"属性"面板中，将"笔触颜色"设为黑色，"笔触"选项设为 1，在舞台窗口中绘制一个闭合路径，如图 2-177 所示。选择"选择"工具，选中边线，如图 2-178 所示，在工具箱中将"笔触颜色"设为无，"填充颜色"设为灰黄色（#F4E5CF），效果如图 2-179 所示。

图 2-177        图 2-178        图 2-179

**STEP 3** 在"时间轴"面板中，将"衣服"图层拖曳到"头"图层的下方，如图 2-180 所示，效果如图 2-181 所示。

图 2-180　　　　　　　　　　　　　　　　　　图 2-181

**STEP** 4　在"时间轴"面板中选择"装饰"图层，单击"时间轴"面板下方的"新建图层"按钮，创建新图层并将其命名为"羊手"。选择"钢笔"工具，在工具箱中将"笔触颜色"设为黑色，"笔触"选项设为 1，在舞台窗口中绘制一个闭合路径，如图 2-182 所示。选择"选择"工具，选中边线，如图 2-183 所示，在工具箱中将"笔触颜色"设为无，"填充颜色"设为土红色（#A34935），效果如图 2-184 所示。

图 2-182　　　　　　　　　　图 2-183　　　　　　　　　　图 2-184

**STEP** 5　选择"钢笔"工具，在工具箱中将"笔触颜色"设为黑色，"笔触"选项设为 1，在舞台窗口中绘制一个闭合路径，如图 2-185 所示。选择"选择"工具，选中边线，如图 2-186 所示，在工具箱中将"笔触颜色"设为无，"填充颜色"设为黄色（#FDDC9E），效果如图 2-187 所示。

 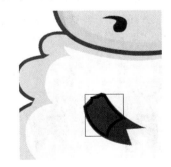 

图 2-185　　　　　　　　　　图 2-186　　　　　　　　　　图 2-187

**STEP** 6　选择"钢笔"工具，在工具箱中将"笔触颜色"设为黑色，"笔触"选项设为 1，在舞台窗口中绘制一个闭合路径，如图 2-188 所示。选择"选择"工具 ，选中边线，如图 2-189 所示，在工具箱中将"笔触颜色"设为无，"填充颜色"设为橘红色（#ED6D00），效果如图 2-190 所示。

**STEP 7** 选择"钢笔"工具 ，在工具箱中将"笔触颜色"设为土红色（#A34935），"笔触"选项设为 1，在舞台窗口中绘制多个开放路径，如图 2-191 所示。

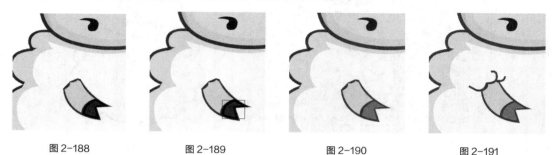

图 2-188          图 2-189          图 2-190          图 2-191

**STEP 8** 用相同的方法绘制出如图 2-192 所示的效果。单击"时间轴"面板下方的"新建图层"按钮 ，创建新图层并将其命名为"羊脚"。选择"钢笔"工具 ，在工具箱中将"笔触颜色"设为黑色，"笔触"选项设为 1，在舞台窗口中绘制一个闭合路径，如图 2-193 所示。选择"选择"工具 ，选中边线，如图 2-194 所示，在工具箱中将"笔触颜色"设为无，"填充颜色"设为土红色（#A34935），效果如图 2-195 所示。

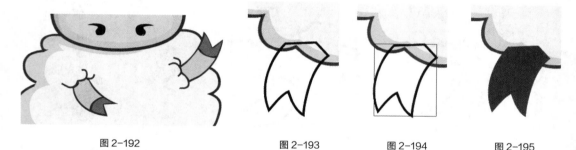

图 2-192          图 2-193          图 2-194          图 2-195

**STEP 9** 选择"钢笔"工具 ，在工具箱中将"笔触颜色"设为黑色，"笔触"选项设为 1，在舞台窗口中绘制一个闭合路径，如图 2-196 所示。选择"选择"工具 ，选中边线，如图 2-197 所示，在工具箱中将"笔触颜色"设为无，"填充颜色"设为黄色（#FDDC9E），效果如图 2-198 所示。

**STEP 10** 选择"钢笔"工具 ，在工具箱中将"笔触颜色"设为黑色，"笔触"选项设为 1，在舞台窗口中绘制一个闭合路径，如图 2-199 所示。选择"选择"工具 ，选中边线，如图 2-200 所示，在工具箱中将"笔触颜色"设为无，"填充颜色"设为橘红色（#ED6D00），效果如图 2-201 所示。

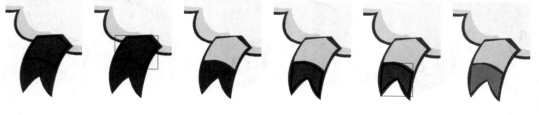

图 2-196     图 2-197     图 2-198     图 2-199     图 2-200     图 2-201

**STEP 11** 在"时间轴"面板中单击"羊脚"图层，将其图层中的图形全部选中，舞台窗口中的效果如图 2-202 所示。按 Ctrl+G 组合键，将其组合，如图 2-203 所示。选择"选择"工具 ，按住 Alt+Shift 组合键的同时，水平向右拖曳圆形，复制椭圆形，效果如图 2-204 所示。

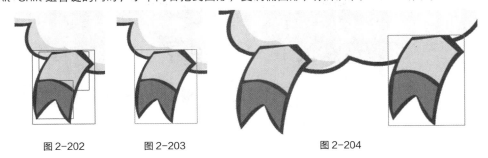

图 2-202          图 2-203          图 2-204

**STEP 12** 选择"修改 > 变形 > 水平翻转"命令，将组合图形水平翻转，效果如图 2-205 所示。在"时间轴"面板中，将"羊脚"图层拖曳到"衣服"图层的下方，如图 2-206 所示，效果如图 2-207 所示。

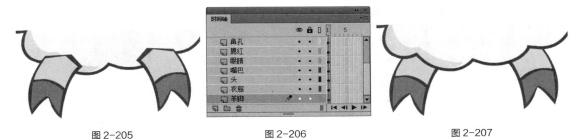

图 2-205          图 2-206          图 2-207

### 3. 填充图案效果

**STEP 1** 单击舞台窗口左上方的"场景 1"图标 ，进入"场景 1"的舞台窗口。将"图层 1"重新命名为"底图"，如图 2-208 所示。将"库"面板中的位图"01"拖曳到舞台窗口中，效果如图 2-209 所示。

绘制新春卡片 3

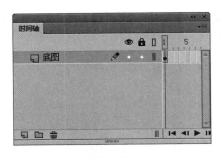

图 2-208

图 2-209

**STEP 2** 单击"时间轴"面板下方的"新建图层"按钮 ，创建新图层并将其命名为"图案"。选择"矩形"工具 ，在工具箱中将"笔触颜色"设为无，"填充颜色"设为黄色（#FFCC00），绘制一个矩形，如图 2-210 所示。按 Alt+Shift+F9 组合键，弹出"颜色"面板，将"笔触颜色"设为无，单击"填充颜色"按钮 ，在"颜色类型"选项的下拉列表中选择"位图填充"，选择"滴管"工具 ，单击面板中的"祥云"图案，吸取图形为填充颜色，选择"颜料桶"工具 ，在黄色矩形上单击鼠标填充图形，效果如图 2-211 所示。

图 2-210

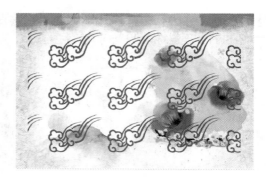

图 2-211

**STEP 3** 选择"渐变变形"工具 ■，在填充位图上单击，出现控制点。向内拖曳左下方的方形控制点改变大小，效果如图 2-212 所示。在"时间轴"面板中单击"图案"图层，按 F8 键，在弹出的"转换为元件"对话框中进行设置，如图 2-213 所示，单击"确定"按钮，位图转换为图形元件。

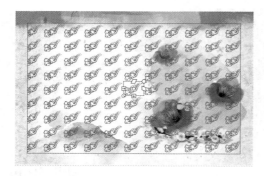

图 2-212

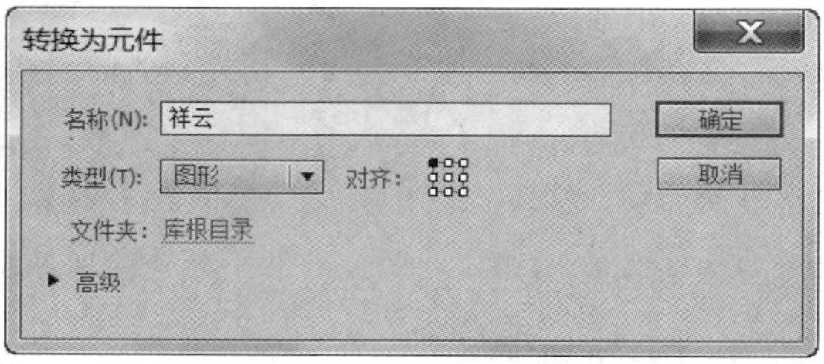

图 2-213

**STEP 4** 选择"选择"工具 ▶，在舞台窗口中选择"祥云"实例，在图形"属性"面板中选择"色彩效果"选项组，在"样式"选项的下拉列表中选择"Alpha"，将其值设为 20%，如图 2-214 所示。舞台窗口中的效果如图 2-215 所示。

图 2-214

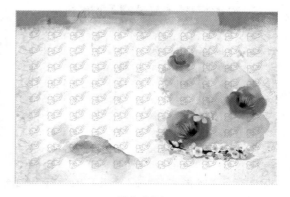

图 2-215

**STEP 5** 单击"时间轴"面板下方的"新建图层"按钮 ，创建新图层并将其命名为"文字"。将"库"面板中的位图"03"拖曳到舞台窗口中，并放置在适当的位置，如图 2-216 所示。

**STEP 6** 单击"时间轴"面板下方的"新建图层"按钮 ，创建新图层并将其命名为"羊娃"。

将"库"面板中的图形元件"羊娃"拖曳到舞台窗口中,并放置在适当的位置,如图 2-217 所示。新春卡片绘制完成,按 Ctrl+Enter 组合键即可查看效果。

图 2-216

图 2-217

### 2.3.2　墨水瓶工具

使用墨水瓶工具可以修改矢量图形的边线。

导入花瓣图形,如图 2-218 所示。选择"墨水瓶"工具,在墨水瓶工具"属性"面板中设置笔触颜色、笔触以及笔触样式,如图 2-219 所示。

图 2-218

图 2-219

这时,光标变为,在图形上单击鼠标,为图形增加设置好的边线,如图 2-220 所示。在"属性"面板中设置不同的属性,所绘制的边线效果也不同,如图 2-221 所示。

图 2-220

图 2-221

### 2.3.3　颜料桶工具

绘制花瓣线框图形,如图 2-222 所示。选择"颜料桶"工具,在颜料桶工具"属性"面板中设置填充颜色，如图 2-223 所示。在花瓣的线框内单击鼠标，线框内被填充颜色，如图 2-224 所示。

系统在工具箱的下方设置了 4 种填充模式可供选择，如图 2-225 所示。

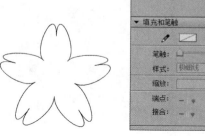   

图 2-222　　　　　　　　　　图 2-223　　　　　　　　图 2-224　　　　　　图 2-225

- "不封闭空隙"模式：选择此模式时，只有在完全封闭的区域颜色才能被填充。
- "封闭小空隙"模式：选择此模式时，当边线上存在小空隙时，允许填充颜色。
- "封闭中等空隙"模式：选择此模式时，当边线上存在中等空隙时，允许填充颜色。
- "封闭大空隙"模式：选择此模式时，当边线上存在大空隙时，允许填充颜色。当选择"封闭大空隙"模式时，无论空隙是小空隙还是中等空隙，都可以填充颜色。

根据线框空隙的大小，应用不同的模式进行填充，效果如图 2-226 所示。

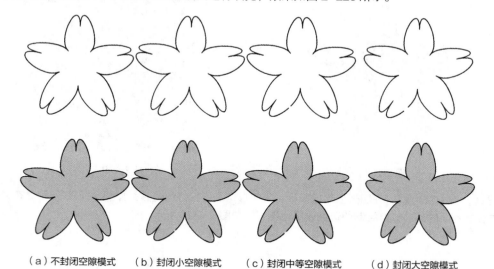

（a）不封闭空隙模式　　（b）封闭小空隙模式　　（c）封闭中等空隙模式　　（d）封闭大空隙模式

图 2-226

- "锁定填充"按钮　：可以对填充颜色进行锁定，锁定后填充颜色不能被更改。

没有选择此按钮时，填充颜色可以根据需要进行变更，如图 2-227 所示。

选择此按钮时，鼠标放置在填充颜色上，光标变为　，填充颜色被锁定，不能随意变更，如图 2-228 所示。

图 2-227

图 2-228

## 2.3.4　滴管工具

使用滴管工具可以吸取矢量图形的线型和色彩，然后利用颜料桶工具，快速修改其他矢量图形内部的填充色。利用墨水瓶工具，可以快速修改其他矢量图形的边框颜色及线型。

### 1．吸取填充色

选择"滴管"工具 ，将光标放在左边图形的填充色上，光标变为 ，在填充色上单击鼠标，吸取填充色样本，如图 2-229 所示。

单击后，光标变为 ，表示填充色被锁定。在工具箱的下方，取消对"锁定填充"按钮 的选取，光标变为 ，在下边图形的填充色上单击鼠标，图形的颜色被修改，如图 2-230 所示。

图 2-229

图 2-230

### 2．吸取边框属性

选择"滴管"工具 ，将光标放在右边图形的外边框上，光标变为 ，在外边框上单击鼠标，吸取边框样本，如图 2-231 所示。单击后，光标变为 ，在左边图形的外边框上单击鼠标，线条的颜色和样式被修改，如图 2-232 所示。

图 2-231

图 2-232

### 3．吸取位图图案

滴管工具可以吸取外部引入的位图图案。导入图片，如图 2-233 所示。按 Ctrl+B 组合键，将位图分离。绘制一个六边形，如图 2-234 所示。

选择"滴管"工具 ，将光标放在位图上，光标变为 ，单击鼠标，吸取图案样本，如图 2-235 所示。单击后，光标变为 ，在六边形图形上单击鼠标，图案被填充，如图 2-236 所示。

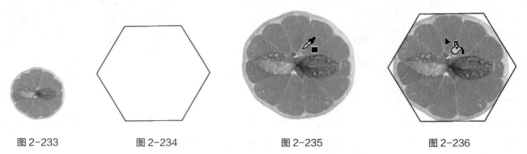

| 图 2-233 | 图 2-234 | 图 2-235 | 图 2-236 |

选择"渐变变形"工具 ，单击被填充图案样本的六边形，出现控制点，如图 2-237 所示。按住 Shift 键，将左下方的控制点向中心拖曳，如图 2-238 所示。填充图案变小，效果如图 2-239 所示。

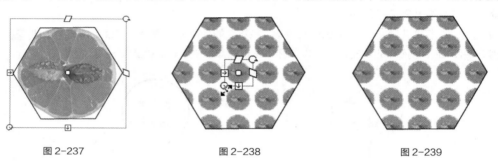

| 图 2-237 | 图 2-238 | 图 2-239 |

### 4. 吸取文字属性

滴管工具还可以吸取文字的颜色。选择要修改的目标文字，如图 2-240 所示。

选择"滴管"工具 ，将鼠标放在源文字上，光标变为 ，如图 2-241 所示。在源文字上单击鼠标，源文字的文字属性被应用到了目标文字上，如图 2-242 所示。

| 图 2-240 | 图 2-241 | 图 2-242 |

## 2.3.5　橡皮擦工具

选择"橡皮擦"工具 ，在图形上想要删除的地方按下鼠标并拖动，图形被擦除，如图 2-243 所示。在工具箱下方的"橡皮擦形状"按钮 的下拉菜单中，可以选择橡皮擦的形状与大小。

如果想得到特殊的擦除效果，系统在工具箱的下方设置了 5 种擦除模式可供选择，如图 2-244 所示。

- "标准擦除"模式：擦除同一层的线条和填充。选择此模式擦除图形的前后对照效果如图 2-245 所示。

图 2-243

| 标准擦除 |
| 擦除填色 |
| 擦除线条 |
| 擦除所选填充 |
| 内部擦除 |

图 2-244

图 2-245

- "擦除填色"模式：仅擦除填充区域，其他部分（如边框线）不受影响。选择此模式擦除图形的前后对照效果如图 2-246 所示。
- "擦除线条"模式：仅擦除图形的线条部分，但不影响其填充部分。选择此模式擦除图形的前后对照效果如图 2-247 所示。

图 2-246　　　　　　　　　　　　　图 2-247

- "擦除所选填充"模式：仅擦除已经选择的填充部分，但不影响其他未被选择的部分（如果场景中没有任何填充被选择，那么擦除命令无效）。选择此模式擦除图形的前后对照效果如图 2-248 所示。
- "内部擦除"模式：仅擦除起点所在的填充区域部分，但不影响线条填充区域外的部分。选择此模式擦除图形的前后对照效果如图 2-249 所示。

图 2-248　　　　　　　　　　　　　图 2-249

要想快速删除舞台上的所有对象，双击"橡皮擦"工具即可。

要想删除矢量图形上的线段或填充区域，选择"橡皮擦"工具，再选中工具箱中的"水龙头"按钮，然后单击舞台上想要删除的线段或填充区域即可，如图 2-250 和图 2-251 所示。

图 2-250　　　　　　　　　　　　　图 2-251

 提 示

因为导入的位图和文字不是矢量图形，不能擦除它们的部分或全部，所以必须先选择"修改 > 分离"命令，将它们分离成矢量图形，才能使用橡皮擦工具擦除它们的部分或全部。

### 2.3.6 任意变形工具和渐变变形工具

在制作图形的过程中，可以应用任意变形工具来改变图形的大小及倾斜度，也可以应用填充变形工具改变图形中渐变填充颜色的渐变效果。

#### 1. 任意变形工具

选中图形，按 Ctrl+B 组合键，将其打散。选择"任意变形"工具，在图形的周围出现控制点，如图 2-252 所示。拖动控制点改变图形的大小，如图 2-253 和图 2-254 所示（按住 Shift 键，再拖动控制点，可成比例改变图形大小）。

光标放在 4 个角的控制点上时，光标变为，如图 2-255 所示。拖动鼠标旋转图形，如图 2-256 和图 2-257 所示。

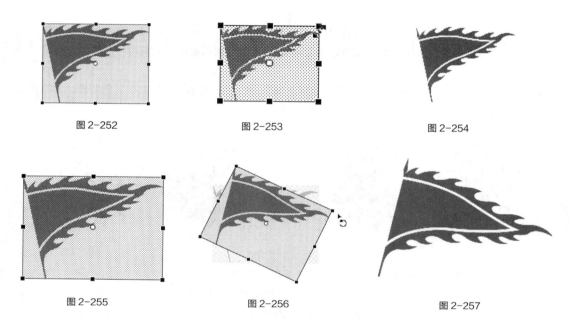

图 2-252           图 2-253           图 2-254

图 2-255           图 2-256           图 2-257

系统在工具箱的下方设置了 4 种变形模式可供选择，如图 2-258 所示。

- "旋转与倾斜"模式：选中图形，选择"旋转与倾斜"模式，将鼠标放在图形上方中间的控制点上，光标变为，按住鼠标左键不放，向右水平拖曳控制点，如图 2-259 所示，松开鼠标，图形变为倾斜，如图 2-260 所示。

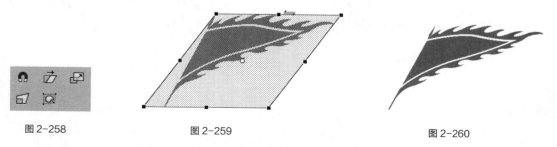

图 2-258           图 2-259           图 2-260

- "缩放"模式：选中图形，选择"缩放"模式，将鼠标放在图形右上方的控制点上，光标变为，按住鼠标左键不放，向右上方拖曳控制点，如图 2-261 所示，松开鼠标，图形变大，如图 2-262 所示。

- "扭曲"模式 ⬚：选中图形，选择"扭曲"模式，将鼠标放在图形右上方的控制点上，光标变为 ▷，按住鼠标左键不放，拖曳右上方的控制点，如图 2-263 所示，松开鼠标，图形扭曲，如图 2-264 所示。

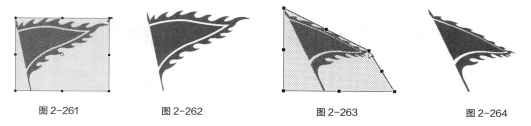

图 2-261　　　图 2-262　　　图 2-263　　　图 2-264

- "封套"模式 ⬚：选中图形，选择"封套"模式，图形周围出现一些节点，调节这些节点来改变图形的形状，光标变为 ▷，拖动节点，如图 2-265 所示，松开鼠标，图形扭曲，如图 2-266 所示。

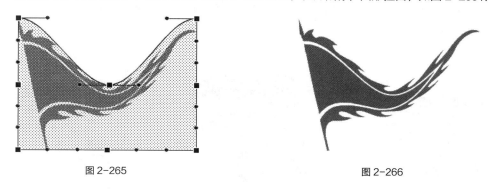

图 2-265　　　　　　　　　图 2-266

## 2. 渐变变形工具

使用渐变变形工具可以改变选中图形中的填充渐变效果。当图形填充色为线性渐变色时，选择"渐变变形"工具 ▣，用鼠标单击图形，出现 3 个控制点和 2 条平行线，如图 2-267 所示。向图形中间拖动方形控制点，渐变区域缩小，如图 2-268 所示，效果如图 2-269 所示。

图 2-267　　　　　图 2-268　　　　　图 2-269

将光标放置在旋转控制点上，光标变为 ↻，拖动旋转控制点来改变渐变区域的角度，如图 2-270 所示，效果如图 2-271 所示。

图 2-270                                        图 2-271

当图形填充色为径向渐变色时，选择"渐变变形"工具 ，用鼠标单击图形，出现 4 个控制点和 1 个圆形外框，如图 2-272 所示。向图形外侧水平拖动方形控制点，水平拉伸渐变区域，如图 2-273 所示，效果如图 2-274 所示。

图 2-272                        图 2-273                        图 2-274

将光标放置在圆形边框中间的圆形控制点上，光标变为▶◎，向图形内部拖动鼠标，缩小渐变区域，如图 2-275 所示，效果如图 2-276 所示。将光标放置在圆形边框外侧的圆形控制点上，光标变为↻，向下旋转拖动控制点，改变渐变区域的角度，如图 2-277 所示，效果如图 2-278 所示。

图 2-275                    图 2-276                    图 2-277                    图 2-278

提 示

通过移动中心控制点可以改变渐变区域的位置。

### 2.3.7　手形工具和缩放工具

手形工具和缩放工具都是辅助工具，它们本身并不直接创建和修改图形，而只是在创建和修改图形的过程中辅助用户进行操作。

#### 1. 手形工具

如果图形很大或被放大得很大，那么需要利用"手形"工具  调整观察区域。选择"手形"工具 ，光标变为手形，按住鼠标左键不放，拖动图像到需要的位置，如图 2-279 所示。

📍 提示

当使用其他工具时，按"空格"键即可切换到"手形"工具 ⊞。双击"手形"工具 ⊞，将自动调整图像大小以适合屏幕的显示范围。

#### 2. 缩放工具

利用缩放工具放大图形以便观察细节，缩小图形以便观看整体效果。选择"缩放"工具 🔍，在舞台上单击可放大图形，如图 2-280 所示。

图 2-279

图 2-280

要想放大图像中的局部区域，可在图像上拖曳出一个矩形选取框，如图 2-281 所示，松开鼠标后，所选取的局部图像被放大，如图 2-282 所示。

选中工具箱下方的"缩小"按钮 🔍，在舞台上单击可缩小图像，如图 2-283 所示。

图 2-281

图 2-282

图 2-283

**提 示**

当使用"放大"按钮 🔍 时，按住 Alt 键单击也可缩小图形。用鼠标双击"缩放"工具 🔍，可以使场景恢复到 100% 的显示比例。

## 2.4 图形的色彩

根据设计的要求，可以应用"纯色编辑"面板、"颜色"面板和"样本"面板来设置所需要的纯色、渐变色和颜色样本等。

### 2.4.1 课堂案例——绘制透明按钮

**⊕ 案例学习目标**

使用绘图工具绘制图形，使用"颜色"面板设置图形的颜色。

**⊕ 案例知识要点**

使用"颜色"面板和"椭圆"工具，绘制按钮效果；使用"渐变变形"工具，调整高光效果；使用"文本"工具，输入文字；使用"导入到舞台"命令，导入素材，如图 2-284 所示。

**⊕ 效果所在位置**

资源包 /Ch02/ 效果 / 绘制透明按钮 .fla。

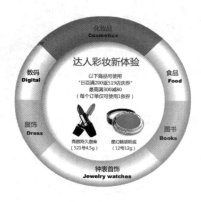

图 2-284

绘制透明按钮 1

绘制透明按钮 2

**STEP 📇1** 选择"文件 > 新建"命令，在弹出的"新建文档"对话框中选择"ActionScript 3.0"选项，单击"确定"按钮，进入新建文档舞台窗口。在"时间轴"面板中将"图层 1"图层重命名为"渐变圆"，如图 2-285 所示。

**STEP 📇2** 选择"椭圆"工具 ⬤，在工具箱中将"笔触颜色"设为黑色，"填充颜色"设为无，在舞台窗口中绘制出一个圆形，效果如图 2-286 所示。

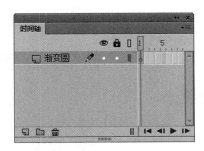

图 2-285

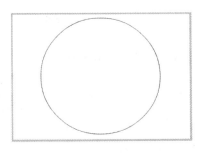

图 2-286

**STEP 3** 再次绘制一个同心圆，效果如图 2-287 所示。选择"线条"工具 ，在圆形中绘制多条斜线，效果如图 2-288 所示。

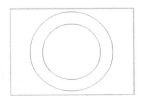

图 2-287

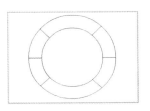

图 2-288

**STEP 4** 选择"窗口 > 颜色"命令，弹出"颜色"面板，单击"填充颜色"按钮 ，在"颜色类型"下拉列表中选择"径向渐变"，在色带上添加控制点，将控制点颜色依次设为深灰色（#666666）、红色（#FF0000）、浅红色（E62626）、深灰色（#666666），如图 2-289 所示。

**STEP 5** 选择"颜料桶"工具 ，在闭合路径中单击鼠标填充渐变，如图 2-290 所示。选择"渐变变形"工具 ，单击渐变图形，向下拖曳中心控制点到适当位置，如图 2-291 所示。改变渐变大小，效果如图 2-292 所示。

图 2-289

图 2-290

图 2-291

图 2-292

**STEP 6** 在"颜色"面板中的色带上添加控制点，将控制点颜色依次设为深灰色（#999999）、白色、白色、深灰色（#999999），如图 2-293 所示。分别在闭合路径中添加渐变，并选择"渐变变形"工具 ，改变渐变位置和大小，效果如图 2-294 所示。在"颜色"面板中的色带上添加控制点，将控制点颜色依次设为深灰色（#999999）、浅灰色（#CCCCCC）、浅灰色（#CCCCCC）、深灰色（#999999），如图 2-295 所示。

**STEP 7** 分别在闭合路径中添加渐变，并选择"渐变变形"工具 ▣，改变渐变位置和大小，效果如图 2-296 所示。选择"选择"工具 ▶，删除斜线路径，效果如图 2-297 所示。在"颜色"面板中将渐变颜色设为由白到黑，如图 2-298 所示。

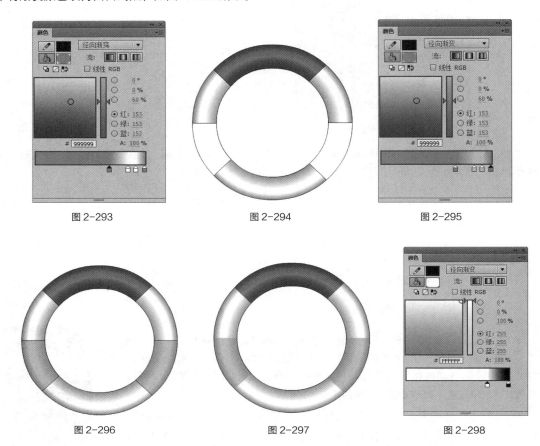

图 2-293          图 2-294          图 2-295

图 2-296          图 2-297          图 2-298

**STEP 8** 选择"颜料桶"工具 ♦，在闭合路径中单击鼠标填充渐变，如图 2-299 所示。选择"渐变变形"工具 ▣，改变渐变位置和大小，效果如图 2-300 所示。

**STEP 9** 选择"选择"工具 ▶，删除内部的圆形路径，选取外部的圆形路径，如图 2-301 所示，按 Ctrl+X 组合键，剪切选中的路径，单击"时间轴"面板下方的"新建图层"按钮 ▣，创建新图层并将其命名为"透明圆"。选择"编辑 > 粘贴到当前位置"，将图形原位粘贴到"透明圆"图层中。

图 2-299          图 2-300          图 2-301

**STEP** **10** 在"颜色"面板"渐变类型"下拉列表中选择"纯色",将"填充颜色"设为白色,"Alpha"选项设为 30,如图 2-302 所示。选择"颜料桶"工具🪣,在圆形路径中单击鼠标填充颜色,删除路径,效果如图 2-303 所示。

**STEP** **11** 在"时间轴"中创建新图层并将其命名为"文字"。选择"文本"工具 T ,在文本工具"属性"面板中进行设置,将"颜色"选项设置为黑色,其他选项的设置如图 2-304 所示。

图 2-302

图 2-303

图 2-304

**STEP** **12** 在舞台窗口中输入需要的文字,效果如图 2-305 所示。在文本工具"属性"面板中进行设置,如图 2-306 所示。在舞台窗口中输入需要的英文,效果如图 2-307 所示。

图 2-305

图 2-306

图 2-307

**STEP** **13** 选择"选择"工具 ,按住 Shift 键,将需要的文字选中,如图 2-308 所示。在文本"属性"面板中,将"颜色"选项设为红色(#990000),效果如图 2-309 所示。

图 2-308

图 2-309

**STEP** 14 在"时间轴"面板中创建新图层并将其命名为"说明文字"。选择"文件 > 导入 >
导入到舞台"命令，在弹出的"导入"对话框中选择"Ch02 > 素材 > 绘制透明按钮 > 01、02"文件，
单击"打开"按钮，文件分别被导入到舞台窗口中，选择"任意变形"工具 ，分别调整图像大小并
拖曳到适当的位置，效果如图 2-310 所示。

**STEP** 15 用步骤 11 的方法输入需要的文字，并调整适当的字体、字号和颜色，效果如图
2-311 所示。透明按钮制作完成，按 Ctrl+Enter 组合键即可查看效果。

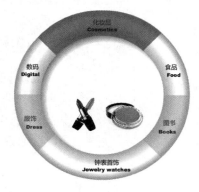

图 2-310

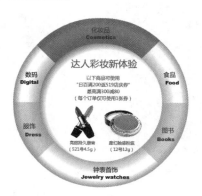

图 2-311

### 2.4.2 "纯色编辑"面板

在工具箱的下方单击"填充颜色"按钮 ，弹出"纯色"面板，如图 2-312 所示。在面板中
可以选择系统设置好的颜色，如想自行设定颜色，单击面板右上方的颜色选择按钮 ，弹出"颜色选择
器"面板，在面板左侧的颜色选择区中，可以选择颜色的明度和饱和度。垂直方向表示的是明度的变化，
水平方向表示的是饱和度的变化。选择要自定义的颜色，如图 2-313 所示。拖动面板右侧的滑块来设定
颜色的亮度，如图 2-314 所示。

设定颜色后，在对话框的右上方的颜色框中预览设定结果。右下方是所选颜色的明度、亮度、透明
度、红绿蓝和十六进制，选择好颜色后，单击"确定"按钮，所选择的颜色将变化为工具箱中的填充颜色。

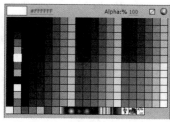

图 2-312

图 2-313

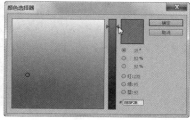

图 2-314

### 2.4.3 "颜色"面板

选择"窗口 > 颜色"命令，或按 Ctrl+Shift+F9 组合键，弹出"颜色"面板。

**1. 自定义纯色**

在"颜色"面板"颜色类型"选项中的下拉列表中选择"纯色"选项，面板效果如图 2-315 所示。

- "笔触颜色"按钮 ：可以设定矢量线条的颜色。
- "填充颜色"按钮：可以设定填充色的颜色。
- "黑白"按钮：单击此按钮，线条与填充色恢复为系统默认的状态。
- "没有颜色"按钮：用于取消矢量线条或填充色块。当选择"椭圆"工具或"矩形"工具时，此按钮为可用状态。
- "交换颜色"按钮：单击此按钮，可以将线条颜色和填充色相互切换。
- "H""S""B"和"R""G""B"选项：可以用精确数值来设定颜色。
- "A"选项：用于设定颜色的不透明度，数值选取范围为 0 ～ 100。

在面板左侧中间的颜色选择区域内，可以根据需要选择相应的颜色。

图 2-315

### 2. 自定义线性渐变色

在"颜色"面板的"颜色类型"选项中选择"线性渐变"选项，面板如图 2-316 所示。将光标放置在滑动色带上，光标变为 ▶+，在色带上单击鼠标增加颜色控制点，并在面板下方为新增加的控制点设定颜色及明度，如图 2-317 所示。当要删除控制点时，只需将控制点向色带下方拖曳。

### 3. 自定义径向渐变色

在"颜色"面板的"颜色类型"选项中选择"径向渐变"选项，面板效果如图 2-318 所示。用与定义线性渐变色相同的方法在色带上定义放射状渐变色，定义完成后，在面板的左下方显示出定义的渐变色，如图 2-319 所示。

图 2-316　　　　　　图 2-317　　　　　　图 2-318　　　　　　图 2-319

### 4. 自定义位图填充

在"颜色"面板的"颜色类型"选项中，选择"位图填充"选项，如图 2-320 所示。弹出"导入到库"对话框，在对话框中选择要导入的图片，如图 2-321 所示。

单击"打开"按钮，图片被导入"颜色"面板中。选择"椭圆形"工具，在场景中绘制出一个椭圆形，椭圆形被刚才导入的位图所填充，如图 2-322 所示。

选择"渐变变形"工具，在填充位图上单击，出现控制点。向内拖曳左下方的方形控制点，如图 2-323 所示。松开鼠标后效果如图 2-324 所示。

向上拖曳右上方的圆形控制点，改变填充位图的角度，如图 2-325 所示。松开鼠标后效果如图 2-326 所示。

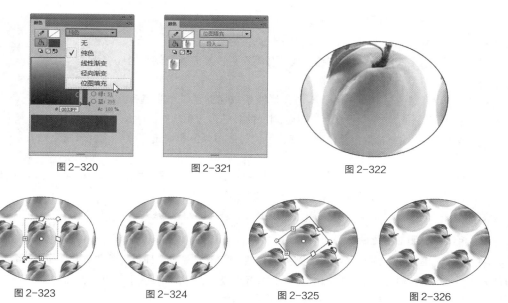

图 2-320          图 2-321          图 2-322

图 2-323          图 2-324          图 2-325          图 2-326

### 2.4.4 "样本"面板

在"样本"面板中可以选择系统提供的纯色或渐变色。选择"窗口 > 样本"命令，弹出"样本"面板，如图 2-327 所示。在控制面板中部的纯色样本区，系统提供了 216 种纯色。控制面板下方是渐变色样本区。单击控制面板右上方的按钮▼☰，弹出下拉菜单，如图 2-328 所示。

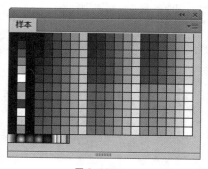

图 2-327          图 2-328

- "直接复制样本"命令：可以将选中的颜色复制出一个新的颜色。
- "删除样本"命令：可以将选中的颜色删除。
- "添加颜色"命令：可以将系统中保存的颜色文件添加到面板中。
- "替换颜色"命令：可以将选中的颜色替换成系统中保存的颜色文件。
- "加载默认颜色"命令：可以将面板中的颜色恢复到系统默认的颜色状态中。
- "保存颜色"命令：可以将编辑好的颜色保存到系统中，方便再次调用。
- "保存为默认值"命令：可以将编辑好的颜色替换系统默认的颜色文件，在创建新文档时自动替换。
- "清除颜色"命令：可以清除当前面板中的所有颜色，只保留黑色与白色。
- "Web216 色"命令：可以调出系统自带的符合 Internet 标准的色彩。
- "按颜色排序"命令：可以将色标按色相进行排列。
- "帮助"命令：选择此命令，将弹出帮助文件。

# 2.5 课堂练习——绘制童子拜年贺卡

## ⊕ 练习知识要点

　　使用"打开"命令，打开素材；使用"椭圆"工具、"选择"工具、"颜色"面板和"颜料桶"工具，绘制童子的身体；使用"渐变变形"工具，调整图案填充的大小，效果如图 2-329 所示。

## ⊕ 文件所在位置

　　资源包 /Ch02/ 效果 / 绘制童子拜年贺卡 .fla。

图 2-329

绘制童子拜年贺卡 1

绘制童子拜年贺卡 2　　　　绘制童子拜年贺卡 3

# 2.6 课后习题——绘制圣诞贺卡

## ⊕ 习题知识要点

　　使用"钢笔"和"颜料桶"工具，绘制房子效果；使用"椭圆"工具和"柔化填充边缘"命令，绘制雪花效果；使用"导入"命令，导入装饰图形，效果如图 2-330 所示。

## ⊕ 文件所在位置

　　资源包 /Ch02/ 效果 / 绘制圣诞贺卡 .fla。

图 2-330

绘制圣诞贺卡

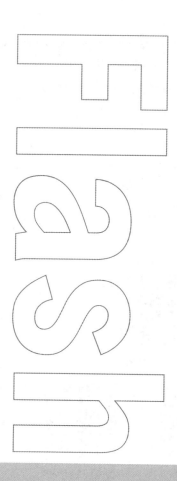

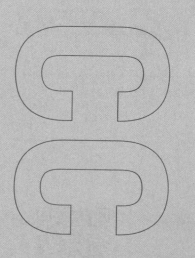

Chapter

3

第3章
对象的编辑与修饰

使用工具栏中的工具创建的向量图形相对来说比较单调，如果能结合修改菜单命令修改图形，就可以改变原图形的形状和线条等，并且可以将多个图形组合起来达到所需要的图形效果。本章将详细介绍Flash CC编辑和修饰对象的功能。通过对本章的学习，读者可以掌握编辑和修饰对象的各种方法和技巧，并能根据具体操作特点，灵活地应用编辑和修饰功能。

**课堂学习目标**

- 掌握对象的变形方法和技巧

- 掌握对象的修饰方法

- 熟练运用"对齐"面板与"变形"面板编辑对象

# 3.1 对象的变形与操作

应用变形命令可以对选择的对象进行变形修改，如扭曲、缩放、倾斜、旋转和封套等。还可以根据需要对对象进行组合、分离、叠放和对齐等一系列操作，从而达到制作的要求。

## 3.1.1 课堂案例——绘制环保插画

+ **案例学习目标**

使用不同的变形命令编辑图形。

+ **案例知识要点**

使用"钢笔"工具，绘制白云图形；使用"椭圆"工具、"矩形"工具和"颜色"面板，绘制树图形；使用"缩放"命令，调整图像大小，如图 3-1 所示。

+ **效果所在位置**

资源包 /Ch03/ 效果 / 绘制环保插画 .fla。

图 3-1

### 1. 绘制云彩和树图形

**STEP** ⬇1️⃣ 选择"文件 > 打开"命令，在弹出的"打开"对话框中选择"Ch03 > 素材 > 绘制环保插画 > 01"文件，单击"打开"按钮，打开文件，如图 3-2 所示。

绘制环保插画 1

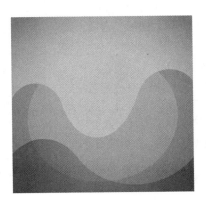

图 3-2

**STEP** 2 按 Ctrl+F8 组合键，弹出"创建新元件"对话框，在"名称"选项的文本框中输入"云彩"，在"类型"选项下拉列表中选择"图形"选项，如图 3-3 所示，单击"确定"按钮，新建图形元件"云彩"。舞台窗口也随之转换为图形元件的舞台窗口。选择"钢笔"工具 ，在钢笔工具"属性"面板中，将"笔触颜色"设为黑色，"填充颜色"设为无，"笔触"选项设为 1，在舞台窗口中绘制一个闭合边线，如图 3-4 所示。

图 3-3                                    图 3-4

**STEP** 3 选择"窗口 > 颜色"命令，弹出"颜色"面板，选择"填充颜色"选项 ，在"颜色类型"选项的下拉列表中选择"径向渐变"，在色带上将左边的颜色控制点设为浅黄色（#FFFFE7），将右边的颜色控制点设为浅绿色（#AEF1CA），生成渐变色，如图 3-5 所示。

**STEP** 4 选择"颜料桶"工具 ，在边线内单击鼠标，填充图形，如图 3-6 所示。选择"选择"工具 ，在边线上双击鼠标，将其选中，按 Delete 键，将其删除，效果如图 3-7 所示。

图 3-5                    图 3-6                    图 3-7

**STEP** 5 按 Ctrl+F8 组合键，弹出"创建新元件"对话框，在"名称"选项的文本框中输入"树"，在"类型"选项下拉列表中选择"图形"选项，如图 3-8 所示，单击"确定"按钮，新建图形元件"树"。舞台窗口也随之转换为图形元件的舞台窗口。

**STEP** 6 在"颜色"面板中选择"填充颜色"选项 ，在"颜色类型"选项的下拉列表中选择"线性渐变"，在色带上将左边的颜色控制点设为褐色（#886818），将右边的颜色控制点设为深褐色（#643B18），生成渐变色，如图 3-9 所示。

图 3-8

**STEP** 7 在"时间轴"面板中将"图层 1"重命名为"矩形"。选择"矩形"工具 ，在舞台窗口中绘制 1 个矩形条，效果如图 3-10 所示。

图 3-9

图 3-10

STEP 8 在"颜色"面板中选择"填充颜色"选项 ，在"颜色类型"选项的下拉列表中选择"径向渐变",在色带上将左边的颜色控制点设为黄绿色(#A4DC3D),将右边的颜色控制点设为绿色(#006600),生成渐变色,如图 3-11 所示。

STEP 9 单击"时间轴"面板下方的"新建图层"按钮 ,创建新图层并将其命名为"圆形"。选择"椭圆"工具 ,按住 Shift 键的同时在舞台窗口中绘制 1 个圆形,效果如图 3-12 所示。

图 3-11

图 3-12

### 2. 摆放树的位置

STEP 1 单击舞台窗口左上方的"场景 1"图标 场景1 ,进入"场景 1"的舞台窗口。单击"时间轴"面板下方的"新建图层"按钮 ,创建新图层并将其命名为"树"。将"库"面板中的图形元件"树"拖曳到舞台窗口中,如图 3-13 所示。并在图形"属性"面板中选择"色彩效果"选项组,在"样式"选项的下拉列表中选择"Alpha",将其值设为 64%,效果如图 3-14 所示。

绘制环保插画 2

STEP 2 选择"选择"工具 ,选择"树"实例,按住 Alt+Shift 组合键的同时向右拖曳到适当的位置复制图形,如图 3-15 所示。

图 3-13

图 3-14

图 3-15

**STEP** 选择"任意变形"工具 ，缩放复制的"树"实例的大小，效果如图 3-16 所示。用相同的方法再次复制 1 个，缩放大小并放置在适当的位置，效果如图 3-17 所示。选择"选择"工具 ，选中如图 3-18 所示的实例，按 Ctrl+G 组合键，将其组合，效果如图 3-19 所示。

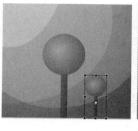
图 3-16

图 3-17

图 3-18

图 3-19

**STEP** 选择"任意变形"工具 ，选择"树"实例组合，按住 Alt+Shift 组合键的同时向左拖曳到适当的位置复制图形，并缩放实例的大小，效果如图 3-20 所示。用相同的方法制作出如图 3-21 所示的效果。

图 3-20

图 3-21

### 3. 摆放云彩与太阳的位置

**STEP** 单击"时间轴"面板下方的"新建图层"按钮，创建新图层并将其命名为"云彩"。将"库"面板中的图形元件"云彩"拖曳到舞台窗口中，选择"任意变形"工具 ，缩放云彩实例大小，并放置在适当的位置，如图 3-22 所示。

**STEP** 保持云彩实例的选取状态，在图形"属性"面板中选择"色彩效果"选项组，在"样式"选项的下拉列表中选择"Alpha"，将其值设为 30%，效果如图 3-23 所示。用相同的方法将"库"面板中的图形元件"云彩"向舞台窗口中拖曳多次，并缩放大小和调整其不透明度，效果如图 3-24 所示。

绘制环保插画 3

图 3-22

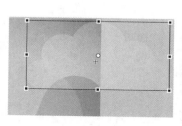
图 3-23

图 3-24

STEP 3 单击"时间轴"面板下方的"新建图层"按钮🔳，创建新图层并将其命名为"太阳"。将"库"面板中的图形元件"太阳"拖曳到舞台窗口中，并放置在适当的位置，如图 3-25 所示。

STEP 4 单击"时间轴"面板下方的"新建图层"按钮🔳，创建新图层并将其命名为"云彩1"。将"库"面板中的图形元件"云彩"拖曳到舞台窗口，选择"任意变形"工具▦，缩放大小并放置在适当的位置，如图 3-26 所示。

STEP 5 保持云彩实例的选取状态，在图形"属性"面板中选择"色彩效果"选项组，在"样式"选项的下拉列表中选择"Alpha"，将其值设为 50%，效果如图 3-27 所示。环保插画绘制完成，按 Ctrl+Enter 组合键即可查看效果，如图 3-28 所示。

  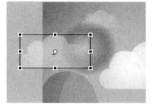 

图 3-25　　　　　　图 3-26　　　　　　图 3-27　　　　　　图 3-28

## 3.1.2　扭曲对象

选择"修改 > 变形 > 扭曲"命令，在当前选择的图形上出现控制点，如图 3-29 所示。光标变为 ▷，拖曳右上方控制点，如图 3-30 所示。拖动 4 角的控制点可以改变图形顶点的形状，效果如图 3-31 所示。

  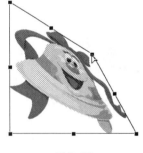 

图 3-29　　　　　　　　图 3-30　　　　　　　　图 3-31

## 3.1.3　封套对象

选择"修改 > 变形 > 封套"命令，在当前选择的图形上出现控制点，如图 3-32 所示。光标变为 ▷，用鼠标拖动控制点，如图 3-33 所示，使图形产生相应的弯曲变化，效果如图 3-34 所示。

图 3-32　　　　　　　　图 3-33　　　　　　　　图 3-34

### 3.1.4　缩放对象

选择"修改 > 变形 > 缩放"命令，在当前选择的图形上出现控制点，如图 3-35 所示。光标变为
，按住鼠标左键不放，向左下方拖曳控制点，如图 3-36 所示，用鼠标拖动控制点可成比例改变图形
的大小，效果如图 3-37 所示。

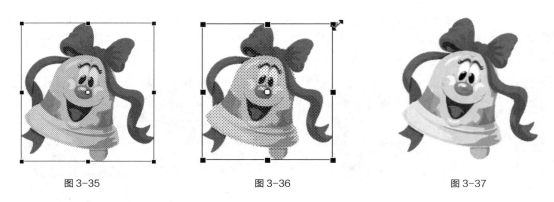

图 3-35　　　　　　　　　　　　图 3-36　　　　　　　　　　　　图 3-37

### 3.1.5　旋转与倾斜对象

选择"修改 > 变形 > 旋转与倾斜"命令，在当前选择的图形上出现控制点，如图 3-38 所示。用
鼠标拖动中间的控制点倾斜图形，光标变为 ，按住鼠标左键不放，向右水平拖曳控制点，如图
3-39 所示，松开鼠标，图形变为倾斜，如图 3-40 所示。光标放在右上角的控制点上时，光标变为 ，
如图 3-41 所示，拖动控制点旋转图形，如图 3-42 所示，旋转完成后效果如图 3-43 所示。

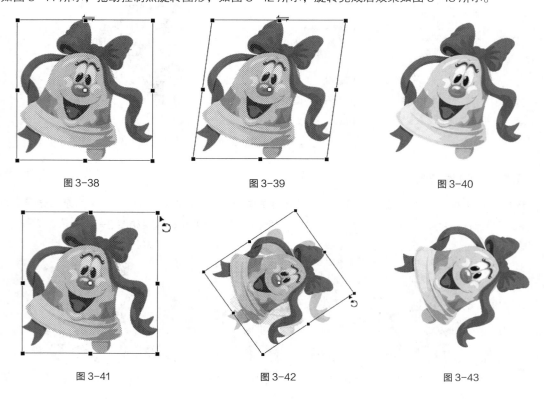

图 3-38　　　　　　　　　　　　图 3-39　　　　　　　　　　　　图 3-40

图 3-41　　　　　　　　　　　　图 3-42　　　　　　　　　　　　图 3-43

选择"修改 > 变形"中的"顺时针旋转 90 度"和"逆时针旋转 90 度"命令，可以将图形按照规定的度数进行旋转，效果如图 3-44 和图 3-45 所示。

图 3-44　　　　　　　　　　　　图 3-45

### 3.1.6　翻转对象

选择"修改 > 变形"中的"垂直翻转"和"水平翻转"命令，可以将图形进行翻转，效果如图 3-46 和图 3-47 所示。

图 3-46　　　　　　　　　　　　图 3-47

### 3.1.7　组合对象

选中多个图形，如图 3-48 所示，选择"修改 > 组合"命令，或按 Ctrl+G 组合键，将选中的图形进行组合，如图 3-49 所示。

图 3-48　　　　　　　　　　　　图 3-49

### 3.1.8　分离对象

要修改多个组合图形、图像、文字或组件的一部分时，可以使用"修改 > 分离"命令。另外，制作变形动画时，需用使用"分离"命令将组合图形、图像、文字或组件转变成图形。

选中组合图形，如图 3-50 所示。选择"修改 > 分离"命令，或按 Ctrl+B 组合键，将组合的图形打散，多次使用"分离"命令的效果如图 3-51 所示。

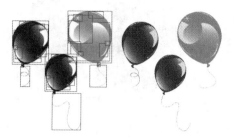

图 3-50　　　　　　　　　　　　　　　　　图 3-51

### 3.1.9　叠放对象

制作复杂图形时，多个图形的叠放次序不同，会产生不同的效果，可以通过"修改 > 排列"中的命令实现不同的叠放效果。

如果要将图形移动到所有图形的顶层。选中要移动的汽球图形，如图 3-52 所示，选择"修改 > 排列 > 移至顶层"命令，将选中的汽球图形移动到所有图形的顶层，效果如图 3-53 所示。

图 3-52　　　　　　　　　　　　　　　　　图 3-53

叠放对象只能是图形的组合或组件。

### 3.1.10　对齐对象

当选择多个图形、图像、图形的组合和组件时，可以通过"修改 > 对齐"中的命令调整它们的相对位置。

如果要将多个图形的底部对齐。可选中多个图形，如图 3-54 所示，然后选择"修改 > 对齐 > 顶对齐"命令，将所有图形的顶部对齐，效果如图 3-55 所示。

图 3-54

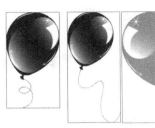

图 3-55

## 3.2　对象的修饰

在制作动画的过程中，可以应用 Flash CC 自带的一些命令，对曲线进行优化，将线条转换为填充，对填充色进行修改或对填充边缘进行柔化处理。

### 3.2.1　课堂案例——绘制风景插画

**+ 案例学习目标**

使用不同的绘图工具绘制图形，使用形状命令编辑图形。

**+ 案例知识要点**

使用"钢笔"工具和"颜料桶"工具，绘制云彩效果；使用"柔化填充边缘"命令，制作云彩的虚化边缘效果，如图 3-56 所示。

**+ 效果所在位置**

资源包 /Ch03/ 效果 / 绘制风景插画 .fla。

图 3-56

#### 1. 导入素材制作背景

**STEP ◤1** 选择"文件 > 新建"命令，在弹出的"新建文档"对话框中选择"ActionScript 3.0"选项，将"宽"选项设为 576，"高"选项设为 439，单击"确定"按钮，完成文档的创建。

绘制风景插画 1

**STEP ◤2** 按 Ctrl+L 组合键，弹出"库"面板，选择"文件 > 导入 > 导入到库"命令，在弹出的"导入到库"对话框中选择"Ch03 > 素材 > 绘制风景插画 > 01、02"文件，单击"打开"按钮，文件被导入到"库"面板中，如图 3-57 所示。

**STEP ◤3** 在"时间轴"面板中将"图层 1"重命名为"底图"，如图 3-58 所示。将"库"面板中的位图"01"拖曳到舞台窗口中，效果如图 3-59 所示。

图 3-57 　　　　　　　　　　　图 3-58 　　　　　　　　　　　图 3-59

### 2. 绘制云彩效果

**STEP 1** 在"时间轴"面板中创建新图层并将其命名为"云彩"。选择"钢笔"工具 ✑，在钢笔工具"属性"面板中将"笔触颜色"设为黑色，"笔触"选项设为 0.1，在舞台窗口绘制出一个闭合区域，效果如图 3-60 所示。

绘制风景插画 2

**STEP 2** 选择"颜料桶"工具 🪣，在工具箱中将"填充颜色"设为白色，在闭合区域中单击鼠标填充颜色，如图 3-61 所示，选择"选择"工具 ▲，双击边线将其选中，按 Delete 键将其删除，效果如图 3-62 所示。

图 3-60 　　　　　　　　　　图 3-61 　　　　　　　　　　图 3-62

**STEP 3** 选中"云彩"图层，选中图形，按 Ctrl+C 组合键复制图形。选择"修改 > 形状 > 柔化填充边缘"命令，弹出"柔化填充边缘"对话框，在"距离"选项的数值框中输入 20，"步长数"选项的数值框中输入 10，点选"扩展"选项，如图 3-63 所示，单击"确定"按钮，效果如图 3-64 所示。按 Ctrl+G 组合键，将其组合，如图 3-65 所示。

图 3-63 　　　　　　　　　　图 3-64 　　　　　　　　　　图 3-65

**STEP 4** 按 Ctrl+Shift+V 组合键，将复制的图形原位粘贴到当前位置，在工具箱中将"填充颜色"设为浅黄色（#F7F4EA）。选择"修改 > 形状 > 柔化填充边缘"命令，弹出"柔化填充边缘"对话框，在"距离"选项的数值框中输入 20，"步长数"选项的数值框中输入 5，点选"扩展"选项，如图 3-66 所示，单击"确定"按钮，按 Ctrl+G 组合键，将其组合，选择"选择"工具 ▲，将图形向左下方拖曳，效果如图 3-67 所示。选中"云彩"图层，选中图形，按 Ctrl+G 组合键，将其组合，效果如图 3-68 所示。

图 3-66 　　　　　　　　　图 3-67 　　　　　　　　　图 3-68

**STEP** 5 选中"云彩"图层，按住 Alt 键将云彩向左上方拖曳，复制云彩，效果如图 3-69 所示。按 Ctrl+T 组合键，弹出"变形"面板，在"变形"面板中进行设置如图 3-70 所示，按 Enter 键，确定操作，效果如图 3-71 所示。

图 3-69 　　　　　　　　　图 3-70 　　　　　　　　　图 3-71

**STEP** 6 用上述的方法制作出如图 3-72 所示的效果。在"时间轴"面板中创建新图层并将其命名为"花草"。将"库"面板中的位图"02"拖曳到舞台窗口中，效果如图 3-73 所示。绘制风景插画完成，按 Ctrl+Enter 组合键即可查看效果。

图 3-72 　　　　　　　　　　　　　　　图 3-73

### 3.2.2　优化曲线

应用优化曲线命令可以将线条优化得较为平滑。选中要优化的线条，如图 3-74 所示。选择"修改 > 形状 > 优化"命令，弹出"最优化曲线"对话框，进行设置后，如图 3-75 所示。单击"确定"按钮，弹出提示对话框，如图 3-76 所示。单击"确定"按钮，线条被优化，如图 3-77 所示。

图 3-74　　　　　　　　图 3-75

图 3-76

图 3-77

### 3.2.3　将线条转换为填充

应用将"线条转换为填充"命令，可以将矢量线条转换为填充色块。打开"03"文件，如图 3-78 所示。选择"墨水瓶"工具 🖋，为图形绘制外边线，如图 3-79 所示。

双击图形的外边线将其选中，选择"修改 > 形状 > 将线条转换为填充"命令，将外边线转换为填充色块，如图 3-80 所示。这时，可以选择"颜料桶"工具 🪣，为填充色块设置其他颜色，如图 3-81 所示。

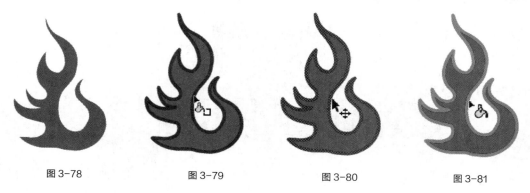
图 3-78　　　　　　　图 3-79　　　　　　　图 3-80　　　　　　　图 3-81

### 3.2.4　扩展填充

应用"扩展填充"命令，可以将填充颜色向外扩展或向内收缩，扩展或收缩的数值可以自定义。

**1. 扩展填充色**

选中图形的填充颜色，如图 3-82 所示。选择"修改 > 形状 > 扩展填充"命令，弹出"扩展填充"对话框，在"距离"选项的数值框中输入 3（取值范围为 0.05 ~ 144），单击"扩展"单选项，如图 3-83 所示。单击"确定"按钮，填充色向外扩展，效果如图 3-84 所示。

图 3-82

图 3-83

图 3-84

**2. 收缩填充色**

选中图形的填充颜色，选择"修改 > 形状 > 扩展填充"命令，弹出"扩展填充"对话框，在"距离"

选项的数值框中输入 10（取值范围在 0.05 ~ 144），单击"插入"单选项，如图 3-85 所示。单击"确定"
按钮，填充色向内收缩，效果如图 3-86 所示。

图 3-85　　　　　　　　　　　　　　　　　　　图 3-86

### 3.2.5　柔化填充边缘

#### 1.　向外柔化填充边缘

选中图形，如图 3-87 所示，选择"修改 > 形状 > 柔化填充边缘"命令，弹出"柔化填充边缘"
对话框，在"距离"选项的数值框中输入 50，在"步长数"选项的数值框中输入 5，选择"扩展"选项，
如图 3-88 所示。单击"确定"按钮，效果如图 3-89 所示。

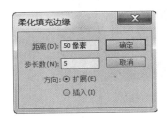

图 3-87　　　　　　　　　　　　图 3-88　　　　　　　　　　　　图 3-89

#### 2.　向内柔化填充边缘

选中图形，如图 3-90 所示，选择"修改 > 形状 > 柔化填充边缘"命令，弹出"柔化填充边缘"
对话框，在"距离"选项的数值框中输入 50，在"步长数"选项的数值框中输入 4，选择"插入"选项，
如图 3-91 所示。单击"确定"按钮，效果如图 3-92 所示。

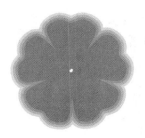

图 3-90　　　　　　　　　　　　图 3-91　　　　　　　　　　　　图 3-92

## 3.3　"对齐"面板与"变形"面板的使用

可以应用"对齐"面板来设置多个对象之间的对齐方式，还可以应用"变形"面板来改变对象的大

小以及倾斜度。

### 3.3.1 课堂案例——制作商场促销吊签

⊕ 案例学习目标

使用"变形"面板改变图形的角度。

⊕ 案例知识要点

使用"文本"工具，添加文字效果；使用"分离"命令，将文字转为形状；使用"组合"命令，将图形组合；使用"变形"面板，改变图形的角度，效果如图 3-93 所示。

⊕ 效果所在位置

资源包 /Ch03/ 效果 / 制作商场促销吊签 .fla。

图 3-93

制作商场促销吊签

**STEP 1** 选择"文件 > 新建"命令，在弹出的"新建文档"对话框中选择"ActionScript 3.0"选项，将"宽"选项设为 600，"高"选项设为 600，单击"确定"按钮，完成文档的创建。

**STEP 2** 选择"文件 > 导入 > 导入到舞台"命令，在弹出的"导入"对话框中选择"Ch03 > 素材 > 制作商场促销吊签 > 01"文件，单击"打开"按钮，图片被导入到舞台窗口中，拖曳图形到适当的位置，效果如图 3-94 所示。将"图层 1"重命名为"底图"，如图 3-95 所示。

图 3-94

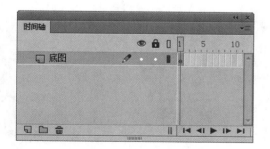

图 3-95

**STEP 3** 在"时间轴"面板中创建新图层并将其命名为"标题文字"。选择"文本"工具 T，在文本工具"属性"面板中进行设置，在舞台窗口中适当的位置输入大小为 20、字体为"Helvetica Neue Extra Black Cond"的橘黄色（#EC6620）英文，文字效果如图 3-96 所示。

**STEP 4** 在"时间轴"面板中创建新图层并将其命名为"价位"。在文本工具"属性"面板中进行设置，在舞台窗口中适当的位置输入大小为 20、字体为"Helvetica Neue Extra Black Cond"的深蓝色（#3E74BA）符号，文字效果如图 3-97 所示。其次在舞台窗口中输入大小为 95、字体为"Helvetica Neue Extra Black Cond"的深蓝色（#3E74BA）数字，文字效果如图 3-98 所示。再次在舞台窗口中适当的位置输入大小为 49、字体为"Helvetica Neue Extra Black Cond"的深蓝色（#3E74BA）数字，文字效果如图 3-99 所示。

图 3-96

图 3-97

图 3-98

图 3-99

**STEP 5** 在文本工具"属性"面板中进行设置，在舞台窗口中适当的位置输入大小为 36、字体为"Helvetica Neue Extra Black Cond"的橘黄色（#EC6620）英文，文字效果如图 3-100 所示。

**STEP 6** 选择"选择"工具，在舞台窗口中选中输入的符号，如图 3-101 所示，按 Ctrl+B 组合键，将其打散，如图 3-102 所示。按 Ctrl+G 组合键，将其组合，如图 3-103 所示。

**STEP 7** 选中数字"79"，如图 3-104 所示，按多次 Ctrl+B 组合键，将其打散，如图 3-105 所示。按 Ctrl+G 组合键，将其组合，如图 3-106 所示。

图 3-100

图 3-101

图 3-102

图 3-103

图 3-104

图 3-105

图 3-106

**STEP 8** 选中数字"80"，如图 3-107 所示，按多次 Ctrl+B 组合键，将其打散，如图 3-108 所示。按 Ctrl+G 组合键，将其组合，如图 3-109 所示。

图 3-107　　　　　　　　　图 3-108　　　　　　　　　图 3-109

**STEP 9** 在舞台窗口中选中符号组合，按住 Shift 键的同时单击 79 组合和 80 组合，将其同时选中，如图 3-110 所示。按 Ctrl+K 组合键，弹出"对齐"面板，单击"顶对齐"按钮 ，将选中的对象顶部对齐，效果如图 3-111 所示。

**STEP 10** 在"时间轴"面板中创建新图层并将其命名为"装饰图形"。选中"多角星形"工具 ，在多角星形工具"属性"面板中，将"笔触颜色"设为无，"填充颜色"设为橘黄色（#EC6620），单击"工具设置"选项组中的"选项"按钮 选项... ，在弹出的"工具设置"对话框中进行设置，如图 3-112 所示，单击"确定"按钮，在舞台窗口中适当的位置绘制一个五角形，效果如图 3-113 所示。

图 3-110　　　　　　　　图 3-111　　　　　　　　图 3-112　　　　　　　　图 3-113

**STEP 11** 选择"线条"工具 ，在线条工具"属性"面板中，将"笔触颜色"设为橘黄色（#EC6620），"填充颜色"设为无，"笔触"选项设为 3，其他选项的设置如图 3-114 所示，在舞台窗口中绘制两条水平线，效果如图 3-115 所示。

**STEP 12** 在线条工具"属性"面板中，将"笔触颜色"设为灰色（#CCCCCC），"笔触"选项设为 0.5，其他选项的设置如图 3-116 所示，在舞台窗口中绘制 1 条直线，效果如图 3-117 所示。

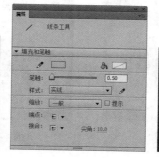

图 3-114　　　　　　　图 3-115　　　　　　　图 3-116　　　　　　　图 3-117

**STEP 13** 按 Ctrl+A 组合键，将舞台窗口中的所有对象全部选中，如图 3-118 所示。按

Ctrl+T 组合键，弹出"变形"面板，将"旋转"选项设为 15，如图 3-119 所示，按 Enter 键，对象顺时针旋转 15°，效果如图 3-120 所示。商场促销吊签制作完成，按 Ctrl+Enter 组合键即可查看效果。

图 3-118

图 3-119

图 3-120

### 3.3.2 "对齐"面板

选择"窗口 > 对齐"命令，或按 Ctrl+K 组合键，弹出"对齐"面板，如图 3-121 所示。

#### 1. "对齐"选项组

- "左对齐"按钮 ：设置选取对象左端对齐。
- "水平中齐"按钮 ：设置选取对象沿垂直线中对齐。
- "右对齐"按钮 ：设置选取对象右端对齐。
- "顶对齐"按钮 ：设置选取对象上端对齐。
- "垂直中齐"按钮 ：设置选取对象沿水平线中对齐。
- "底对齐"按钮 ：设置选取对象下端对齐。

图 3-121

#### 2. "分布"选项组

- "顶部分布"按钮 ：设置选取对象在横向上上端间距相等。
- "垂直居中分布"按钮 ：设置选取对象在横向上中心间距相等。
- "底部分布"按钮 ：设置选取对象在横向上下端间距相等。
- "左侧分布"按钮 ：设置选取对象在纵向上左端间距相等。
- "水平居中分布"按钮 ：设置选取对象在纵向上中心间距相等。
- "右侧分布"按钮 ：设置选取对象在纵向上右端间距相等。

#### 3. "匹配大小"选项组

- "匹配宽度"按钮 ：设置选取对象在水平方向上等尺寸变形（以所选对象中宽度最大的为基准）。
- "匹配高度"按钮 ：设置选取对象在垂直方向上等尺寸变形（以所选对象中高度最大的为基准）。
- "匹配宽和高"按钮 ：设置选取对象在水平方向和垂直方向同时进行等尺寸变形（同时以所选对象中宽度和高度最大的为基准）。

#### 4. "间隔"选项组

- "垂直平均间隔"按钮 ：设置选取对象在纵向上间距相等。
- "水平平均间隔"按钮 ：设置选取对象在横向上间距相等。

#### 5. "与舞台对齐"选项

"与舞台对齐"复选框：勾选此选项后，上述设置的操作都是以整个舞台的宽度或高度为基准的。

选中要对齐的图形，如图 3-122 所示。单击"顶对齐"按钮，图形上端对齐，如图 3-123 所示。

图 3-122                                          图 3-123

选中要分布的图形，如图 3-124 所示。单击"水平居中分布"按钮，图形在纵向上中心间距相等，如图 3-125 所示。

选中要匹配大小的图形，如图 3-126 所示。单击"匹配高度"按钮，图形在垂直方向上等尺寸变形，如图 3-127 所示。

图 3-124                                          图 3-125

图 3-126                                          图 3-127

勾选"与舞台对齐"复选框前后，应用同一个命令所产生的效果不同。选中图形，如图 3-128 所示。单击"左侧分布"按钮，效果如图 3-129 所示。勾选"与舞台对齐"复选框，单击"左侧分布"按钮，效果如图 3-130 所示。

图 3-128                    图 3-129                    图 3-130

### 3.3.3 "变形"面板

选择"窗口 > 变形"命令，或按 Ctrl+T 组合键，弹出"变形"面板，如图 3-131 所示。

图 3-131

- "缩放宽度" ↔ 100.0 % 和 "缩放高度" ↕ 100.0 % 选项：用于设置图形的宽度和高度。
- "约束"按钮 ⊖：用于约束"宽度"和"高度"选项，使图形能够成比例地变形。
- "旋转"选项：用于设置图形的角度。
- "倾斜"选项：用于设置图形的水平倾斜或垂直倾斜。
- "重置选区和变形"按钮 ⫶：用于复制图形并将变形设置应用给图形。
- "取消变形"按钮 ↩：用于将图形属性恢复到初始状态。
- "变形"面板中的设置不同，所产生的效果也各不相同。导入一幅图片，如图 3-132 所示。

选中图形，在"变形"面板中将"缩放宽度"选项设为 50，按 Enter 键，确定操作，如图 3-133 所示，图形的宽度被改变，效果如图 3-134 所示。

图 3-132

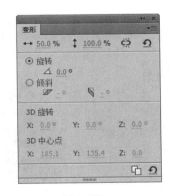

图 3-133

图 3-134

选中图形，在"变形"面板中单击"约束"按钮 ⊖，将"缩放宽度"选项设为 50，"缩放高度"选项也随之变为 50，按 Enter 键，确定操作，如图 3-135 所示，图形的宽度和高度成比例缩小，效果如图 3-136 所示。

选中图形，将旋转角度设为 30°，按 Enter 键，确定操作，如图 3-137 所示，图形被旋转，效果如图 3-138 所示。

图 3-135

图 3-136

图 3-137

图 3-138

选中图形，在"变形"面板中选择"倾斜"选项，将水平倾斜设为 40°，按 Enter 键，确定操作，如图 3-139 所示，图形进行水平倾斜变形，效果如图 3-140 所示。

选中图形，在"变形"面板中选择"倾斜"选项，将垂直倾斜设为 -20°，按 Enter 键，确定操作，如图 3-141 所示，图形进行垂直倾斜变形，效果如图 3-142 所示。

图 3-139

图 3-140

图 3-141

图 3-142

选中图形，在"变形"面板中，将旋转角度设为 60°，单击"重置选区和变形"按钮，如图 3-143 所示，图形被复制并沿其中心点旋转了 60°，效果如图 3-144 所示。

图 3-143

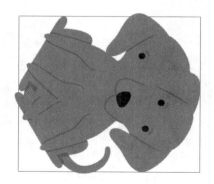
图 3-144

再次单击"重置选区和变形"按钮，图形再次被复制并旋转了 60°，如图 3-145 所示，此时，面板中显示旋转角度为 -180°，表示复制出的图形当前角度为 -180°，如图 3-146 所示。

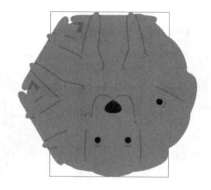
图 3-145

图 3-146

## 3.4 课堂练习——绘制圣诞夜插画

### 🔍 练习知识要点

　　使用"钢笔"工具，绘制雪山图形；使用"颜色"面板和"颜料桶"工具，填充渐变色；使用"柔化填充边缘"命令，制作图形虚化效果；使用"变形"面板，调整图像的大小，效果如图 3-147 所示。

### 🔍 文件所在位置

　　资源包 /Ch03/ 效果 / 绘制圣诞夜插画 .fla。

图 3-147

绘制圣诞夜插画

## 3.5 课后习题——绘制美丽家园插画

### 🔍 习题知识要点

　　使用"矩形"工具和"颜色"面板，绘制背景底图；使用"椭圆"工具和"颜色"面板，绘制小山和树，效果如图 3-148 所示。

### 🔍 文件所在位置

　　资源包 /Ch03/ 效果 / 绘制美丽家园插画 .fla。

图 3-148

绘制美丽家园插画 1　　　绘制美丽家园插画 2

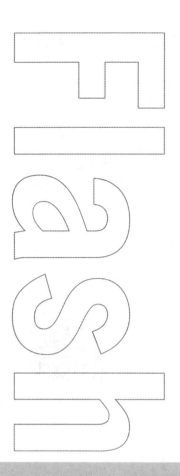

Chapter

4

# 第4章
# 文本的编辑

Flash CC具有强大的文本输入、编辑和处理功能。本章将详细讲解文本的编辑方法和应用技巧。通过对本章的学习，读者可以了解并掌握文本的功能及特点，并能在设计制作任务中充分地利用好文本的效果。

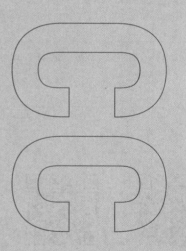

**课堂学习目标**

- 熟练掌握文本的创建和编辑方法
- 了解文本的类型及属性设置
- 熟练运用文本的转换来编辑文本

# 4.1 文本的类型及使用

　　建立动画时，常需要利用文字更清楚地表达创作者的意图，而建立和编辑文字必须利用 Flash CC 提供的文字工具才能实现。

## 4.1.1 课堂案例——制作记事本日记

⊕ **案例学习目标**

　　使用"属性"面板设置文字的属性。

⊕ **练习知识要点**

　　使用"文本"工具，输入文字；使用文本工具"属性"面板，设置文字的字体、大小、颜色、行距和字符设置，如图 4-1 所示。

⊕ **效果所在位置**

　　资源包 /Ch04/ 效果 / 制作记事本日记 . fla。

制作记事本日记

图 4-1

### 1. 新建文件并导入素材

　　**STEP 1** 选择"文件 > 新建"命令，在弹出的"新建文档"对话框中选择"ActionScript 3.0"选项，将"宽"选项设为 880，"高"选项设为 700，单击"确定"按钮，完成文档的创建。

　　**STEP 2** 将"图层 1"图层重命名为"底图"。选择"文件 > 导入 > 导入到库"命令，在弹出的"导入到库"对话框中选择"Ch04 > 素材 > 制作记事日记 > 01"文件，单击"打开"按钮，文件被导入到"库"面板中，如图 4-2 所示。分别将"库"面板中的位图"01""02"拖曳到舞台窗口中，并放置在适当的位置，如图 4-3 所示。

图 4-2

图 4-3

## 2. 输入文字

**STEP**  在"时间轴"面板中创建新图层并将其命名为"文字"。选择"文本"工具 T ，在文本工具"属性"面板中进行设置，在舞台窗口中适当的位置输入大小为 38、字体为"方正兰亭黑简体"的黑色文字，文字效果如图 4-4 所示。

**STEP**  选择"选择"工具 ，选中文字，按 Ctrl+T 组合键，弹出"变形"面板，将"旋转"选项设为 −10°，如图 4-5 所示，按 Enter 键，确认操作，效果如图 4-6 所示。

图 4-4            图 4-5            图 4-6

**STEP**  选择"文本"工具 T ，在文本工具"属性"面板中进行设置，如图 4-7 所示。用鼠标在舞台窗口中单击并按住鼠标，向右下方拖曳一个文本框，松开鼠标光标在文本框中闪烁，输入需要的文字，效果如图 4-8 所示。

**STEP**  选择"选择"工具 ，选中段落文字，按 Ctrl+T 组合键，弹出"变形"面板，将"旋转"选项设为 −10°，按 Enter 键，确认操作，效果如图 4-9 所示。记事日记制作完成，按 Ctrl+Enter 组合键即可查看效果。

图 4-7            图 4-8            图 4-9

### 4.1.2 创建文本

选择"文本"工具 T ，选择"窗口 > 属性"命令，弹出文本工具"属性"面板，如图 4-10 所示。

将光标放置在场景中，光标变为 。在场景中单击鼠标，出现文本输入光标，如图 4-11 所示。直接输入文字即可，效果如图 4-12 所示。

图 4-10　　　　　　　图 4-11　　　　　　　　　　　图 4-12

用鼠标在场景中单击并按住鼠标左键，向右下角方向拖曳出一个文本框，如图 4-13 所示。松开鼠标，出现文本输入光标，如图 4-14 所示。在文本框中输入文字，文字被限定在文本框中，如果输入的文字较多，会自动转到下一行显示，如图 4-15 所示。

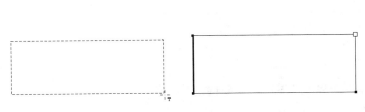

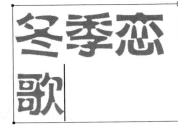

图 4-13　　　　　　　　　　图 4-14　　　　　　　　　　图 4-15

用鼠标向左拖曳文本框上方的方形控制点，可以缩小文字的行宽，如图 4-16 和图 4-17 所示；向右拖曳控制点可以扩大文字的行宽，如图 4-18 和图 4-19 所示。

图 4-16　　　　图 4-17　　　　　　　　图 4-18　　　　　　　　　图 4-19

双击文本框上方的方形控制点，文字将转换成单行显示状态，方形控制点转换为圆形控制点，如图 4-20 和图 4-21 所示。

图 4-20　　　　　　　　　　　图 4-21

### 4.1.3 文本"属性"面板

文本"属性"面板如图 4-22 所示。下面对各文字调整选项逐一进行介绍。

**1. 设置文本的字体、字体大小、样式和颜色**

- "系列"选项：设定选定字符或整个文本块的文字字体。

选中文字，如图 4-23 所示，在"文本工具属性"面板中选择"字体"选项，在其下拉列表中选择要转换的字体，如图 4-24 所示，单击鼠标，文字的字体被转换了，效果如图 4-25 所示。

图 4-22

图 4-23　　　　　　　图 4-24　　　　　　　图 4-25

- "大小"选项：设定选定字符或整个文本块的文字大小。选项值越大，文字越大。

选中文字，如图 4-26 所示，在"文本工具属性"面板中选择"字体大小"选项，在其数值框中输入设定的数值，或直接用鼠标在文字上拖动进行设定，如图 4-27 所示，文字的字号变小，如图 4-28 所示。

图 4-26　　　　　　　图 4-27　　　　　　　图 4-28

● "文本（填充）颜色"按钮 颜色：■ ：为选定字符或整个文本块的文字设定颜色。

　　选中文字，如图 4-29 所示，在"文本工具属性"面板中单击"颜色"按钮，弹出"颜色"面板，选择需要的颜色，如图 4-30 所示，为文字替换颜色，如图 4-31 所示。

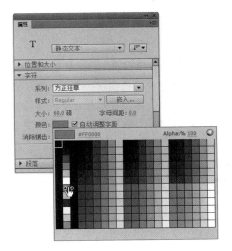

图 4-29　　　　　　　　　　图 4-30　　　　　　　　图 4-31

**提示**

文字只能使用纯色，不能使用渐变色。要想为文本应用渐变，必须将该文本转换为组成它的线条和填充。

● "改变文本方向"按钮 ：在其下拉列表中选择需要的选项可以改变文字的排列方向。

　　选中文字，如图 4-32 所示，单击"改变文本方向"按钮 ，在其下拉列表中选择"垂直，从左向右"命令，如图 4-33 所示，文字将从左向右排列，效果如图 4-34 所示。如果在其下拉列表中选择"垂直"命令，如图 4-35 所示，文字将从右向左排列，效果如图 4-36 所示。

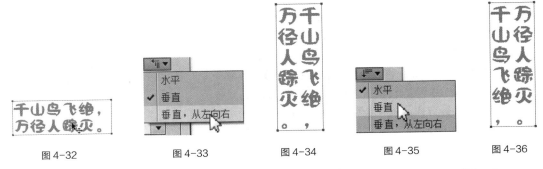

图 4-32　　　　　　图 4-33　　　　　图 4-34　　　　　图 4-35　　　　　图 4-36

● "字母间距"选项：在 字母间距：0.0 选定字符或整个文本块的字符之间插入统一的间隔。

　　设置不同的文字间距，文字的效果如图 4-37 所示。

（a）间距为0时效果　　　　　　（b）缩小间距后效果　　　　　　（c）扩大间距后效果

图4-37

- "字符"选项：通过设置需要的数值控制字符之间的相对位置。
- "切换上标"按钮$T^1$：可将水平文本放在基线之上或将垂直文本放在基线的右边。
- "切换下标"按钮$T_1$：可将水平文本放在基线之下或将垂直文本放在基线的左边。

选中要设置字符位置的文字，选择"上标"选项，文字在基线以上，如图4-38所示。

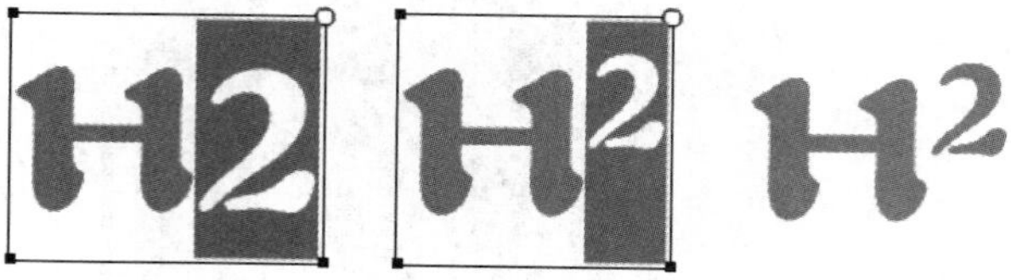

图4-38

设置不同字符位置，文字的效果如图4-39所示。

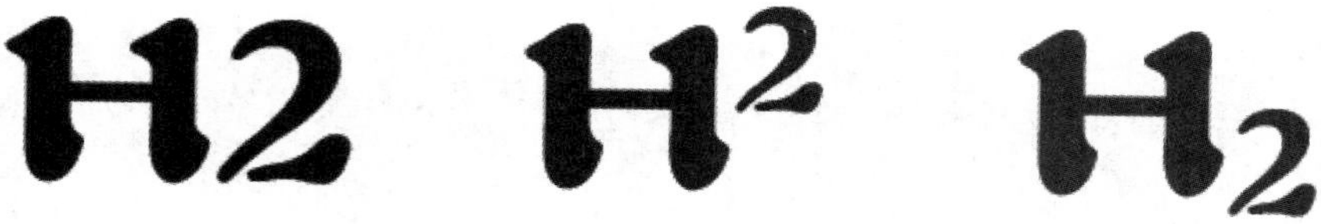

　　（a）正常位置　　　　　　　（b）上标位置　　　　　　　（c）下标位置

图4-39

## 2. 设置段落

单击"属性"面板中"段落"左侧的三角按钮▶，弹出相应的选项，设置文本段落的格式。
文本排列方式按钮可以将文字以不同的形式进行排列。

- "左对齐"按钮▤：将文字以文本框的左边线进行对齐。
- "居中对齐"按钮▤：将文字以文本框的中线进行对齐。
- "右对齐"按钮▤：将文字以文本框的右边线进行对齐。
- "两端对齐"按钮▤：将文字以文本框的两端进行对齐。

选择不同的排列方式，文字排列的效果如图4-40所示。

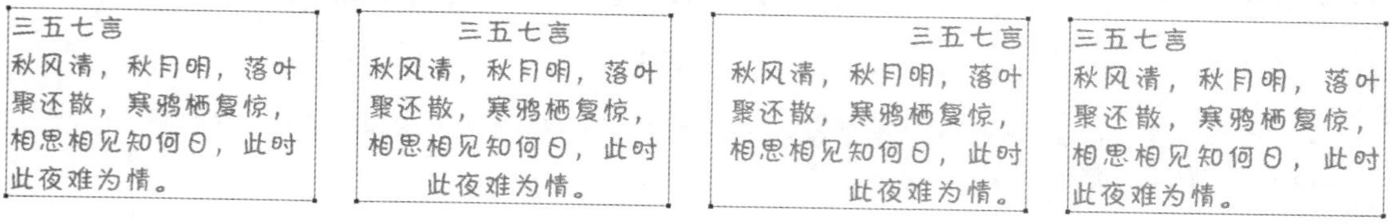

　（a）左对齐　　　　　　（b）居中对齐　　　　　　（c）右对齐　　　　　　（d）两端对齐

图4-40

- "缩进"选项 ：用于调整文本段落的首行缩进。
- "行距"选项 ：用于调整文本段落的行距。
- "左边距"选项 ：用于调整文本段落的左侧间隙。
- "右边距"选项 ：用于调整文本段落的右侧间隙。

选中文本段落，如图 4-41 所示，在"段落"选项中进行设置，如图 4-42 所示，文本段落的格式发生改变，如图 4-43 所示。

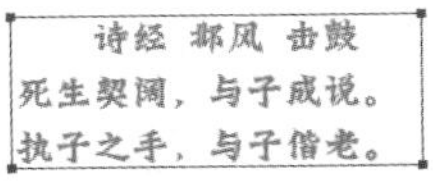

图 4-41 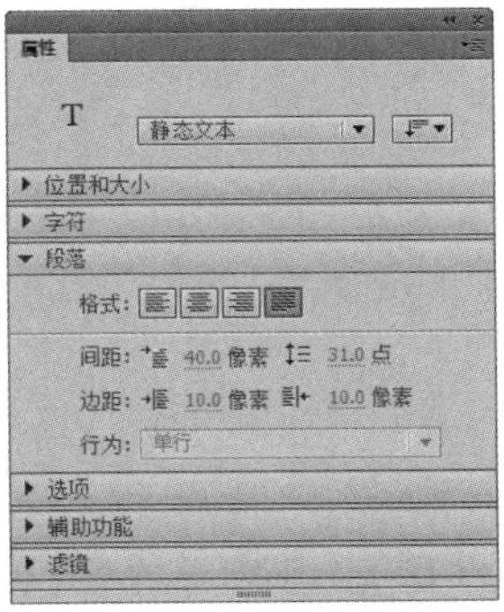          图 4-42 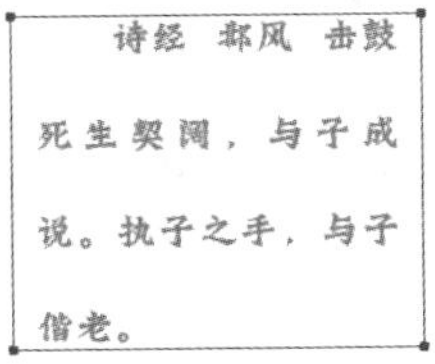          图 4-43

### 3. 字体呈现方法

Flash CC 中有 5 种不同的字体呈现选项，如图 4-44 所示。通过设置可以得到不同的样式。

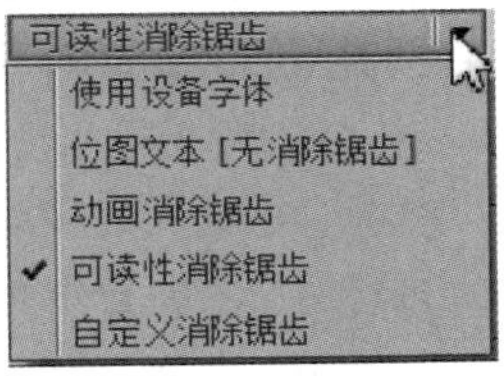

- "使用设备字体"：此选项生成一个较小的 SWF 文件。此选项使用用户计算机上当前安装的字体来呈现文本。
- "位图文本 [ 无消除锯齿 ]"：此选项生成明显的文本边缘，没有消除锯齿。因为此选项生成的 SWF 文件中包含字体轮廓，所以生成一个较大的 SWF 文件。
- "动画消除锯齿"：此选项生成可顺畅进行动画播放的消除锯齿文本。因为在文本动画播放时没有应用对齐和消除锯齿，所以在某些情况下，文本动画还可以更快播放。在使用带有许多字母的大字体或缩放字体时，可能看不到性能上的提高。因为此选项生成的 SWF 文件中包含字体轮廓，所以生成一个较大的 SWF 文件。

图 4-44

- "可读性消除锯齿"：此选项使用高级消除锯齿引擎。它提供了品质最高的文本，具有最易读的文本。因为此选项生成的文件中包含字体轮廓，以及特定的消除锯齿信息，所以生成最大的 SWF 文件。

"自定义消除锯齿"：此选项与"可读性消除锯齿"选项相同，但是可以直观地操作消除锯齿参数，以生成特定外观。此选项在为新字体或不常见的字体生成最佳的外观方面非常有用。

### 4. 设置文本超链接

- "链接"选项：可以在选项的文本框中直接输入网址，使当前文字成为超链接文字。
- "目标"选项：可以设置超链接的打开方式，共有 4 种方式可以选择。
- "_blank"：链接页面在新开的浏览器中打开。
- "_parent"：链接页面在父框架中打开。
- "_self"：链接页面在当前框架中打开。
- "_top"：链接页面在默认的顶部框架中打开。

选中文字，如图 4-45 所示，选择文本工具"属性"面板，在"链接"选项的文本框中输入链接的网址，如图 4-46 所示，在"目标"选项中设置好打开方式，设置完成后文字的下方出现下划线，表示已经链接，如图 4-47 所示。

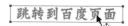

跳转到百度页面

图 4-45 图 4-46 图 4-47

 **提示**

文本只有在水平方向排列时，超链接功能才可用。当文本为垂直方向排列时，超链接则不可用。

### 4.1.4　静态文本

选择"静态文本"选项，"属性"面板如图 4-48 所示。

- "可选"按钮 **T**：选择此项，当文件输出为 SWF 格式时，可以对影片中的文字进行选取和复制操作。

### 4.1.5　动态文本

选择"动态文本"选项，"属性"面板如图 4-49 所示。动态文本可以作为对象来应用。

在"字符"选项组中"实例名称"选项可以设置动态文本的名称。"将文本呈现为 HTML"选项 <>，文本支持 HTML 标签特有的字体格式、超链接等超文本格式。"在文本周围显示边框"选项 ▣，可以为文本设置白色的背景和黑色的边框。

在"段落"选项组中的"行为"选项包括单行、多行和多行不换行。"单行"文本以单行方式显示。"多行"文本，即输入的文本大于设置的文本限制，输入的文本将被自动换行。"多行不换行"，即输入的文本为多行时，不会自动换行。

在"选项"选项组中的"变量"选项可以将该文本框定义为保存字符串数据的变量。此选项需结合动作脚本使用。

### 4.1.6　输入文本

选择"输入文本"选项，"属性"面板如图 4-50 所示。

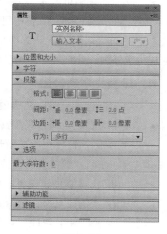

图 4-48 图 4-49 图 4-50

- "段落"选项组中的"行为"选项新增加了"密码"选项,选择此选项,当文件输出为 SWF 格式时,影片中的文字将显示为星号☆☆☆。
- "选项"选项组中的"最多字符数"选项,可以设置输入文字的最多数值。默认值为 0,即为不限制。如设置数值,此数值即为输出 SWF 影片时,显示文字的最多数目。

# 4.2 文本的转换

在 Flash CC 中输入文本后,可以根据设计制作的需要对文本进行编辑,如对文本进行变形处理或为文本填充渐变色。

## 4.2.1 课堂案例——制作水果标牌

➕ **案例学习目标**

使用任意变形工具将文字变形。

➕ **案例知识要点**

使用"任意变形"工具和"封套"按钮,对文字进行编辑;使用"分离"命令,将文字分离;使用"颜色"面板,填充文字渐变颜色,效果如图 4-51 所示。

➕ **效果所在位置**

资源包 /Ch04/ 效果 / 制作水果标牌 .fla。

图 4-51

制作水果标牌

**STEP 🔼1** 选择"文件 > 新建"命令,在弹出的"新建文档"对话框中选择"ActionScript 3.0"选项,单击"确定"按钮,进入新建文档舞台窗口。

**STEP 🔼2** 在"时间轴"面板中将"图层 1"图层重命名为"底图"。选择"文件 > 导入 > 导入到舞台"命令,在弹出的"导入"对话框中选择"Ch04 > 素材 > 制作水果标牌 > 01"文件,单击"打开"按钮,文件被导入舞台窗口中,效果如图 4-52 所示。

**STEP 🔼3** 在"时间轴"面板中新建图层并将其命名为"文字"。选择"文本"工具 T ,在文本工具"属性"面板中进行设置,在舞台窗口中适当的位置输入大小为 25,字体为"时尚中黑简体"的深红色(#871A1F)文字,文字效果如图 4-53 所示。再次在舞台窗口中输入大小为 22,字体为"方正兰亭黑简体"的深红色(#871A1F)文字,文字效果如图 4-54 所示。

图 4-52

图 4-53

图 4-54

**STEP 4** 在"时间轴"面板中新建图层并将其命名为"变形文字"。在文本工具"属性"面板中进行设置，在舞台窗口中适当的位置输入大小为 35，字体为"时尚中黑简体"的深红色（#871A1F）文字，文字效果如图 4-55 所示。

**STEP 5** 选中"变形文字"图层，选择"任意变形"工具，选中文字，按两次 Ctrl+B 组合键，将文字打散。选中工具箱下方的"封套"按钮，在文字周围出现控制手柄，调整各个控制手柄将文字变形，效果如图 4-56 所示。

图 4-55

图 4-56

**STEP 6** 选中"变形文字"图层，选中文字，选择"窗口 > 颜色"命令，弹出"颜色"面板，选择"填充颜色"选项，在"颜色类型"选项的下拉列表中选择"线性渐变"，在色带上将左边的颜色控制点设为黄色（#C4B527），将右边的颜色控制点设为绿色（#096633），生成渐变色，如图 4-57 所示。选择"颜料桶"工具，在选中的文字上从上向下拖曳渐变色，如图 4-58 所示。松开鼠标后，渐变色角度被调整，取消文字的选取状态，效果如图 4-59 所示。

**STEP 7** 选择"墨水瓶"工具，在"属性"面板中将"笔触颜色"设为白色，"笔触"选项设为 1。用鼠标在文字的边线上单击，勾画出文字的轮廓，效果如图 4-60 所示。制作水果标牌完成。

图 4-57

图 4-58

图 4-59

图 4-60

## 4.2.2　变形文本

选中文字，如图 4-61 所示，按两次 Ctrl+B 组合键，将文字打散，如图 4-62 所示。

孤舟蓑笠翁　　　　　孤舟蓑笠翁

图 4-61 　　　　　　　　　　　　图 4-62

选择"修改 > 变形 > 封套"命令，在文字的周围出现控制点，如图 4-63 所示，拖动控制点，改变文字的形状，如图 4-64 所示，变形完成后文字效果如图 4-65 所示。

孤舟蓑笠翁　　孤舟蓑笠翁　　孤舟蓑笠翁

图 4-63 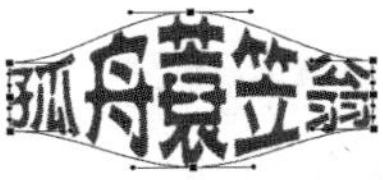　　　　　　　图 4-64 　　　　　　　图 4-65

## 4.2.3　填充文本

选中文字，如图 4-66 所示，按两次 Ctrl+B 组合键，将文字打散，如图 4-67 所示。

独钓寒江雪　　　　　独钓寒江雪

图 4-66 　　　　　　　　　　　　图 4-67

选择"窗口 > 颜色"命令，弹出"颜色"面板，选择"填出颜色"选项 🎨 ⬜，在"颜色类型"选项中选择"线性"，在颜色设置条上设置渐变颜色，如图 4-68 所示，文字效果如图 4-69 所示。

独钓寒江雪

图 4-68 　　　　　　　　　　　　图 4-69

选择"墨水瓶"工具 🎨，在墨水瓶工具"属性"面板中，设置线条的颜色和笔触高度，如图 4-70 所示，在文字的外边线上单击，为文字添加外边框，如图 4-71 所示。

独钓寒江雪

图 4-70 　　　　　　　　　　　　图 4-71

# 4.3 课堂练习——制作马戏团标志

**练习知识要点**

使用"文本"工具，输入文字；使用"分离"命令，将文字打散；使用"墨水瓶"工具，为文字添加轮廓效果；使用"颜色"面板和"颜料桶"工具，为文字添加渐变色，效果如图 4-72 所示。

**文件所在位置**

资源包 /Ch04/ 效果 / 制作马戏团标志 .fla。

图 4-72

制作马戏团标志

# 4.4 课后习题——制作变色文字

**习题知识要点**

使用"文本"工具，添加主体文字；使用"图层"与"墨水瓶"工具，制作文字描边，效果如图 4-73 所示。

**文件所在位置**

资源包 /Ch04/ 效果 / 制作变色文字 .fla。

图 4-73

制作变色文字 1

制作变色文字 2

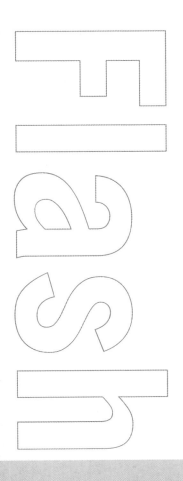

Chapter

# 5

## 第5章
## 外部素材的应用

Flash CC可以导入外部的图像和视频素材来增强画面效果。本章将介绍导入外部素材，以及设置外部素材属性的方法。通过对本章的学习，读者可以了解并掌握如何应用Flash CC的强大功能来处理和编辑外部素材，使其与内部素材充分结合，从而制作出更加生动的动画作品。

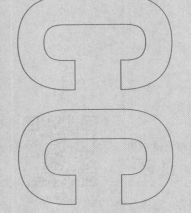

### 课堂学习目标

- 了解图像和视频素材的格式
- 掌握图像素材的导入和编辑方法
- 掌握视频素材的导入和编辑方法

# 5.1 图像素材的应用

Flash 可以导入各种文件格式的矢量图形和位图。

## 5.1.1　课堂案例——制作名胜古迹鉴赏

**+ 案例学习目标**

使用转换位图为矢量图命令制作图像转换。

**+ 练习知识要点**

使用"转换位图为矢量图"命令，将位图转换成矢量图；使用"文本"工具，添加文字效果，如图 5-1 所示。

**+ 效果所在位置**

资源包 /Ch05/ 效果 / 制作名胜古迹鉴赏 .fla。

图 5-1

### 1. 导入图片并转换为矢量图

**STEP ✍1** 选择"文件 > 新建"命令，在弹出的"新建文档"对话框中选择 "ActionScript 3.0"选项，将"宽"选项设为 464，"高"选项设为 650，单击"确定" 按钮，完成文档的创建。

制作名胜古迹鉴赏 1

**STEP ✍2** 选择"文件 > 导入 > 导入到库"命令，在弹出的"导入到库"对 话框中选择"Ch05 > 素材 > 制作名胜古迹鉴赏 > 01、02、03、04"文件，单击"打开"按钮，文件 被导入到"库"面板中，如图 5-2 所示。

**STEP ✍3** 按 Ctrl+F8 组合键，弹出"创建新元件"对话框，在"名称"选项的文本框中输入"罗 马"，在"类型"选项下拉列表中选择"图形"选项，单击"确定"按钮，新建图形元件"罗马"，如图 5-3 所示。舞台窗口也随之转换为影片剪辑元件的舞台窗口。将"库"面板中的位图"01"拖曳到舞台 窗口中，如图 5-4 所示。

图 5-2 图 5-3 图 5-4

**STEP** 保持图像的选取状态，选择"修改 > 位图 > 转换位图为矢量图"命令，在弹出的"转换位图为矢量图"对话框中进行设置，如图 5-5 所示，单击"确定"按钮，位图转换为矢量图，效果如图 5-6 所示。

图 5-5 图 5-6

**STEP** 在"时间轴"面板中创建新图层并将其命名为"蓝底"。选择"矩形"工具，在矩形工具"属性"面板中将"笔触颜色"设为无，"填充颜色"设为蓝色（#2380C3），其他选项的设置如图 5-7 所示。在舞台窗口中绘制 1 个圆角矩形，效果如图 5-8 所示。

图 5-7 图 5-8

**STEP 6** 在"时间轴"面板中将"蓝底"图层拖曳到"图层 1"的下方，如图 5-9 所示，效果如图 5-10 所示。用上述的方法制作图形元件"埃及"，如图 5-11 所示。

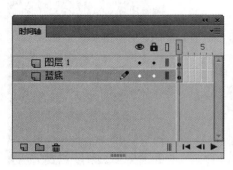

图 5-9 图 5-10 图 5-11

### 2. 制作文字元件

**STEP 1** 在"库"面板中新建一个图形元件"埃及"字，舞台窗口也随之转换为图形元件的舞台窗口。将"舞台颜色"设为黑色。选择"文本"工具 T，在文本工具"属性"面板中进行设置，在舞台窗口中适当的位置输入大小为 40，字体为"方正兰亭粗黑简体"的深黄色（#F1A400）文字，文字效果如图 5-12 所示。

制作名胜古迹鉴赏 2

**STEP 2** 选择"选择"工具 ，选中文字，按两次 Ctrl+B 组合键，将文字打散。框选文字的上半部分，如图 5-13 所示，在工具箱中将"填充颜色"设为白色，效果如图 5-14 所示。

**STEP 3** 用上述的方法制作图形元件"罗马"字，如图 5-15 所示。

图 5-12 图 5-13 图 5-14 图 5-15

**STEP 4** 在"库"面板中新建一个图形元件"罗马说明文"，舞台窗口也随之转换为图形元件的舞台窗口。选择"文本"工具 T，在文本工具"属性"面板中进行设置，在舞台窗口中适当的位置输入大小为 12，字体为"方正兰亭粗黑简体"的青色（#2380C3）文字，文字效果如图 5-16 所示。用相同的方法制作图形元件"埃及说明文"，如图 5-17 所示。

图 5-16 图 5-17

**STEP 5** 将舞台"背景颜色"设为白色。在"库"面板中新建一个图形元件"骑士"，舞台窗口也随之转换为图形元件的舞台窗口。将"库"面板中的位图"02"拖曳到舞台窗口中，如图 5-18 所示。用相同的方将"库"面板中的位图"04"文件，制作成图形元件"石像"，如图 5-19 所示。

图 5-18                                  图 5-19

### 3. 制作罗马动画

**STEP**  单击舞台窗口左上方的"场景 1"图标 场景 1，进入"场景 1"的舞台窗口。将"图层 1"重命名为"罗马"，如图 5-20 所示。将"库"面板中的图形元件"罗马"拖曳到舞台窗口中，并放置在适当的位置，如图 5-21 所示。

制作名胜古迹鉴赏 3

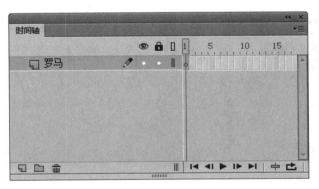

图 5-20                                  图 5-21

**STEP 2** 选中"罗马"图层的第 100 帧，按 F5 键，插入普通帧，第 15 帧，按 F6 键，插入关键帧，第 51 帧，按 F7 键，插入空白关键帧。

**STEP 3** 选中"罗马"图层的第 1 帧，在舞台窗口中选择"罗马"实例，在图形"属性"面板中选择"色彩效果"选项组，在"样式"选项的下拉列表中选择"Alpha"，将其值设为 0%。用鼠标右键单击"罗马"图层的第 1 帧，在弹出的快捷菜单中选择"创建传统补间"命令，生成传统补间动画，如图 5-22 所示。

**STEP 4** 在"时间轴"面板中创建新图层并将其命名为"骑士"。选中"骑士"图层的第 10 帧，按 F6 键，插入关键帧。将"库"面板中的图形元件"骑士"拖曳到舞台窗口中，并放置在适当的位置，如图 5-23 所示。

**STEP 5** 选中"骑士"图层的第 25 帧，按 F6 键，插入关键帧，第 51 帧，按 F7 键，插入空白关键帧。

**STEP 6** 选中"骑士"图层的第 10 帧，在舞台窗口中将"骑士"实例拖曳到适当的位置，如图 5-24 所示。用鼠标右键单击"骑士"图层的第 10 帧，在弹出的快捷菜单中选择"创建传统补间"命令，生成传统补间动画。

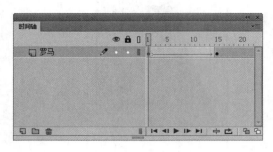

图 5-22　　　　　　　　　　　　　　图 5-23　　　　　　图 5-24

**STEP 7** 在"时间轴"面板中创建新图层并将其命名为"罗马字"。选中"罗马字"图层的第 10 帧，按 F6 键，插入关键帧，将"库"面板中的图形元件"罗马字"拖曳到舞台窗的左下角，如图 5-25 所示。

**STEP 8** 选中"罗马字"图层的第 25 帧，按 F6 键，插入关键帧，第 51 帧，按 F7 键，插入空白关键帧。选中"罗马字"图层的第 10 帧，在舞台窗口中将"罗马字"实例垂直向下拖曳到适当的位置，如图 5-26 所示。

**STEP 9** 用鼠标右键单击"罗马字"图层的第 10 帧，在弹出的快捷菜单中选择"创建传统补间"命令，生成传统补间动画，如图 5-27 所示。

图 5-25　　　　　　　图 5-26　　　　　　　　　　图 5-27

**STEP 10** 在"时间轴"面板中创建新图层并将其命名为"罗马说明文字"。选中"罗马说明文字"图层的第 25 帧，按 F6 键，插入关键帧，将"库"面板中的图形元件"罗马说明文字"拖曳到舞台窗口中，并放置在适当的位置，如图 5-28 所示。

**STEP 11** 选中"罗马说明文字"图层的第 35 帧，按 F6 键，插入关键帧，第 51 帧，按 F7 键，插入空白关键帧。选中"罗马说明文字"图层的第 25 帧，在舞台窗口中将"罗马说明文字"实例垂直向下拖曳到适当的位置，如图 5-29 所示，并在图形"属性"面板中选择"色彩效果"选项组，在"样式"选项的下拉列表中选择"Alpha"，将其值设为 0%。

**STEP 12** 用鼠标右键单击"罗马说明文字"图层的第 25 帧，在弹出的快捷菜单中选择"创建传统补间"命令，生成传统补间动画。

图 5-28　　　　　　　　　　　　　　　　图 5-29

### 4．制作埃及动画

制作名胜古迹鉴赏 4

**STEP 1** 在"时间轴"面板中创建新图层并将其命名为"埃及"。选中"埃及"图层的第 51 帧，按 F6 键，插入关键帧。将"库"面板中的图形元件"埃及"拖曳到舞台窗口中，并放置在适当的位置，如图 5-30 所示。选中"埃及"图层的第 65帧，按 F6 键，插入关键帧。

**STEP 2** 选中"埃及"图层的第 51 帧，在舞台窗口中选择"埃及"实例，在图形"属性"面板中选择"色彩效果"选项组，在"样式"选项的下拉列表中选择"Alpha"，将其值设为 0%。

**STEP 3** 用鼠标右键单击"埃及"图层的第 51 帧，在弹出的快捷菜单中选择"创建传统补间"命令，生成传统补间动画，效果如图 5-31 所示。

图 5-30　　　　　　　　　　　　　　　图 5-31

**STEP 4** 在"时间轴"面板中创建新图层并将其命名为"石像"。选中"石像"图层的第 60 帧，按 F6 键，插入关键帧。将"库"面板中的图形元件"石像"拖曳到舞台窗的右下角，如图 5-32 所示。选中"石像"图层的第 75 帧，按 F6 键，插入关键帧。

**STEP 5** 选中"石像"图层的第 60 帧，在舞台窗口中将"石像"实例向右下角拖曳到适当的位置，如图 5-33 所示。用鼠标右键单击"石像"图层的第 60 帧，在弹出的快捷菜单中选择"创建传统补间"命令，生成传统补间动画，如图 5-34 所示。

图 5-32　　　　　图 5-33　　　　　　　　　图 5-34

**STEP 6** 在"时间轴"面板中创建新图层并将其命名为"埃及字"。选中"埃及字"图层的第

60 帧，按 F6 键，插入关键帧。将"库"面板中的图形元件"埃及字"拖曳到舞台窗中，并放置在适当的位置，如图 5-35 所示。选中"埃及字"图层的第 75 帧，按 F6 键，插入关键帧。

**STEP ⏯7** 选中"埃及字"图层的第 60 帧，在舞台窗口中将"埃及字"实例垂直向下拖曳到适当的位置，如图 5-36 所示。用鼠标右键单击"埃及字"图层的第 60 帧，在弹出的快捷菜单中选择"创建传统补间"命令，生成传统补间动画，如图 5-37 所示。

  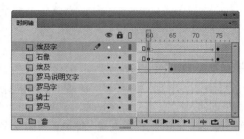

图 5-35           图 5-36           图 5-37

**STEP ⏯8** 在"时间轴"面板中创建新图层并将其命名为"埃及说明文字"。选中"埃及说明文字"图层的第 75 帧，按 F6 键，插入关键帧。将"库"面板中的图形元件"埃及说明文字"拖曳到舞台窗的下方，效果如图 5-38 所示。选中"埃及说明文"图层的第 85 帧，按 F6 键，插入关键帧。

**STEP ⏯9** 选中"埃及说明文"图层的第 75 帧，在舞台窗口中将"埃及说明文"实例垂直向下拖曳到适当的位置，如图 5-39 所示，在图形"属性"面板中选择"色彩效果"选项组，在"样式"选项的下拉列表中选择"Alpha"，将其值设为 0%。

**STEP ⏯10** 用鼠标右键单击"埃及说明文字"图层的第 75 帧，在弹出的快捷菜单中选择"创建传统补间"命令，生成传统补间动画。

图 5-38           图 5-39

**STEP ⏯11** 在"时间轴"面板中创建新图层并将其命名为"标题文字"。将"背景颜色"设为黑色。选择"窗口 > 颜色"命令，弹出"颜色"面板，将"笔触颜色"设为白色，"填充颜色"设为白色，"Alpha"选项设为 40%，如图 5-40 所示。

**STEP ⏯12** 选中"标题"图层的第 1 帧，选择"矩形"工具 ⬜，在矩形工具"属性"面板中进行设置，如图 5-41 所示，在舞台窗口中绘制 1 个矩形，效果如图 5-42 所示。

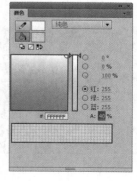  

图 5-40           图 5-41           图 5-42

**STEP** **13** 选择"文本"工具 `T`，在文本工具"属性"面板中进行设置，在舞台窗口中适当的位置输入大小为 25，字体为"方正兰亭粗黑简体"的深红色（#9D010C）文字，文字效果如图 5-43 所示。

**STEP** **14** 选中文字"古"如图 5-44 所示，在文字"属性"面板中将"系列"设为"方正黄草简体"，"大小"设为 72，并拖曳到适当的位置，效果如图 5-45 所示。将"背景颜色"为白色，名胜古迹鉴赏制作完成，按 Ctrl+Enter 组合键即可查看效果，如图 5-46 所示。

图 5-43

图 5-44

图 5-45

图 5-46

## 5.1.2 图像素材的格式

Flash CC 可以导入各种文件格式的矢量图形和位图。矢量图形文件格式包括：FreeHand 文件、Adobe Illustrator 文件、EPS 文件或 PDF 文件。位图格式包括：JPG、GIF、PNG 和 BMP 等格式。

- FreeHand 文件：在 Flash 中导入 FreeHand 文件时，可以保留层、文本块、库元件和页面，还可以选择要导入的页面范围。
- Illustrator 文件：此文件支持对曲线、线条样式和填充信息的非常精确的转换。
- EPS 文件或 PDF 文件：可以导入任何版本的 EPS 文件以及 1.4 版本或更低版本的 PDF 文件。
- JPG 格式：是一种压缩格式，可以应用不同的压缩比例对文件进行压缩。压缩后，文件质量损失小，文件量大大降低。
- GIF 格式：即位图交换格式，是一种 256 色的位图格式，压缩率略低于 JPG 格式。
- PNG 格式：能把位图文件压缩到极限以利于网络传输，能保留所有与位图品质有关的信息。PNG 格式支持透明位图。
- BMP 格式：在 Windows 环境下使用最为广泛，而且使用时最不容易出问题。但由于文件量较大，一般在网上传输时，不考虑该格式。

## 5.1.3 导入图像素材

Flash CC 可以识别多种不同的位图和向量图的文件格式，可以通过导入或粘贴的方法将素材引入到 Flash CC 中。

### 1. 导入到舞台

**STEP** **1** 导入位图到舞台：当导入位图到舞台上时，舞台上将显示出该位图，同时位图被保存在"库"面板中。

选择"文件 > 导入 > 导入到舞台"命令，弹出"导入"对话框，在对话框中选中要导入的位图图片"01"，如图 5-47 所示，单击"打开"按钮，弹出提示对话框，如图 5-48 所示。

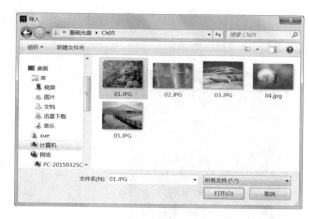

图 5-47

图 5-48

当单击"否"按钮时，选择的位图图片"01"被导入舞台上，这时，舞台、"库"面板和"时间轴"所显示的效果分别如图 5-49、图 5-50 和图 5-51 所示。

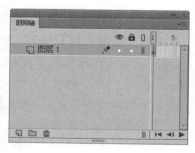

图 5-49

图 5-50

图 5-51

当单击"是"按钮时，位图图片 01 ~ 05 全部被导入舞台上，这时，舞台、"库"面板和"时间轴"所显示的效果分别如图 5-52、图 5-53 和图 5-54 所示。

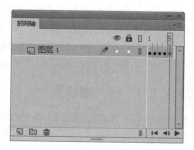

图 5-52

图 5-53

图 5-54

提示

可以用各种方式将多种位图导入到 Flash CC 中，也可以从 Flash CC 中启动 Fireworks 或其他外部图像编辑器，从而在这些编辑应用程序中修改导入的位图。可以对导入位图应用压缩和消除锯齿功能，以控制位图在 Flash CC 中的大小和外观，还可以将导入位图作为填充应用到对象中。

STEP 02 导入矢量图到舞台：当导入矢量图到舞台上时，舞台上显示该矢量图，但矢量图并不会被保存到"库"面板中。

选择"文件 > 导入 > 导入到舞台"命令，弹出"导入"对话框，在对话框中选中需要的文件，如图 5-55 所示，单击"打开"按钮，弹出"将'06.ai'导入到舞台"对话框，如图 5-56 所示，单击"确定"按钮，矢量图被导入舞台上，如图 5-57 所示。此时，查看"库"面板，并没有保存矢量图"卡通人物"。

图 5-55         图 5-56         图 5-57

## 2. 导入到库

STEP 01 导入位图到库：当导入位图到"库"面板时，舞台上不显示该位图，只在"库"面板中进行显示。

选择"文件 > 导入 > 导入到库"命令，弹出"导入到库"对话框，在对话框中选中"02"文件，如图 5-58 所示，单击"打开"按钮，位图被导入"库"面板中，如图 5-59 所示。

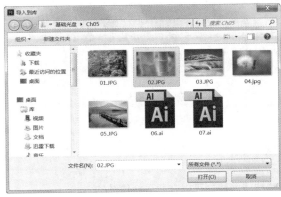
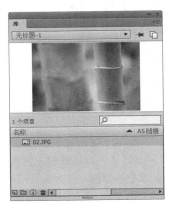

图 5-58         图 5-59

**STEP** 导入矢量图到库：当导入矢量图到"库"面板时，舞台上不显示该矢量图，只在"库"面板中进行显示。

选择"文件 > 导入 > 导入到库"命令，弹出"导入到库"对话框，在对话框中选中"07"文件，如图 5-60 所示，单击"打开"按钮，弹出"将'07.ai'导入到库"对话框，如图 5-61 所示，单击"确定"按钮，矢量图被导入"库"面板中，如图 5-62 所示。

图 5-60 　　　　　　　　　　图 5-61 　　　　　　　　　图 5-62

### 3. 外部粘贴

可以将其他程序或文档中的位图粘贴到 Flash CC 的舞台中，其方法为，在其他程序或文档中复制图像，选中 Flash CC 文档，按 Ctrl+V 组合键，将复制的图像进行粘贴，图像出现在 Flash CC 文档的舞台中。

### 5.1.4　设置导入位图属性

对于导入的位图，用户可以根据需要消除锯齿从而平滑图像的边缘，或选择压缩选项以减小位图文件的大小，以及格式化文件以便在 Web 上显示。这些变化都需要在"位图属性"对话框中进行设定。

在"库"面板中双击位图图标，如图 5-63 所示，弹出"位图属性"对话框，如图 5-64 所示。

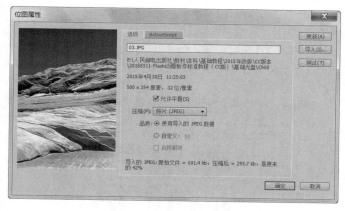

图 5-63 　　　　　　　　　　　　图 5-64

位图浏览区域：对话框的左侧为位图浏览区域，将光标放置在此区域，光标变为手形，拖动鼠标可移动区域中的位图。

位图名称编辑区域：对话框的上方为名称编辑区域，可以在此更换位图的名称。

位图基本情况区域：名称编辑区域下方为基本情况区域，该区域显示了位图的创建日期、文件大小、像素位数，以及位图在计算机中的具体位置。

- "允许平滑"选项：利用消除锯齿功能平滑位图边缘。
- "压缩"选项：设定通过何种方式压缩图像，它包含以下两种方式。"照片（JPEG）"，以 JPEG 格式压缩图像，可以调整图像的压缩比。"无损（PNG/GIF）"，将使用无损压缩格式压缩图像，这样不会丢失图像中的任何数据。
- "使用导入的 JPEG 数据"选项：选择此选项，则位图应用默认的压缩品质。选择"自定义"选项，可以右侧的文本框中输入介于 1 ~ 100 的一个值，以指定新的压缩品质，如图 5-65 所示。输入的数值设置越高，保留的图像完整性越大，但是产生的文件量也越大。

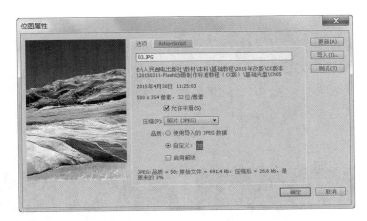

图 5-65

- "更新"按钮：如果此图片在其他文件中被更改了，单击此按钮进行刷新。
- "导入"按钮：可以导入新的位图，替换原有的位图。单击此按钮，弹出"导入位图"对话框，在对话框中选中要进行替换的位图，如图 5-66 所示，单击"打开"按钮，原有位图被替换，如图 5-67 所示。

图 5-66

图 5-67

- "测试"按钮：单击此按钮可以预览文件压缩后的结果。

在"自定义"选项的数值框中输入数值，如图 5-68 所示，单击"测试"按钮，在对话框左侧的位图浏览区域中，可以观察压缩后的位图质量效果，如图 5-69 所示。

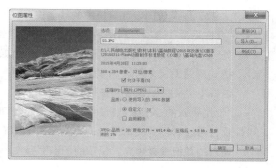

图 5-68                                    图 5-69

当"位图属性"对话框中的所有选项设置完成后，单击"确定"按钮即可。

### 5.1.5  将位图转换为图形

使用 Flash CC 可以将位图分离为可编辑的图形，位图仍然保留它原来的细节。分离位图后，可以使用绘画工具和涂色工具来选择和修改位图的区域。

在舞台中导入位图，如图 5-70 所示。选中位图，选择"修改 > 分离"命令，将位图打散，如图 5-71 所示。

图 5-70                                    图 5-71

对打散后的位图进行编辑的方法如下。

**STEP** 选择"刷子"工具，在位图上进行绘制，如图 5-72 所示。若未将图形分离，绘制线条后，线条将在位图的下方显示，如图 5-73 所示。

图 5-72                                    图 5-73

STEP 2　选择"选择"工具 ，直接在打散后的图形上拖曳，改变图形形状或删减图形，如图 5-74 和图 5-75 所示。

图 5-74

图 5-75

STEP 3　选择"橡皮擦"工具 ，擦除图形，如图 5-76 所示。选择"墨水瓶"工具 ，为图形添加外边框，如图 5-77 所示。

STEP 4　选择"魔术棒"工具 ，在图形的绿色上单击鼠标，将图形上的绿色部分选中，如图 5-78 所示，按 Delete 键，删除选中的图形，如图 5-79 所示。

图 5-76

图 5-77

图 5-78

图 5-79

 提示

将位图转换为图形后，图形不再链接到"库"面板中的位图组件。也就是说，当修改打散后的图形时，不会对"库"面板中相应的位图组件产生影响。

### 5.1.6 将位图转换为矢量图

选中位图，如图 5-80 所示，选择"修改 > 位图 > 转换位图为矢量图"命令，弹出"转换位图为矢量图"对话框，设置数值后，如图 5-81 所示，单击"确定"按钮，位图转换为矢量图，如图 5-82 所示。

图 5-80                          图 5-81                          图 5-82

- "颜色阈值"选项：设置将位图转化成矢量图形时的色彩细节。数值的输入范围为 0 ~ 500，该值越大，图像越细腻。
- "最小区域"选项：设置将位图转化成矢量图形时色块的大小。数值的输入范围为 0 ~ 1000，该值越大，色块越大。
- "曲线拟合"选项：设置在转换过程中对色块处理的精细程度。图形转化时边缘越光滑，对原图像细节的失真程度越高。
- "角阈值"选项：定义角转化的精细程度。

在"转换位图为矢量图"对话框中，设置不同的数值，所产生的效果也不相同，如图 5-83 所示。

图 5-83

将位图转换为矢量图形后，可以应用"颜料桶"工具 为其重新填色。

选择"颜料桶"工具 ，将"填充颜色"设置为黄色，在图形的背景区域单击，将背景区域填充为黄色，如图 5-84 所示。

将位图转换为矢量图形后，还可以用"滴管"工具 对图形进行采样，然后将其用做填充。

选择"滴管"工具 ，光标变为 ，在狗狗的鼻子上单击，吸取鼻子的色彩值，如图 5-85 所示，吸取后，光标变为 ，在适当的位置上单击，用吸取的颜色进行填充，效果如图 5-86 所示。

图 5-84 图 5-85 图 5-86

# 5.2 视频素材的应用

在 Flash CC 中，可以导入外部的视频素材并将其应用到动画作品中，也可以根据需要导入不同格式的视频素材并设置视频素材的属性。

## 5.2.1 课堂案例——制作体育赛事精选

⊕ **案例学习目标**

使用导入命令导入视频，使用变形工具调整视频的大小。

⊕ **案例知识要点**

使用"导入"命令，导入视频；使用"任意变形"工具，调整视频的大小，如图 5-87 所示。

⊕ **效果所在位置**

资源包 /Ch05/ 效果 / 制作体育赛事精选 .fla。

图 5-87

制作体育赛事精选

**STEP 1** 选择"文件 > 新建"命令，在弹出的"新建文档"对话框中选择"ActionScript 3.0"选项，将"宽"选项设为 580，"高"选项设为 446，单击"确定"按钮，完成文档的创建。

**STEP 2** 选择"文件 > 导入 > 导入到舞台"命令，在弹出的"导入"对话框中选择"Ch05 > 素材 > 制作体育赛事精选 > 01"文件，单击"打开"按钮，文件被导入到舞台窗口中，如图 5-88 所示。将"图层 1"重命名为"底图"。

**STEP 3** 选择"窗口 > 颜色"命令，弹出"颜色"面板，将"笔触颜色"设为白色，"Alpha"选项设为 30%，"填充颜色"设为无，如图 5-89 所示。

图 5-88

图 5-89

**STEP** 🔢**4** 选择"基本矩形"工具 📐，在基本矩形工具"属性"面板中进行设置，如图 5-90 所示，在舞台窗口中绘制多个矩形，效果如图 5-91 所示。

图 5-90

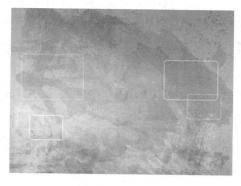

图 5-91

**STEP** 🔢**5** 在"颜色"面板中将"Alpha"选项设为 100%，如图 5-92 所示。在基本矩形"属性"面板中进行设置，如图 5-93 所示，在舞台窗口中绘制多个矩形，效果如图 5-94 所示。

图 5-92

图 5-93

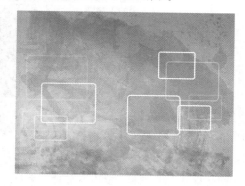

图 5-94

**STEP** 🔢**6** 在"时间轴"面板中创建新图层并将其命名为"视频"。选择"文件 > 导入 > 导入视频"命令，弹出"导入视频"对话框，单击"浏览"按钮，在弹出的"打开"对话框中选择"Ch05 > 素材 > 制作体育赛事精选 > 02"文件，单击"打开"按钮，选中"在 SWF 中嵌入 FLV 并在时间轴中播放"单选项，如图 5-95 所示。单击"下一步"按钮，进入"嵌入"对话框，再次单击"下一步"按钮，进入"选择视频导入"对话框，单击"完成"按钮，视频文件被导入到舞台窗口中，如图 5-96 所示。"时间轴"面板如图 5-97 所示。

图 5-95　　　　　　　　　　　　　　　　图 5-96

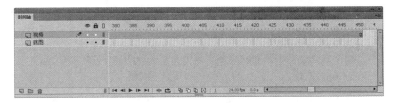

图 5-97

STEP 7　选择"底图"图层的第 451 帧，按 F5 键，插入普通帧。选择"视频"图层，选择"任意变形"工具，在视频周围出现控制手柄，调整视频的大小并拖曳到适当的位置，效果如图 5-98 所示。

STEP 8　在"时间轴"中创建新图层并将其命名为"边框"。选择"基本矩形"工具，在基本矩形工具"属性"面板中，将"笔触颜色"设为白色，"填充颜色"设为无，"笔触"选项设为 10，其他选项的设置如图 5-99 所示，在舞台窗口中绘制 1 个圆角矩形，如图 5-100 所示。

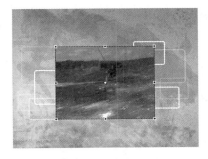

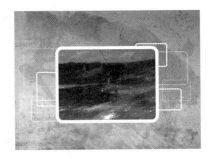

图 5-98　　　　　　　　　　图 5-99　　　　　　　　　　图 5-100

STEP 9　在"时间轴"中创建新图层并将其命名为"修饰"。选择"矩形"工具，在工具箱中将"笔触颜色"设为无，"填充颜色"设为蓝色（#0BA5D1），在舞台窗口中绘制两个矩形，效果如图 5-101 所示。在工具箱中将"填充颜色"设为白色，再次绘制两个矩形，效果如图 5-102 所示。

图 5-101　　　　　　　　　　　　　　图 5-102

**STEP** 🔟 在"时间轴"中创建新图层并将其命名为"文字"。选择"文本"工具 T，在文本工具"属性"面板中进行设置，在舞台窗口中适当的位置输入大小为30，字体为"时尚中黑简体"的白色文字，文字效果如图 5-103 所示。再次在舞台窗口中输入大小为 20，字体为"Atlantic Inline"的深白色英文，文字效果如图 5-104 所示。

图 5-103　　　　　　　　　　　　　　　　图 5-104

**STEP** 1️⃣1️⃣ 在"时间轴"中创建新图层并将其命名为"项目文字"。在文本工具"属性"面板中进行设置，在舞台窗口中适当的位置输入大小为25，字体为"微软雅黑"的白色文字，文字效果如图 5-105 所示。

**STEP** 1️⃣2️⃣ 选中"项目文字"图层的第 122 帧，按 F6 键，插入关键帧。选中文字"滑雪"，如图 5-106 所示，将"滑雪"改为"足球"，效果如图 5-107 所示。

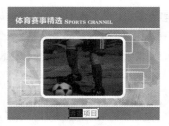

图 5-105　　　　　　　　　　图 5-106　　　　　　　　　　图 5-107

**STEP** 1️⃣3️⃣ 选中"项目文字"图层的第 239 帧，按 F6 键，插入关键帧，选中文字"足球"，将"足球"改为"田径"，效果如图 5-108 所示。选中第 389 帧，按 F6 键，插入关键帧，选中文字"田径"，将"田径"改为"帆船"，效果如图 5-109 所示。体育赛事精选制作完成，按 Ctrl+Enter 组合键即可查看效果，如图 5-110 所示。

图 5-108　　　　　　　　　　图 5-109　　　　　　　　　　图 5-110

### 5.2.2　视频素材的格式

在 Flash CC 中可以导入 MOV（QuickTime 影片）、AVI（音频视频交叉文件）和 MPG/MPEG（运动图像专家组文件）格式的视频素材，最终将带有嵌入视频的 Flash CC 文档以 SWF 格式的文件发布，或将带有链接视频的 Flash CC 文档以 MOV 格式的文件发布。

### 5.2.3 导入视频素材

Macromedia Flash Video（FLV）文件可以导入或导出带编码音频的静态视频流。适用于通信应用程序，如视频会议或包含从 Adobe 的 Macromedia Flash Media Server 中导出的屏幕共享编码数据的文件。

要导入 FLV 格式的文件，可以选择"文件 > 导入 > 导入到舞台"命令，在弹出的"导入"对话框中选择要导入的 FLV 影片。单击"打开"按钮，弹出"选择视频"对话框，在对话框中选择"在 SWF 中嵌入 FLV 并在时间轴中播放"选项，如图 5-111 所示，单击"下一步"按钮。

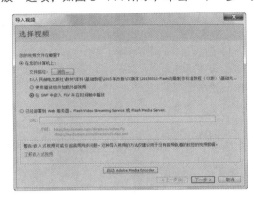

图 5-111

进入"嵌入"对话框，如图 5-112 所示。单击"下一步"按钮，弹出"完成视频导入"对话框，如图 5-113 所示，单击"完成"按钮完成视频的编辑，效果如图 5-114 所示。

此时，"时间轴"和"库"面板中的效果分别如图 5-115 和图 5-116 所示。

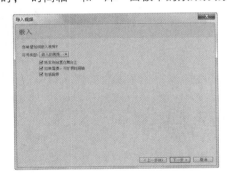

图 5-112

图 5-113

图 5-114

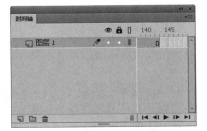

图 5-115

图 5-116

### 5.2.4　视频的属性

在"属性"面板中可以更改导入视频的属性。选中视频，选择"窗口 > 属性"命令，弹出视频"属性"面板，如图 5-117 所示。

图 5-117

- "实例名称"选项：可以设定嵌入视频的名称。
- "宽""高"选项：可以设定视频的宽度和高度。
- "X""Y"选项：可以设定视频在场景中的位置。
- "交换"按钮：单击此按钮，弹出"交换视频"对话框，可以将视频剪辑与另一个视频剪辑交换。

## 5.3 课堂练习——制作饮品广告

**练习知识要点**

使用"转换位图为矢量图"命令，将位图转换成矢量图；使用"导入到舞台"命令，导入素材，效果如图 5-118 所示。

**文件所在位置**

资源包 /Ch05/ 效果 / 制作饮品广告 .fla。

图 5-118

制作饮品广告

## 5.4 课后习题——制作美食栏目动画

**习题知识要点**

使用"转换位图为矢量图"命令，将位图转换为矢量图；使用"导入视频"命令，导入视频文件；使用"遮罩层"命令，制作视频遮罩效果，如图 5-119 所示。

**文件所在位置**

资源包 /Ch05/ 效果 / 制作美食栏目动画 .fla。

图 5-119

制作美食栏目动画

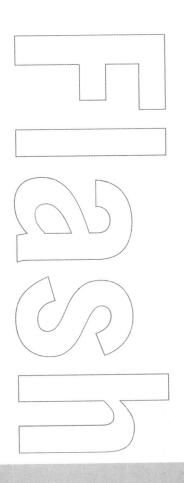

# 6

## 第6章
## 元件和库

在Flash CC中，元件起着举足轻重的作用。通过重复应用元件，可以提高工作效率、减少文件量。本章将介绍元件的创建、编辑、应用，以及"库"面板的使用方法。通过对本章的学习，读者可以了解并掌握如何应用元件的相互嵌套及重复应用来制作出变化无穷的动画效果。

**课堂学习目标**

- 了解并掌握元件的类型和创建方法
- 熟悉运用"库"面板编辑元件
- 掌握实例的创建与应用

# 6.1 元件与"库"面板

元件就是可以被不断重复使用的特殊对象符号。当不同的舞台剧幕上有相同的对象进行表演时，用户可先建立该对象的元件，需要时只需在舞台上创建该元件的实例即可。在 Flash CC 文档的"库"面板中可以存储创建的元件以及导入的文件。只要建立 Flash CC 文档，就可以使用相应的库。

## 6.1.1 课堂案例——制作城市动画

🔍 **案例学习目标**

使用新建元件按钮添加图形和影片剪辑元件。

🔍 **案例知识要点**

使用"关键帧"命令和"创建传统补间"命令，制作汽车影片剪辑元件；使用"属性"面板，调整元件的色调，效果如图 6-1 所示。

🔍 **效果所在位置**

资源包 /Ch06/ 效果 / 制作城市动画 .fla。

图 6-1

### 1. 导入素材制作图形元件

**STEP** 📖**1** 选择"文件 > 新建"命令，在弹出的"新建文档"对话框中选择"ActionScript 3.0"选项，将"宽"选项设为 550，"高"选项设为 415，单击"确定"按钮，完成文档的创建。

制作城市动画1

**STEP** 📖**2** 选择"文件 > 导入 > 导入到库"命令，在弹出的"导入到库"对话框中选择"Ch06 > 素材 > 制作城市动画 > 01、02、03、04、05"文件，单击"打开"按钮，图片被导入到"库"面板中，如图 6-2 所示。

**STEP** 📖**3** 在"库"面板下方单击"新建元件"按钮 ，弹出"创建新元件"对话框，在"名称"选项的文本框中输入"轮胎"，在"类型"选项的下拉列表中选择"图形"选项，单击"确定"按钮，新建图形元件"轮胎"，如图 6-3 所示，舞台窗口也随之转换为图形元件的舞台窗口。

**STEP** 📖**4** 将"库"面板中的位图"05"文件拖曳到舞台窗口中，并放置在舞台的中心点上，如图 6-4 所示。用相同的方法将"库"面板中的位图"04"文件，制作成图形元件"车身"，如图 6-5 所示。

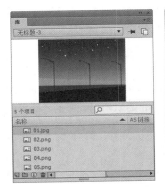
图 6-2

图 6-3

图 6-4

图 6-5

**STEP 5** 在"库"面板下方单击"新建元件"按钮□，新建图形元件"汽车动 1"。舞台窗口也随之转换为图形元件的舞台窗口。将"图层 1"重命名为"车身"。将"库"面板中的图形元件"车身"拖曳到舞台窗口中，如图 6-6 所示。选中"车身"图层的第 15 帧，按 F5 键，插入普通帧。

**STEP 6** 在"时间轴"面板中创建新图层并将其命名为"后胎"。将"库"面板中的图形元件"轮胎"拖曳到舞台窗口中，并放置适当的位置，如图 6-7 所示。在"时间轴"面板中创建新图层并将其命名为"前胎"。将"库"面板中的图形元件"轮胎"拖曳到舞台窗口中，并放置适当的位置，如图 6-8 所示。

图 6-6

图 6-7

图 6-8

**STEP 7** 分别选中"后胎"图层和"前胎"图层的第 15 帧，按 F6 键，插入关键帧。用鼠标右键分别单击"后胎"图层和"前胎"图层的第 1 帧，在弹出的快捷菜单中选择"创建传统补间"命令，生成传统补间动画，如图 6-9 所示。

**STEP 8** 选中"后胎"图层的第 1 帧，在帧"属性"面板中选择"补间"选项组，在"旋转"选项的下拉列表中选择"顺时针"，将"旋转次数"选项设为 1，如图 6-10 所示。用相同的方法设置"前胎"图层的第 1 帧。

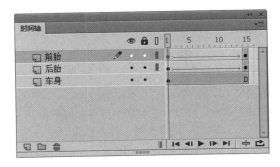
图 6-9

图 6-10

**STEP** ⬇**9** 用鼠标右键单击"库"面板中的图形元件"汽车动 1"，在弹出的快捷菜单中选择"直接复制元件"命令，弹出"直接复制元件"对话框，在"名称"选项的文本框中输入"汽车动 2"，在"类型"选项的下拉列表中选择"图形"选项，单击"确定"按钮，生成图形元件"汽车动 2"，如图 6-11 所示。

**STEP** ⬇**10** 在"库"面板中双击图形元件"汽车动 2"，进入图形元件的舞台窗口中。选择"选择"工具 ▶，在舞台窗口中选择"车身"实例，在图形"属性"面板中选择"色彩效果"选项组，在"样式"选项下拉列表中选择"色调"，各选项的设置如图 6-12 所示，舞台窗口中的效果如图 6-13 所示。

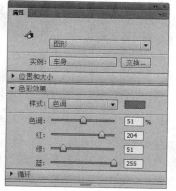

图 6-11                                   图 6-12                                   图 6-13

### 2. 制作影片剪辑元件

**STEP** ⬇**1** 在"库"面板下方单击"新建元件"按钮 ⬜，新建影片剪辑元件"汽车 1"。舞台窗口也随之转换为图形元件的舞台窗口。将"库"面板中的图形元件"汽车动 1"拖曳到舞台窗口中，选择"任意变形"工具 ▦，调整大小并旋转适当的角度，效果如图 6-14 所示。

制作城市动画 2

**STEP** ⬇**2** 选中"图层 1"的第 60 帧，按 F6 键，插入关键帧。在舞台窗口中将"汽车动 1"实例向右拖曳到适当的位置，如图 6-15 所示。用鼠标右键单击"图层 1"的第 1 帧，在弹出的快捷菜单中选择"创建传统补间"命令，生成传统补间动画。

图 6-14                                                              图 6-15

**STEP** ⬇**3** 在"库"面板下方单击"新建元件"按钮 ⬜，新建影片剪辑元件"汽车 2"。舞台窗口也随之转换为图形元件的舞台窗口。将"库"面板中的图形元件"汽车动 2"拖曳到舞台窗口中，选择"任意变形"工具 ▦，调整大小并旋转适当的角度，效果如图 6-16 所示。

**STEP** ⬇**4** 选择"修改 > 变形 > 水平翻转"命令，将其水平翻转，效果如图 6-17 所示。选中"图层 1"的第 60 帧，按 F6 键，插入关键帧。选中"图层 1"的第 1 帧，在舞台窗口中将"汽车动 2"实例水平向右拖曳到适当的位置，如图 6-18 所示。用鼠标右键单击"图层 1"的第 1 帧，在弹出的快捷菜单中选择"创建传统补间"命令，生成传统补间动画。

图 6-16

图 6-17

图 6-18

### 3. 制作在场景中摆放位置

**STEP 1** 单击舞台窗口左上方的"场景 1"图标 场景 1，进入"场景 1"的舞台窗口。将"图层 1"重新命名为"底图"。将"库"面板中的位图"01"拖曳到舞台窗口中的中心位置，并调整其大小，效果如图 6-19 所示。

**STEP 2** 在"时间轴"面板中创建新图层并将其命名为"桥"。将"库"面板中的"02"图片拖曳到舞台窗口中适当的位置，并调整其大小，效果如图 6-20 所示。

制作城市动画 3

图 6-19

图 6-20

**STEP 3** 在"时间轴"面板中创建新图层并将其命名为"路牌"。将"库"面板中的"03"图片拖曳到舞台窗口中适当的位置，并调整其大小，效果如图 6-21 所示。在"时间轴"面板中创建新图层并将其命名为"标杆"。

**STEP 4** 选择"窗口 > 颜色"命令，弹出"颜色"面板，选择"填充颜色"选项 ，在"颜色类型"选项的下拉列表中选择"线性渐变"，在色带上设置 3 个控制点，选中色带上左侧的控制点，将其设为黑色，选中色带上中间的控制点，将其设为白色，选中色带上右侧的控制点，将其设为灰色（#666666），生成渐变色，如图 6-22 所示。

**STEP 5** 选择"矩形"工具 ，在舞台窗口中绘制 1 个矩形，如图 6-23 所示。将"标杆"图层拖曳到"路牌"图层的下方，效果如图 6-24 所示。

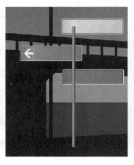

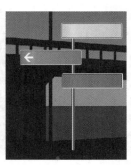

图 6-21　　　　　　　图 6-22　　　　　　　图 6-23　　　　　　　图 6-24

STEP 6 选中"底图"图层，在"时间轴"面板中创建新图层并将其命名为"汽车 1"。将"库"面板中的影片剪辑元件"汽车 1"拖曳到舞台窗口中，并放置在适当的位置，如图 6-25 所示。

STEP 7 选中"路牌"图层，在"时间轴"面板中创建新图层并将其命名为"汽车 2"。将"库"面板中的影片剪辑元件"汽车 2"拖曳到舞台窗口中，并放置在适当的位置，如图 6-26 所示。城市动画效果制作完成，按 Ctrl+Enter 组合键即可查看效果，如图 6-27 所示。

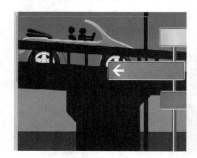

图 6-25　　　　　　　　　　图 6-26　　　　　　　　　　图 6-27

### 6.1.2　元件的类型

#### 1. 图形元件

图形元件 一般用于创建静态图像或创建可重复使用的、与主时间轴关联的动画，它有自己的编辑区和时间轴。如果在场景中创建元件的实例，那么实例将受到主场景中时间轴的约束。换句话说，图形元件中的时间轴与实例在主场景的时间轴同步。另外，在图形元件中可以使用矢量图、图像、声音和动画的元素，但不能为图形元件提供实例名称，也不能在动作脚本中引用图形元件，并且声音在图形元件中失效。

#### 2. 按钮元件

按钮元件 是创建能激发某种交互行为的按钮。创建按钮元件的关键是设置 4 种不同状态的帧，即"弹起"（鼠标抬起）、"指针经过"（鼠标移入）、"按下"（鼠标按下）、"点击"（鼠标响应区域，在这个区域创建的图形不会出现在画面中）。

#### 3. 影片剪辑元件

影片剪辑元件 也像图形元件一样有自己的编辑区和时间轴，但又不完全相同。影片剪辑元件的时间轴是独立的，它不受其实例在主场景时间轴（主时间轴）的控制。例如，在场景中创建影片剪辑元件的实例，此时即便场景中只有一帧，在电影片段中也可播放动画。另外，在影片剪辑元件中可以使用矢量图、图像、声音、影片剪辑元件、图形组件和按钮组件等，并且能在动作脚本中引用影片剪辑元件。

### 6.1.3　创建图形元件

选择"插入 > 新建元件"命令，弹出"创建新元件"对话框，在"名称"选项的文本框中输入"卡通"；在"类型"选项的下拉列表中选择"图形"选项，如图 6-28 所示。

单击"确定"按钮，创建一个新的图形元件"卡通"。图形元件的名称出现在舞台的左上方，舞台切换到了图形元件"卡通"的窗口，窗口中间出现十字"＋"，代表图形元件的中心定位点，如图 6-29 所示。在"库"面板中显示出图形元件，如图 6-30 所示。

图 6-28

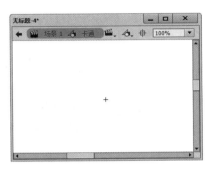

图 6-29

选择"文件 > 导入 > 导入到舞台"命令，弹出"导入"对话框，选择要导入的图形，将其导入舞台，如图 6-31 所示，完成图形元件的创建。单击舞台左上方的场景名称"场景 1"就可以返回到场景的编辑舞台。

图 6-30

图 6-31

还可以应用"库"面板创建图形元件。单击"库"面板右上方的按钮，在弹出式菜单中选择"新建元件"命令，弹出"创建新元件"对话框，选中"图形"选项，单击"确定"按钮，创建图形元件。也可在"库"面板中创建按钮元件或影片剪辑元件。

### 6.1.4　创建按钮元件

虽然 Flash CC 库中提供了一些按钮，但如果需要复杂的按钮，还是需要自己创建。

选择"插入 > 新建元件"命令，弹出"创建新元件"对话框，在"名称"选项的文本框中输入"表情"，在"类型"选项的下拉列表中选择"按钮"选项，如图 6-32 所示。

单击"确定"按钮，创建一个新的按钮元件"表情"。按钮元件的名称出现在舞台的左上方，舞台切换到了按钮元件"表情"的窗口，窗口中间出现十字"＋"，代表按钮元件的中心定位点。在"时间轴"窗口中显示出 4 个状态帧，"弹起""指针""按下"和"点击"，如图 6-33 所示。

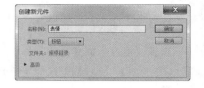

图 6-32

- "弹起"帧：设置鼠标指针不在按钮上时按钮的外观。
- "指针"帧：设置鼠标指针放在按钮上时按钮的外观。
- "按下"帧：设置按钮被单击时的外观。
- "点击"帧：设置响应鼠标单击的区域，此区域在影片里不可见。
- "库"面板中的效果如图 6-34 所示。

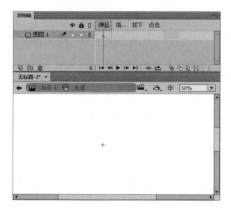

图 6-33

图 6-34

选择"文件 > 导入 > 导入到舞台"命令，弹出"导入"对话框，在弹出的对话框中选择资源包中的"基础素材 > Ch06 > 02"文件，单击"打开"按钮，将素材导入舞台，效果如图 6-35 所示。在"时间轴"面板中选中"指针经过"帧，按 F7 键，插入空白关键帧，如图 6-36 所示。

图 6-35

图 6-36

选择"文件 > 导入 > 导入到舞台"命令，弹出"导入"对话框，在弹出的对话框中选择资源包中的"基础素材 > Ch06 > 03"文件，单击"打开"按钮，将素材导入舞台，效果如图 6-37 所示。在"时间轴"面板中选中"按下"帧，按 F7 键，插入空白关键帧，如图 6-38 所示。

图 6-37

图 6-38

选择"文件 > 导入 > 导入到舞台"命令，弹出"导入"对话框，在弹出的对话框中选择资源包中的"基础素材 > Ch06 > 04"文件，单击"打开"按钮，将素材导入舞台，效果如图 6-39 所示。在"时间轴"面板中选中"点击"帧，按 F7 键，插入空白关键帧，如图 6-40 所示。

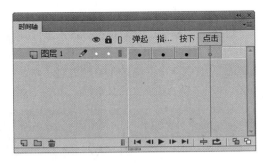

图 6-39

图 6-40

选择"矩形"工具 ，在工具箱中将"笔触颜色"设为无，"填充颜色"设为黑色，按住 Shift 键的同时在中心点上绘制出 1 个矩形，作为按钮动画应用时鼠标响应的区域，如图 6-41 所示。

按钮元件制作完成，在各关键帧上，舞台中显示的图形如图 6-42 所示。单击舞台左上方的场景名称"场景 1"就可以返回到场景的编辑舞台。

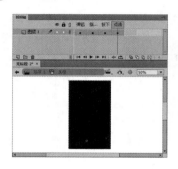

（a）弹起关键帧　　　（b）指针关键帧　　　（c）按下关键帧　　　（d）单击关键帧

图 6-41　　　　　　　　　　　　　　　　　图 6-42

### 6.1.5　创建影片剪辑元件

选择"插入 > 新建元件"命令，弹出"创建新元件"对话框，在"名称"选项的文本框中输入"字母变形"，在"类型"选项的下拉列表中选择"影片剪辑"选项，如图 6-43 所示。

单击"确定"按钮，创建一个新的影片剪辑元件"字母变形"。影片剪辑元件的名称出现在舞台的左上方，舞台切换到了影片剪辑元件"字母变形"的窗口，窗口中间出现十字"＋"，代表影片剪辑元件的中心定位点，如图 6-44 所示。在"库"面板中显示出影片剪辑元件，如图 6-45 所示。

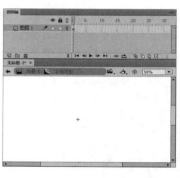

图 6-43　　　　　　　　　　　　图 6-44　　　　　　　　　　　　图 6-45

选择"文本"工具 $\boxed{T}$ ，在文本工具"属性"面板中进行设置，在舞台窗口中适当的位置输入大小为 200，字体为"方正水黑简体"的绿色（#009900）字母，文字效果如图 6-46 所示。选择"选择"工具 $\boxed{\blacktriangleright}$ ，选中字母，按 Ctrl+B 组合键，将其打散，效果如图 6-47 所示。在"时间轴"面板中选中第 20 帧，按 F7 键，插入空白关键帧，如图 6-48 所示。

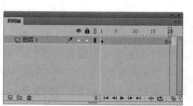

图 6-46　　　　　　　　　　　　图 6-47　　　　　　　　　　　　图 6-48

选择"文本"工具 ![T]，在文本工具"属性"面板中进行设置，在舞台窗口中适当的位置输入大小为 200，字体为"方正水黑简体"的橙黄色（#FF9900）字母，文字效果如图 6-49 所示。选择"选择"工具 ![箭头]，选中字母，按 Ctrl+B 组合键，将其打散，效果如图 6-50 所示。

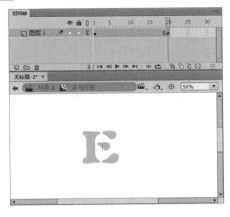

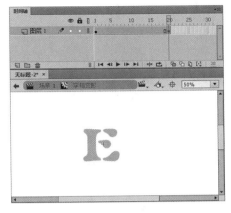

图 6-49 图 6-50

在"时间轴"面板中选中第 1 帧，如图 6-51 所示；单击鼠标右键，在弹出的快捷菜单中选择"创建补间形状"命令，如图 6-52 所示。

在"时间轴"面板中出现箭头标志线，如图 6-53 所示。

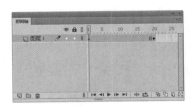

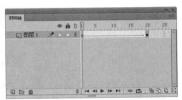

图 6-51 图 6-52 图 6-53

影片剪辑元件制作完成，在不同的关键帧上，舞台中显示出不同的变形图形，如图 6-54 所示。单击舞台左上方的场景名称"场景 1"就可以返回到场景的编辑舞台。

第 1 帧　　　　　第 5 帧　　　　　第 10 帧　　　　　第 15 帧　　　　　第 20 帧

图 6-54

### 6.1.6　转换元件

#### 1. 将图形转换为图形元件

如果在舞台上已经创建好矢量图形并且以后还要再次应用，可将其转换为图形元件。

选中矢量图形，如图 6-55 所示。选择"修改 > 转换为元件"命令，或按 F8 键，弹出"转换为元件"对话框，在"名称"选项的文本框中输入要转换元件的名称，在"类型"选项的下拉列表中选择"图形"元件，如图 6-56 所示；单击"确定"按钮，矢量图形被转换为图形元件，舞台和"库"面板中的效果如图 6-57 和图 6-58 所示。

图 6-55

图 6-56

图 6-57

图 6-58

## 2. 设置图形元件的中心点

选中矢量图形，选择"修改 > 转换为元件"命令，弹出"转换为元件"对话框，在对话框的"对齐"选项中有 9 个中心定位点，可以用来设置转换元件的中心点。选中右下方的定位点，如图 6-59 所示；单击"确定"按钮，矢量图形转换为图形元件，元件的中心点在其右下方，如图 6-60 所示。

图 6-59

图 6-60

在"对齐"选项中设置不同的中心点，转换的图形元件效果如图 6-61 所示。

（a）中心点在中心　　　　　　　　（b）中心点在上方中心　　　　　　　（c）中心点在右侧

图 6-61

### 3. 转换元件

在制作的过程中，可以根据需要将一种类型的元件转换为另一种类型的元件。

选中"库"面板中的图形元件，如图 6-62 所示，单击面板下方的"属性"按钮，弹出"元件属性"对话框，在"类型"选项的下拉列表中选择"影片剪辑"选项，如图 6-63 所示，单击"确定"按钮，图形元件转化为影片剪辑元件，如图 6-64 所示。

图 6-62　　　　　　　　　　图 6-63　　　　　　　　　　图 6-64

## 6.1.7 "库"面板的组成

选择"窗口 > 库"命令，或按 Ctrl+L 组合键，弹出"库"面板，如图 6-65 所示。

在"库"面板的上方显示出与"库"面板相对应的文档名称。在文档名称的下方显示预览区域，可以在此观察选定元件的效果。如果选定的元件为多帧组成的动画，在预览区域的右上方显示出两个按钮，如图 6-66 所示。单击"播放"按钮，可以在预览区域里播放动画。单击"停止"按钮，停止播放动画。在预览区域的下方显示出当前"库"面板中的元件数量。

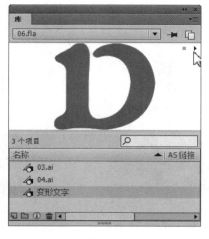

图 6-65                  图 6-66

当"库"面板呈最大宽度显示时，将出现以下一些按钮。

- "名称"按钮：单击此按钮，"库"面板中的元件将按名称排序，如图 6-67 所示。
- "类型"按钮：单击此按钮，"库"面板中的元件将按类型排序，如图 6-68 所示。
- "使用次数"按钮：单击此按钮，"库"面板中的元件将按被引用的次数排序。
- "链接"按钮：与"库"面板弹出式菜单中"链接"命令的设置相关联。
- "修改日期"按钮：单击此按钮，"库"面板中的元件通过被修改的日期进行排序，如图 6-69 所示。

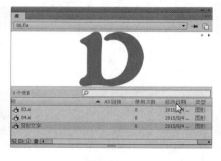

图 6-67            图 6-68            图 6-69

在"库"面板的下方有以下 4 个按钮。

- "新建元件"按钮：用于创建元件。单击此按钮，弹出"创建新元件"对话框，可以通过设置创建新的元件，如图 6-70 所示。
- "新建文件夹"按钮：用于创建文件夹。可以分门别类建立文件夹，将相关的元件调入其中，以方便管理。单击此按钮，在"库"面板中生成新的文件夹，可以设定文件夹的名称，如图 6-71 所示。
- "属性"按钮：用于转换元件的类型。单击此按钮，弹出"元件属性"对话框，可以将元件类型相互转换，如图 6-72 所示。

图 6-70

- "删除"按钮：删除"库"面板中被选中的元件或文件夹。单击此按钮，所选的元件或文件夹被删除。

图 6-71

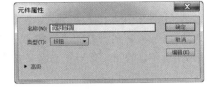

图 6-72

## 6.1.8 "库"面板弹出式菜单

单击"库"面板右上方的按钮▼≡，出现弹出式菜单，在菜单中提供了实用命令，如图 6-73 所示。

- "新建元件"命令：用于创建一个新的元件。
- "新建文件夹"命令：用于创建一个新的文件夹。
- "新建字型"命令：用于创建字体元件。
- "新建视频"命令：用于创建视频资源。
- "重命名"命令：用于重新设定元件的名称。也可双击要重命名的元件，再更改名称。
- "删除"命令：用于删除当前选中的元件。
- "直接复制"命令：用于复制当前选中的元件。此命令不能用于复制文件夹。
- "移至"命令：用于将选中的元件移动到新建的文件夹中。
- "编辑"命令：选择此命令，主场景舞台被切换到当前选中元件的舞台。
- "编辑方式"命令：用于编辑所选位图元件。
- "编辑 Audition"命令：用于打开 Adobe Audition 软件，对音频进行润饰、音乐自定和添加声音效果等操作。
- "编辑类"命令：用于编辑视频文件。
- "播放"命令：用于播放按钮元件或影片剪辑元件中的动画。
- "更新"命令：用于更新资源文件。
- "属性"命令：用于查看元件的属性或更改元件的名称和类型。
- "组件定义"命令：用于介绍组件的类型、数值和描述语句等属性。
- "运行时共享库 URL"命令：用于设置公用库的链接。

图 6-73

- "选择未用项目"：用于选出在"库"面板中未经使用的元件。
- "展开文件夹"命令：用于打开所选文件夹。
- "折叠文件夹"命令：用于关闭所选文件夹。
- "展开所有文件夹"命令：用于打开"库"面板中的所有文件夹。
- "折叠所有文件夹"命令：用于关闭"库"面板中的所有文件夹。

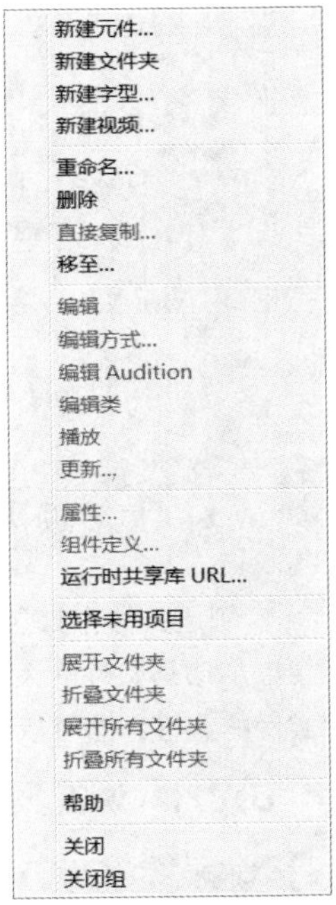

- "帮助"命令：用于调出软件的帮助文件。
- "关闭"：选择此命令可以将"库"面板关闭。
- "关闭组"命令：选择此命令将关闭组合后的面板组。

### 6.1.9 外部库的文件

**内置外部库**

可以在当前场景中使用其他 Flash CC 文档的库信息。

选择"文件 > 导入 > 打开外部库"命令，弹出"作为库打开"对话框，在对话框中选中要使用的文件，如图 6-74 所示；单击"打开"按钮，选中文件的"库"面板被调入当前的文档中，如图 6-75 所示。

要在当前文档中使用选定文件库中的元件，可将元件拖到当前文档的"库"面板或舞台上。

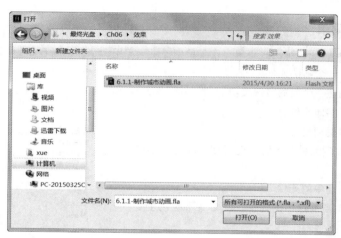

图 6-74

图 6-75

## 6.2 实例的创建与应用

实例是元件在舞台上的一次具体使用。当修改元件时，该元件的实例也随之被更改。重复使用实例不会增加动画文件的大小，这是使动画文件保持较小体积的一个很好的方法。每一个实例都有区别于其他实例的属性，这可以通过修改该实例"属性"面板的相关属性来实现。

### 6.2.1 课堂案例——制作家电销售广告

**案例学习目标**

使用元件"属性"面板改变元件的属性。

**案例知识要点**

使用"创建元件"命令，创建按钮元件；使用"文本"工具，添加文本说明；使用"属性"面板，调整元件的不透明度，如图 6-76 所示。

效果所在位置

资源包 /Ch06/ 效果 / 制作家电销售广告 . fla。

图 6-76

### 1. 导入素材并制作图形元件

制作家电销售广告 1

**STEP 1** 选择"文件 > 新建"命令，在弹出的"新建文档"对话框中选择 "ActionScript 3.0"选项，将"宽"选项设为 600，"高"选项设为 588，单击"确定" 按钮，完成文档的创建。

**STEP 2** 选择"文件 > 导入 > 导入到库"命令，在弹出的"导入"对话框 中选择"Ch06 > 素材 > 制作家电销售广告 > 01、02、03、04"文件，单击"打开"按钮，文件被导 入到"库"面板中，如图 6-77 所示。

**STEP 3** 按 Ctrl+F8 组合键，弹出"创建新元件"对话框，在"名称"选项的文本框中输入 "MP3 文字"，在"类型"选项下拉列表中选择"图形"选项，单击"确定"按钮，新建图形元件"MP3 文字"，如图 6-78 所示。舞台窗口也随之转换为图形元件的舞台窗口。

**STEP 4** 选择"文本"工具 T，在文本工具"属性"面板中进行设置，在舞台窗口中适当的 位置输入大小为 10，字体为"微软雅黑"的白色文字，文字效果如图 6-79 所示。

**STEP 5** 用上述的方法制作图形元件"打印机文字""洗衣机文字"，如图 6-80 所示。

图 6-77

图 6-78

颜色：黑色
类型：MP3
存储类型：闪存式
容量：2G
外接扩展卡：不支持
最大支持容量：无

图 6-79

图 6-80

### 2. 制作影片剪辑元件

**STEP 1** 按 Ctrl+F8 组合键，弹出"创建新元件"对话框，在"名称"选项的文本框中输入"MP3 文字动"，在"类型"选项下拉列表中选择"影片剪辑"选项，单击"确定"按钮，新建影片剪辑元件"MP3 文字动"，如图 6-81 所示。舞台窗口也随之转换为影片剪辑元件的舞台窗口。

**STEP 2** 将"库"面板中的图形元件"MP3 文字"拖曳到舞台窗口中，如图 6-82 所示。选中"图层 1"的第 30 帧，按 F6 键，插入关键帧。选中"图层 1"的第 1 帧，选择"选择"工具 ，在舞台窗口中选择"MP3 文字"实例，在图形"属性"面板中选择"色彩效果"选项组，在"样式"选项的下拉列表中选择"Alpha"，将其值设为 0%，如图 6-83 所示。

图 6-81　　　　　　　　　图 6-82　　　　　　　　　图 6-83

**STEP 3** 用鼠标右键单击"图层 1"的第 1 帧，在弹出的快捷菜单中选择"创建传统补间"命令，生成传统补间动画。

**STEP 4** 单击"时间轴"面板下方的"新建图层"按钮 ，新建"图层 2"。选中"图层 2"图层的第 30 帧，按 F6 键，插入关键帧。按 F9 键，在弹出的"动作"面板中输入动作脚本，如图 6-84 所示。设置好动作脚本后，关闭"动作"面板。在"动作脚本"的第 101 帧上显示出一个标记"a"。

**STEP 5** 单击"新建元件"按钮 ，新建影片剪辑元件"打印机文字动"，如图 6-85 所示。舞台窗口也随之转换为影片剪辑元件的舞台窗口。

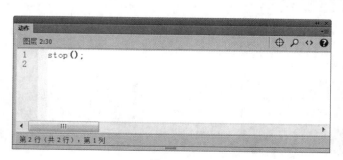

图 6-84　　　　　　　　　　　　　　　　图 6-85

**STEP 6** 将"库"面板中的图形元件"打印机文字"拖曳到舞台窗口中，如图 6-86 所示。选中"图层 1"的第 30 帧，按 F6 键，插入关键帧。选中"图层 1"的第 1 帧，选择"选择"工具 ，在舞台窗口中选择"打印机文字"实例，在图形"属性"面板中选择"色彩效果"选项组，在"样式"选项的下拉列表中选择"Alpha"，将其值设为 0%。

STEP 7 用鼠标右键单击"图层 1"的第 1 帧，在弹出的快捷菜单中选择"创建传统补间"命令，生成传统补间动画，如图 6-87 所示。

STEP 8 单击"时间轴"面板下方的"新建图层"按钮，新建"图层 2"。选中"图层 2"图层的第 30 帧，按 F6 键，插入关键帧。按 F9 键，在弹出的"动作"面板中输入动作脚本，如图 6-88 所示。设置好动作脚本后，关闭"动作"面板。在"动作脚本"的第 101 帧上显示出一个标记"a"。

图 6-86　　　　　　　　　　图 6-87　　　　　　　　　　图 6-88

STEP 9 单击"新建元件"按钮，新建影片剪辑元件"洗衣机文字动"。舞台窗口也随之转换为影片剪辑元件的舞台窗口。将"库"面板中的图形元件"洗衣机文字"拖曳到舞台窗口中，如图 6-89 所示。选中"图层 1"的第 30 帧，按 F6 键，插入关键帧。

STEP 10 选中"图层 1"的第 1 帧，选择"选择"工具，在舞台窗口中选择"打印机文字"实例，在图形"属性"面板中选择"色彩效果"选项组，在"样式"选项的下拉列表中选择"Alpha"，将其值设为 0%，如图 6-90 所示。

STEP 11 用鼠标右键单击"图层 1"的第 1 帧，在弹出的菜单中选择"创建传统补间"命令，生成传统补间动画。

STEP 12 单击"时间轴"面板下方的"新建图层"按钮，新建"图层 2"。选中"图层 2"图层的第 30 帧，按 F6 键。插入关键帧，按 F9 键，在弹出的"动作"面板中输入动作脚本，如图 6-91 所示。设置好动作脚本后，关闭"动作"面板。在"动作脚本"的第 101 帧上显示出一个标记"a"。

图 6-89　　　　　　　　　　图 6-90　　　　　　　　　　图 6-91

### 3. 制作按钮元件

制作家电销售广告 3

STEP 1 按 Ctrl+F8 组合键，弹出"创建新元件"对话框，在"名称"选项的文本框中输入"MP3"，在"类型"选项下拉列表中选择"按钮"选项，单击"确定"按钮，新建按钮元件"MP3"，如图 6-92 所示。舞台窗口也随之转换为按钮元件的舞台窗口。

STEP 2 将"库"面板中的位图"03"拖曳到舞台窗口中，效果如图 6-93 所示。选中"指针经过"帧，按 F7 键，插入空白关键，将"库"面板中的影片剪辑元件"MP3 文字动"拖曳到舞台窗口中，并放置在适当的位置，如图 6-94 所示。

STEP 3 按 Ctrl+F8 组合键，弹出"创建新元件"对话框，在"名称"选项的文本框中输入"洗衣机"，在"类型"选项下拉列表中选择"按钮"选项，单击"确定"按钮，新建按钮元件"洗衣机"，如图 6-95 所示。舞台窗口也随之转换为按钮元件的舞台窗口。

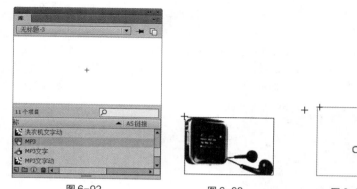

图 6-92        图 6-93        图 6-94        图 6-95

**STEP 4** 将"库"面板中的位图"02"拖曳到舞台窗口中，如图 6-96 所示。选中"指针经过"帧，按 F7 键，插入空白关键，将"库"面板中的影片剪辑元件"洗衣机文字动"拖曳到舞台窗口中，并放置在适当的位置，如图 6-97 所示。

**STEP 5** 按 Ctrl+F8 组合键，弹出"创建新元件"对话框，在"名称"选项的文本框中输入"打印机"，在"类型"选项下拉列表中选择"按钮"选项，单击"确定"按钮，新建按钮元件"打印机"。舞台窗口也随之转换为按钮元件的舞台窗口。

**STEP 6** 将"库"面板中的位图"04"拖曳到舞台窗口中，效果如图 6-98 所示。选中"指针经过"帧，按 F7 键，插入空白关键，将"库"面板中的影片剪辑元件"打印机文字动"拖曳到舞台窗口中，并放置在适当的位置，如图 6-99 所示。

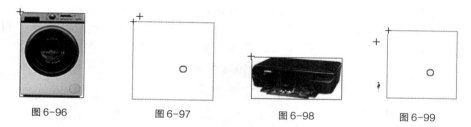

图 6-96        图 6-97        图 6-98        图 6-99

**STEP 7** 单击舞台窗口左上方的"场景 1"图标 场景 1，进入"场景 1"的舞台窗口。将"图层 1"重命名为"底图"。将"库"面板中的位图"01"拖曳到舞台窗口中，如图 6-100 所示。

**STEP 8** 在"时间轴"面板中创建新图层并将其命名为"按钮"。分别将"库"面板中的按钮元件"MP3""洗衣机""打印机"拖曳到舞台窗口中，并放置到适当的位置，如图 6-101 所示。

图 6-100        图 6-101

STEP 9 在"时间轴"面板中创建新图层并将其命名为"文字"。选择"文本"工具 T ，在文本工具"属性"面板中进行设置，在舞台窗口中适当的位置输入大小为 14，字体为"汉仪大黑简"的黑色文字，文字效果如图 6-102 所示。用相同的方法输入其他文字，如图 6-103 所示。家电销售广告制作完成，按 Ctrl+Enter 组合键即可查看，效果如图 6-104 所示。

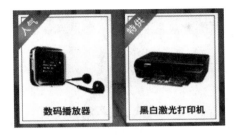

图 6-102                    图 6-103                              图 6-104

## 6.2.2 建立实例

### 1. 建立图形元件的实例

选择"窗口 > 库"命令，弹出"库"面板，在面板中选中图形元件"卡通"，如图 6-105 所示，将其拖曳到场景中，场景中的图形就是图形元件"卡通"的实例，如图 6-106 所示。

选中该实例，图形"属性"面板中的效果如图 6-107 所示。

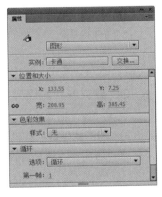

图 6-105                    图 6-106                              图 6-107

- "交换"按钮：用于交换元件。
- "X""Y"选项：用于设置实例在舞台中的位置。
- "宽""高"选项：用于设置实例的宽度和高度。
- "色彩效果"选项组中：
- "样式"选项：用于设置实例的明亮度、色调和透明度。
- 在"循环"选项组的"选项"中：
- "循环"：会按照当前实例占用的帧数来循环包含在该实例内的所有动画序列。
- "播放一次"：从指定的帧开始播放动画序列，直到动画结束，然后停止。
- "单帧"：显示动画序列的一帧。
- "第一帧"选项：用于指定动画从哪一帧开始播放。

### 2. 建立按钮元件的实例

选中"库"面板中的按钮元件"按钮"，如图 6-108 所示，将其拖曳到场景中，场景中的图形就是按钮元件"按钮"的实例，如图 6-109 所示。

选中该实例，按钮"属性"面板中的效果如图 6-110 所示。

图 6-108　　　　　　　　　　　图 6-109　　　　　　　　　　　图 6-110

"实例名称"选项：可以在选项的文本框中为实例设置一个新的名称。

在"字距调整"选项组中的"选项"中：

- "音轨作为按钮"：选择此选项，在动画运行中，当按钮元件被按下时画面上的其他对象不再响应鼠标操作。
- "音轨作为菜单项"：选择此选项，在动画运行中，当按钮元件被按下时其他对象还会响应鼠标操作。

按钮"属性"面板中的其他选项与图形"属性"面板中的选项作用相同，所以不再一一讲述。

### 3. 建立影片剪辑元件的实例

选中"库"面板中的影片剪辑元件"变形文字"，如图 6-111 所示，将其拖曳到场景中，场景中的字母变形图形就是影片剪辑元件"变形文字"的实例，如图 6-112 所示。

选中该实例，影片剪辑"属性"面板中的效果如图 6-113 所示。

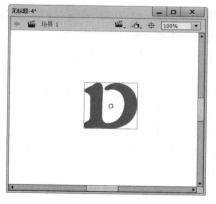

图 6-111　　　　　　　　　　　图 6-112　　　　　　　　　　　图 6-113

影片剪辑"属性"面板中的选项与图形"属性"面板、按钮"属性"面板中的选项作用相同，所以不再一一讲述。

## 6.2.3 转换实例的类型

每个实例最初的类型，都是延续了其对应元件的类型。可以将实例的类型进行转换。

在舞台上选择图形实例，如图 6-114 所示，图形"属性"面板如图 6-115 所示。

图 6-114

图 6-115

在"属性"面板的上方，选择"实例行为"选项下拉列表中的"影片剪辑"，如图 6-116 所示。图形"属性"面板转换为影片剪辑"属性"面板，实例类型从图形转换为影片剪辑，如图 6-117 所示。

图 6-116

图 6-117

## 6.2.4 替换实例引用的元件

如果需要替换实例所引用的元件，但保留所有的原始实例属性（如色彩效果或按钮动作），可以通过 Flash 的"交换元件"命令来实现。

将图形元件拖曳到舞台中成为图形实例，选择图形"属性"面板，在"样式"选项的下拉列表中选择"Alpha"，在下方的"Alpha 数量"选项的数值框中输入 50%，将实例的不透明度设为 50%，如图 6-118 所示，实例效果如图 6-119 所示。

单击图形"属性"面板中的"交换元件"按钮 交换... ，弹出"交换元件"对话框，在对话框中选中按钮元件"按钮"，如图 6-120 所示；单击"确定"按钮，转换为按钮"表情"，但实例的不透明度没有改变，如图 6-121 所示。

图 6-118                  图 6-119                  图 6-120                  图 6-121

图形"属性"面板中的效果如图 6-122 所示，元件替换完成。

还可以在"交换元件"对话框中单击"直接复制元件"按钮 ，如图 6-123 所示，弹出"直接复制元件"对话框，在"元件名称"选项中可以设置复制元件的名称，如图 6-124 所示。

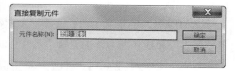

图 6-122                        图 6-123                        图 6-124

单击"确定"按钮，复制出新的元件"图形 复制"，如图 6-125 所示。单击"确定"按钮，元件被新复制的元件替换，图形"属性"面板中的效果如图 6-126 所示。

图 6-125                              图 6-126

## 6.2.5  改变实例的颜色和透明效果

在舞台中选中实例，在"属性"面板中选择"样式"选项的下拉列表，如图 6-127 所示。

- "无"选项：表示对当前实例不进行任何更改。如果对实例以前做的变化效果不满意，可以选择此选项，取消实例的变化效果，再重新设置新的效果。

- "亮度"选项：用于调整实例的明暗对比度。

可以在"亮度数量"选项中直接输入数值，也可以拖动右侧的滑块来设置数值，如图 6-128 所示。其默认的数值为 0，取值范围为 –100 ~ 100。当取值大于 0 时，实例变亮，当取值小于 0 时，实例变暗。

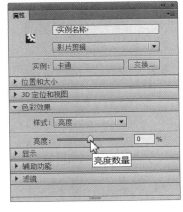

图 6-127　　　　　　　　　　　图 6-128

输入不同数值，实例的不同的亮度效果如图 6-129 所示。

（a）数值为 80 时　　（b）数值为 45 时　　（c）数值为 0 时　　（d）数值为 –45 时　　（e）数值为 –80 时

图 6-129

- "色调"选项：用于为实例增加颜色，如图 6-130 所示。可以单击"样式"选项右侧的色块，在弹出的色板中选择要应用的颜色，如图 6-131 所示。应用颜色后实例效果如图 6-132 所示。

 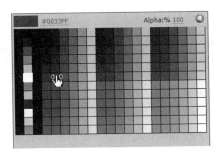 

图 6-130　　　　　　　　　　　图 6-131　　　　　　　　　　图 6-132

在颜色按钮右侧的"色彩数量"选项中设置数值，如图 6-133 所示。数值范围为 0 ~ 100。当数值为 0 时，实例颜色将不受影响。当数值为 100 时，实例的颜色将完全被所选颜色取代。也可以在 "RGB" 选项的数值框中输入数值来设置颜色。

- "Alpha" 选项：用于设置实例的透明效果，如图 6-134 所示。数值范围为 0 ~ 100。数值为 0 时实例不透明，数值为 100 时实例消失。

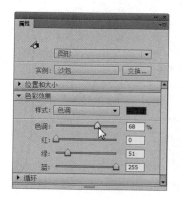
图 6-133

图 6-134

输入不同数值，实例的不透明度效果如图 6-135 所示。

- "高级" 选项：用于设置实例的颜色和透明效果，可以分别调节 "红""绿""蓝" 和 "Alpha" 的值。

（a）数值为 10 时　　（b）数值为 30 时　　（c）数值为 60 时　　（d）数值为 80 时　　（e）数值为 100 时

图 6-135

在舞台中选中实例，如图 6-136 所示，在 "样式" 选项的下拉列表中选择 "高级" 选项，如图 6-137 所示，各个选项的设置如图 6-138 所示，效果如图 6-139 所示。

 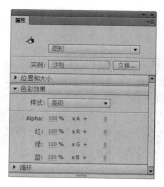  

图 6-136　　　　　　　图 6-137　　　　　　　　　图 6-138　　　　　　　　图 6-139

### 6.2.6　分离实例

选中实例，如图 6-140 所示。选择"修改 > 分离"命令，或按 Ctrl+B 组合键，将实例分离为图形，即填充色和线条的组合，如图 6-141 所示。选择"颜料桶"工具 ，设置不同的填充颜色，改变图形的填充色，如图 6-142 所示。

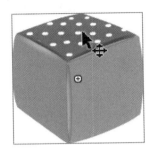

图 6-140　　　　　　　　　图 6-141　　　　　　　　　图 6-142

### 6.2.7　元件编辑模式

元件创建完毕后常常需要修改，此时需要进入元件编辑状态，修改完元件后又需要退出元件编辑状态进入主场景编辑动画。

**1．进入组件编辑模式，可以通过以下几种方式**

**STEP 1** 在主场景中双击元件实例进入元件编辑模式。

**STEP 2** 在"库"面板中双击要修改的元件进入元件编辑模式。

**STEP 3** 在主场景中用鼠标右键单击元件实例，在弹出的菜单中选择"编辑"命令进入元件编辑模式。

**STEP 4** 在主场景中选择元件实例后，选择"编辑 > 编辑元件"命令进入元件编辑模式。

**2．退出元件编辑模式，可以通过以下几种方式**

**STEP 1** 单击舞台窗口左上方的场景名称，进入主场景窗口。

**STEP 2** 选择"编辑 > 编辑文档"命令，进入主场景窗口。

## 6.3　课堂练习——制作动态菜单

**练习知识要点**

使用"导入到库"命令，将素材导入到"库"面板；使用"创建元件"命令，制作按钮元件；使用"属性"面板，改变元件的颜色，效果如图 6-143 所示。

**文件所在位置**

资源包 /Ch06/ 效果 / 制作动态菜单 .fla。

制作动态菜单

图 6-143

## 6.4 课后习题——制作美食电子菜单

**习题知识要点**

　　使用"导入到库"命令，将素材导入到"库"面板；使用"创建元件"命令，制作按钮元件；使用"文本"工具，添加文字标题，效果如图 6-144 所示。

**文件所在位置**

　　资源包 /Ch06/ 效果 / 制作美食电子菜单 . fla。

制作美食电子菜单 1　　制作美食电子菜单 2

图 6-144

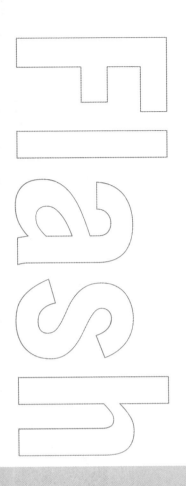

# Chapter

# 7

## 第7章
## 基本动画的制作

在Flash CC动画的制作过程中，时间轴和帧起到了关键性的作用。本章将介绍动画中帧和时间轴的使用方法及应用技巧。通过对本章的学习，读者可以了解并掌握如何灵活应用帧和时间轴，并根据设计需要制作出丰富多彩的动画效果。

### 课堂学习目标

- 了解帧和时间轴的基本概念
- 掌握帧动画的制作方法
- 掌握形状补间动画制作方法
- 掌握动作补间动画制作方法
- 掌握色彩变化动画制作方法
- 熟悉测试动画的方法

# 7.1 帧与时间轴

要将一幅幅静止的画面按照某种顺序快速地、连续地播放，需要用时间轴和帧来为它们完成时间和顺序的安排。

## 7.1.1 课堂案例——制作打字效果

**案例学习目标**

使用不同的绘图工具绘制图形，使用时间轴制作动画。

**案例知识要点**

使用"刷子"工具，绘制光标图形；使用"文本"工具，添加文字，使用"翻转帧"命令，将帧进行翻转，如图 7-1 所示。

**效果所在位置**

资源包 /Ch07/ 效果 / 制作打字效果 .fla。

图 7-1

制作打字效果

### 1. 导入图片并制作元件

**STEP 1** 选择"文件 > 新建"命令，在弹出的"新建文档"对话框中选择"ActionScript 3.0"选项，将"宽"选项设为 538，"高"选项设为 400，"背景颜色"选项设为灰色（#999999），单击"确定"按钮，完成文档的创建。

**STEP 2** 选择"文件 > 导入 > 导入到库"命令，在弹出的"导入"对话框当中选择"Ch07 > 素材 > 制作打字效果 > 01"文件，单击"打开"按钮，文件被导入到"库"面板中，如图 7-2 所示。

**STEP 3** 在"库"面板下方单击"新建元件"按钮，弹出"创建新元件"对话框，在"名称"选项的文本框中输入"光标"，在"类型"选项的下拉列表中选择"图形"选项，单击"确定"按钮，新建图形元件"光标"，如图 7-3 所示，舞台窗口也随之转换为图形元件的舞台窗口。

**STEP 4** 选择"刷子"工具，在刷子工具"属性"面板中将"平滑度"选项设为 0，在舞台窗口中绘制一条白色直线，效果如图 7-4 所示。

图 7-2    图 7-3    图 7-4

### 2．添加文字并制作打字效果

**STEP 1** 在"库"面板下方单击"新建元件"按钮，弹出"创建新元件"对话框，在"名称"选项的文本框中输入"文字动"，在"类型"选项的下拉列表中选择"影片剪辑"选项，单击"确定"按钮，新建影片剪辑元件"文字动"，如图 7-5 所示，舞台窗口也随之转换为影片剪辑元件的舞台窗口。

**STEP 2** 将"图层 1"重新命名为"文字"。选择"文本"工具 **T**，在文本工具"属性"面板中进行设置，在舞台窗口中适当的位置输入大小为 12，字体为"方正卡通简体"的白色文字，文字效果如图 7-6 所示。选中"文字"图层的第 5 帧，按 F6 键，插入关键帧。

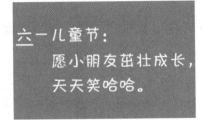

图 7-5    图 7-6

**STEP 3** 在"时间轴"面板中创建新图层并将其命名为"光标"。选中"光标"图层的第 5 帧，按 F6 键，插入关键帧，如图 7-7 所示。将"库"面板中的图形元件"光标"拖曳到舞台窗口中，选择"任意变形"工具 ，调整光标图形的大小，效果如图 7-8 所示。

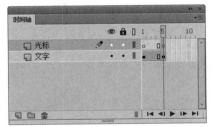

图 7-7    图 7-8

STEP 4 选择"选择"工具 ，将光标拖曳到文字中句号的下方，如图 7-9 所示。选中"文字"图层的第 5 帧，选择"文本"工具 T ，将光标上方的句号删除，效果如图 7-10 所示。分别选中"文字"图层和"光标"图层的第 9 帧，按 F6 键，插入关键帧，如图 7-11 所示。

图 7-9 　　　　　　　　　　图 7-10 　　　　　　　　　　图 7-11

STEP 5 选中"光标"图层的第 9 帧，将光标平移到文字中"哈"字的下方，如图 7-12 所示。选中"文字"图层的第 9 帧，将光标上方的"哈"字删除，效果如图 7-13 所示。

图 7-12 　　　　　　　　　　　　　　　图 7-13

STEP 6 用相同的方法，每间隔 4 帧插入一个关键帧，在插入的帧上将光标移动到前一个字的下方，并删除该字，直到删除完所有的字，如图 7-14 所示，舞台窗口中的效果如图 7-15 所示。

图 7-14 　　　　　　　　　　　　　　　图 7-15

STEP 7 按住 Shift 键的同时单击"文字"图层和"光标"图层的图层名称，选中两个图层中的所有帧，选择"修改 > 时间轴 > 翻转帧"命令，对所有帧进行翻转，如图 7-16 所示。

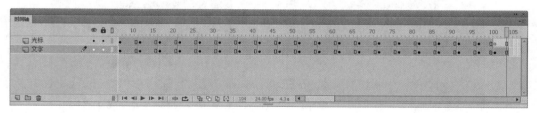

图 7-16

**STEP 08** 单击舞台窗口左上方的"场景 1"图标 场景 1 ，进入"场景 1"的舞台窗口，将"图层 1"重新命名为"底图"。将"库"面板中的位图"01"拖曳到舞台窗口中，并调整其大小，效果如图 7-17 所示。

**STEP 09** 在"时间轴"面板中创建新图层并将其命名为"打字"。将"库"面板中的影片剪辑元件"文字动"拖曳到舞台窗口中，并放置在适当的位置，如图 7-18 所示。打字效果制作完成，按 Ctrl+Enter 组合键即可查看效果，如图 7-19 所示。

图 7-17

图 7-18

图 7-19

### 7.1.2　动画中帧的概念

医学证明，人类具有视觉暂留的特点，即人眼看到物体或画面后，在 1/24 秒内不会消失。利用这一原理，在一幅画没有消失之前播放下一幅画，就会给人造成流畅的视觉变化效果。所以，动画就是通过连续播放一系列静止画面，给视觉造成连续变化的效果。

在 Flash CC 中，这一系列单幅的画面就叫帧，它是 Flash CC 动画中最小时间单位里出现的画面。每秒钟显示的帧数叫帧率，如果帧率太慢就会给人造成视觉上不流畅的感觉。所以，按照人的视觉原理，一般将动画的帧率设为 24 帧 / 秒。

在 Flash CC 中，动画制作的过程就是决定动画每一帧显示什么内容的过程。用户可以像传统动画一样自己绘制动画的每一帧，即逐帧动画。但逐帧动画所需的工作量非常大，为此，Flash CC 还提供了一种简单的动画制作方法，即采用关键帧处理技术的插值动画。插值动画又分为运动动画和变形动画两种。

制作插值动画的关键是绘制动画的起始帧和结束帧，中间帧的效果由 Flash CC 自动计算得出。为此，在 Flash CC 中提供了关键帧、过渡帧和空白关键帧的概念。关键帧描绘动画的起始帧和结束帧。当动画内容发生变化时必须插入关键帧，即使是逐帧动画也要为每个画面创建关键帧。关键帧有延续性，开始关键帧中的对象会延续到结束关键帧。过渡帧是动画起始、结束关键帧中间系统自动生成的帧。空白关键帧是不包含任何对象的关键帧。因为 Flash CC 只支持在关键帧中绘画或插入对象。所以，当动画内容发生变化而又不希望延续前面关键帧的内容时需要插入空白关键帧。

### 7.1.3　帧的显示形式

在 Flash CC 动画制作过程中，帧包括下述多种显示形式。

#### 1. 空白关键帧

在时间轴中，白色背景带有黑圈的帧为空白关键帧。表示在当前舞台中没有任何内容，如图 7-20 所示。

#### 2. 关键帧

在时间轴中，灰色背景带有黑点的帧为关键帧。表示在当前场景中存在一个关键帧，在关键帧相对应的舞台中存在一些内容，如图 7-21 所示。

在时间轴中，存在多个帧。带有黑色圆点的第 1 帧为关键帧，最后 1 帧上面带有黑的矩形框，为普通帧。除了第 1 帧以外，其他帧均为普通帧，如图 7-22 所示。

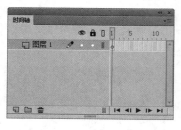
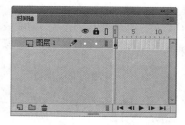
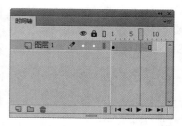

图 7-20                  图 7-21                  图 7-22

### 3．传统补间帧

在时间轴中，带有黑色圆点的第 1 帧和最后 1 帧为关键帧，中间紫色背景带有黑色箭头的帧为补间帧，如图 7-23 所示。

### 4．形状补间帧

在时间轴中，带有黑色圆点的第 1 帧和最后 1 帧为关键帧，中间绿色背景带有黑色箭头的帧为补间帧，如图 7-24 所示。

在时间轴中，帧上出现虚线，表示是未完成或中断了的补间动画，虚线表示不能够生成补间帧，如图 7-25 所示。

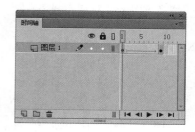
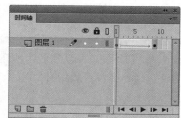
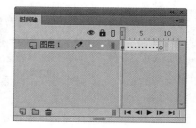

图 7-23                  图 7-24                  图 7-25

### 5．包含动作语句的帧

在时间轴中，第 1 帧上出现一个字母"a"，表示这 1 帧中包含了使用"动作"面板设置的动作语句，如图 7-26 所示。

### 6．帧标签

在时间轴中，第 1 帧上出现一只红旗，表示这一帧的标签类型是名称。红旗右侧的"mc"是帧标签的名称，如图 7-27 所示。

在时间轴中，第 1 帧上出现两条绿色斜杠，表示这一帧的标签类型是注释，如图 7-28 所示。帧注释是对帧的解释，帮助理解该帧在影片中的作用。

在时间轴中，第 1 帧上出现一个金色的锚，表示这一帧的标签类型是锚记，如图 7-29 所示。帧锚记表示该帧是一个定位，方便浏览者在浏览器中快进、快退。

图 7-26

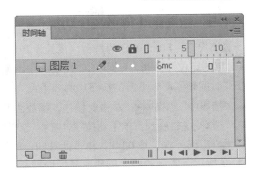

图 7-27

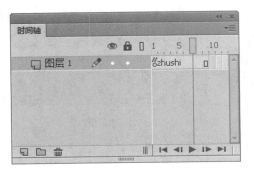

图 7-28

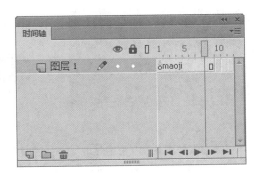

图 7-29

## 7.1.4 "时间轴"面板

"时间轴"面板由图层面板和时间轴组成，如图 7-30 所示。

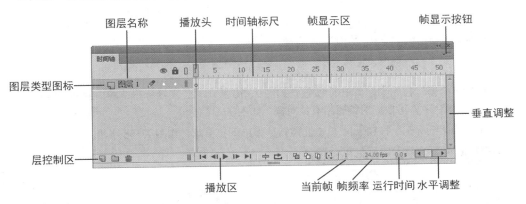

图 7-30

- 眼睛图标 ：单击此图标，可以隐藏或显示图层中的内容。
- 锁状图标 ：单击此图标，可以锁定或解锁图层。
- 线框图标 ：单击此图标，可以将图层中的内容以线框的方式显示。
- "新建图层"按钮 ：用于创建图层。
- "新建文件夹"按钮 ：用于创建图层文件夹。
- "删除图层"按钮 ：用于删除无用的图层。

### 7.1.5　绘图纸（洋葱皮）功能

一般情况下，Flash CC 的舞台只能显示当前帧中的对象。如果希望在舞台上出现多帧对象以帮助当前帧对象的定位和编辑，Flash CC 提供的绘图纸（洋葱皮）功能可以将其实现。

在"时间轴"面板下方的按钮功能如下。

- "帧居中"按钮：单击此按钮，播放头所在帧会显示在时间轴的中间位置。

- "循环"按钮：单击此按钮，在标记范围内的帧上将以循环播放方式显示在舞台上。

- "绘图纸外观"按钮：单击此按钮，时间轴标尺上出现绘图纸的标记显示，如图 7-31 所示，在标记范围内的帧上的对象将同时显示在舞台中，如图 7-32 所示。可以用鼠标拖动标记点来增加显示的帧数，如图 7-33 所示。

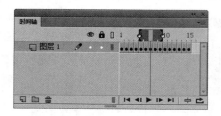

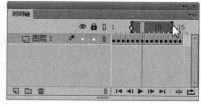

图 7-31　　　　　　　　　　图 7-32　　　　　　　　　图 7-33

- "绘图纸外观轮廓"按钮：单击此按钮，时间轴标尺上出现绘图纸的标记显示，如图 7-34 所示，在标记范围内帧上的对象将以轮廓线的形式同时显示在舞台中，如图 7-35 所示。

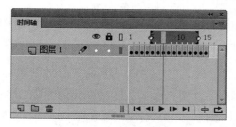

图 7-34　　　　　　　　　　　　　　　图 7-35

- "编辑多个帧"按钮：单击此按钮，如图 7-36 所示，绘图纸标记范围内的帧上的对象将同时显示在舞台中，可以同时编辑所有的对象，如图 7-37 所示。

- "修改绘图纸标记"按钮：单击此按钮，弹出下拉菜单，如图 7-38 所示。

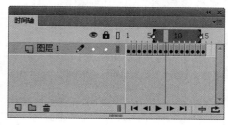

图 7-36　　　　　　　　　　　图 7-37　　　　　　　　图 7-38

- "始终显示标记"命令：在时间轴标尺上总是显示出绘图纸标记。

- "锚定标记"命令：将锁定绘图纸标记的显示范围，移动播放头将不会改变显示范围，如图 7-39 所示。

- "切换标记范围"命令：选择此命令，将锁定绘图纸标记的显示范围，移动到播放头所在的位置，如图 7-40 和图 7-41 所示。

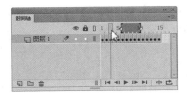 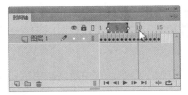 

图 7-39　　　　　　　　　　图 7-40　　　　　　　　　　图 7-41

- "标记范围 2"命令：选择此命令，绘图纸标记显示范围为从当前帧的前 2 帧开始，到当前帧的后 2 帧结束，如图 7-42 和图 7-43 所示。

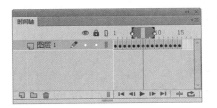 

图 7-42　　　　　　　　　　　　　　图 7-43

- "标记范围 5"命令：选择此命令，绘图纸标记显示范围为从当前帧的前 5 帧开始，到当前帧的后 5 帧结束，如图 7-44 和图 7-45 所示。

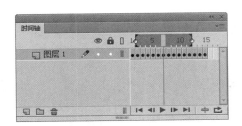 

图 7-44　　　　　　　　　　　　　　图 7-45

- "标记所有范围"命令：选择此命令，绘图纸标记显示范围为时间轴中的所有帧，如图 7-46 和图 7-47 所示。

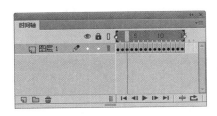 

图 7-46　　　　　　　　　　　　　　图 7-47

## 7.1.6　在"时间轴"面板中设置帧

在"时间轴"面板中，可以对帧进行一系列的操作。

### 1. 插入帧

选择"插入 > 时间轴 > 帧"命令，或按 F5 键，可以在时间轴上插入一个普通帧。

选择"插入 > 时间轴 > 关键帧"命令，或按 F6 键，可以在时间轴上插入一个关键帧。

选择"插入 > 时间轴 > 空白关键帧"命令，可以在时间轴上插入一个空白关键帧。

### 2. 选择帧

选择"编辑 > 时间轴 > 选择所有帧"命令，选中时间轴中的所有帧。

单击要选的帧，帧变为深色。

用鼠标选中要选择的帧，再向前或向后进行拖曳，其间光标经过的帧全部被选中。

按住 Ctrl 键的同时，用鼠标单击要选择的帧，可以选择多个不连续的帧。

按住 Shift 键的同时，用鼠标单击要选择的两个帧，这两个帧中间的所有帧都被选中。

### 3. 移动帧

选中一个或多个帧，按住鼠标，移动所选帧到目标位置。在移动过程中，如果按住 Alt 键，会在目标位置上复制出所选的帧。

选中一个或多个帧，选择"编辑 > 时间轴 > 剪切帧"命令，或按 Ctrl+Alt+X 组合键，剪切所选的帧；选中目标位置，选择"编辑 > 时间轴 > 粘贴帧"命令，或按 Ctrl+Alt+V 组合键在目标位置上粘贴所选的帧。

### 4. 删除帧

用鼠标右键单击要删除的帧，在弹出的菜单中选择"清除帧"命令。

选中要删除的普通帧，按 Shift+F5 组合键，删除帧。选中要删除的关键帧，按 Shift+F6 组合键，删除关键帧。

**提示**

在 Flash CC 系统默认状态下，"时间轴"面板中每一个图层的第 1 帧都被设置为关键帧。后面插入的帧将拥有第 1 帧中的所有内容。

## 7.2 帧动画

应用帧可以制作帧动画或逐帧动画，利用在不同帧上设置不同的对象来实现动画效果。

### 7.2.1 课堂案例——制作小松鼠动画

**案例学习目标**

使用导入素材制作动画和逐帧动画。

**案例知识要点**

使用"导入到舞台"命令，导入松鼠的序列图；使用"创建传统补间"命令，制作松鼠运动效果；使用"任意变形"工具，改变图形的大小，如图 7-48 所示。

**效果所在位置**

资源包 /Ch07/ 效果 / 制作小松鼠动画 . fla。

图 7-48

制作小松鼠动画

## 1. 制作逐帧动画

**STEP 1** 选择"文件 > 打开"命令，在弹出的"打开"对话框中选择"Ch07 > 素材 > 制作小松鼠动画 > 00"文件，如图 7-49 所示，单击"打开"按钮，打开文件，如图 7-50 所示。

图 7-49

图 7-50

**STEP 2** 在"库"面板下方单击"新建元件"按钮，弹出"创建新元件"对话框，在"名称"选项的文本框中输入"小松鼠"，在"类型"选项的下拉列表中选择"影片剪辑"选项，单击"确定"按钮，新建影片剪辑元件"小松鼠"，如图 7-51 所示，舞台窗口也随之转换为影片剪辑元件的舞台窗口。

**STEP 3** 选择"文件 > 导入 > 导入到舞台"命令，在弹出的"导入"对话框中选择"Ch07 > 素材 > 制作小松鼠动画 > 01"文件，单击"打开"按钮，弹出"Adobe Flash Professional"对话框，询问是否导入序列中的所有图像，单击"是"按钮，图片序列被导入舞台窗口中，效果如图 7-52 所示。

图 7-51

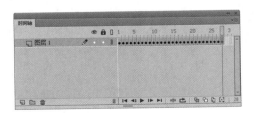

图 7-52

**STEP 4** 在"时间轴"面板中选中第 21 帧至第 28 帧之间的帧，如图 7-53 所示。按 Shift+F5 组合键，将选中的帧删除，效果如图 7-54 所示。

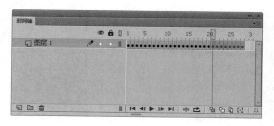

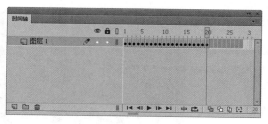

图 7-53　　　　　　　　　　　　　　　　　　　　图 7-54

**STEP　5** 单击"时间轴"面板下方的"新建图层"按钮 ，新建"图层 2"。将"库"面板中的位图"21"拖曳到舞台窗口中，并放置在适当的位置，如图 7-55 所示。选中"图层 2"的第 3 帧，按 F7 键，插入空白关键帧。将"库"面板中的位图"22"拖曳到舞台窗口中，并放置在适当的位置，如图 7-56 所示。

**STEP　6** 选中"图层 2"的第 6 帧，按 F7 键，插入空白关键帧。将"库"面板中的位图"23"拖曳到舞台窗口中，并放置在适当的位置，如图 7-57 所示。

图 7-55　　　　　　　　　　图 7-56　　　　　　　　　　图 7-57

**STEP　7** 选中"图层 2"的第 9 帧，按 F7 键，插入空白关键帧。将"库"面板中的位图"24"拖曳到舞台窗口中，并放置在适当的位置，如图 7-58 所示。选中"图层 2"的第 12 帧，按 F7 键，插入空白关键帧。将"库"面板中的位图"25"拖曳到舞台窗口中，并放置在适当的位置，如图 7-59 所示。

**STEP　8** 选中"图层 2"的第 15 帧，按 F7 键，插入空白关键帧。将"库"面板中的位图"26"拖曳到舞台窗口中，并放置在适当的位置，如图 7-60 所示。

图 7-58　　　　　　　　　　图 7-59　　　　　　　　　　图 7-60

**STEP　9** 选中"图层 2"的第 18 帧，按 F7 键，插入空白关键帧。将"库"面板中的位图"27"拖曳到舞台窗口中，并放置在适当的位置，如图 7-61 所示。选中"图层 2"的第 20 帧，按 F7 键，插入空白关键帧。将"库"面板中的位图"28"拖曳到舞台窗口中，并放置在适当的位置，如图 7-62 所示。分别选中"图层 1"和"图层 2"的第 21 帧，按 F5 键，插入普通帧，如图 7-63 所示。

  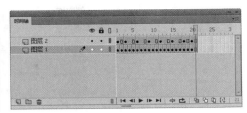

图 7-61　　　　　　　图 7-62　　　　　　　　　图 7-63

**STEP 10** 在"时间轴"面板中将"图层 2"拖曳到"图层 1"的下方，如图 7-64 所示，效果如图 7-65 所示。

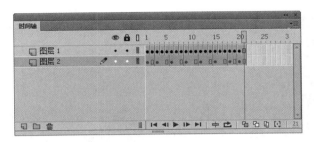 

图 7-64　　　　　　　　　　　图 7-65

### 2．制作小松鼠动画

**STEP 1** 在"库"面板下方单击"新建元件"按钮，弹出"创建新元件"对话框，在"名称"选项的文本框中输入"小松鼠动"。在"类型"选项的下拉列表中选择"影片剪辑"选项，单击"确定"按钮，新建一个影片剪辑元件"小松鼠动"，如图 7-66 所示，舞台窗口也随之转换为影片剪辑元件的舞台窗口。将"库"面板中的影片剪辑元件"小松鼠"拖曳到舞台窗口中，选择"任意变形"工具，调整"小松鼠"实例的大小，效果如图 7-67 所示。

图 7-66　　　　　　　　　　　图 7-67

**STEP 2** 选中"图层 1"图层的第 100 帧，按 F6 键，插入关键帧。在舞台窗口中将"小松鼠"实例水平向右拖曳到适当的位置，如图 7-68 所示。用鼠标右键单击"图层 1"的第 1 帧，在弹出的快捷菜单中选择"创建传统补间"命令，生成传统补间动画。

图 7-68

STEP 3 单击舞台窗口左上方的"场景 1"图标 ，进入"场景 1"的舞台窗口。在"时间轴"面板中创建新图层并将其命名为"小松鼠"。将"库"面板中的影片剪辑元件"小松鼠动"拖曳到舞台窗口的左外侧，如图 7-69 所示。小松鼠动画制作完成，按 Ctrl+Enter 组合键即可查看效果，如图 7-70 所示

图 7-69

图 7-70

### 7.2.2　帧动画

选择"文件 > 打开"命令，将"基础素材 > Ch07 > 01.fla"文件打开，如图 7-71 所示。选中"太阳"图层的第 5 帧，按 F6 键，插入关键帧。选择"选择"工具 ，在舞台窗口中将"太阳"图形向左上方拖曳到适当的位置，效果如图 7-72 所示。

图 7-71

图 7-72

选中"太阳"图层的第 10 帧，按 F6 键，插入关键帧，如图 7-73 所示，将"太阳"图形向左上方

拖曳到适当的位置，效果如图 7-74 所示。

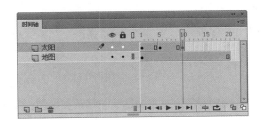

图 7-73　　　　　　　　　　　　　　　　　　　图 7-74

选中"太阳"图层的第 15 帧，按 F6 键，插入关键帧，如图 7-75 所示，将"太阳"图形向左下方拖曳到适当的位置，效果如图 7-76 所示。选中"太阳"图层的第 15 帧，按 F5 键，插入普通帧。

按 Enter 键，让播放头进行播放，即可观看制作效果。在不同的关键帧上动画显示的效果如图 7-77 所示。

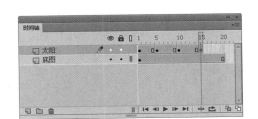

图 7-75　　　　　　　　　　　　　　　　　　　图 7-76

（a）第 1 帧　　　　　（b）第 5 帧　　　　　（c）第 10 帧　　　　　（d）第 15 帧

图 7-77

### 7.2.3　逐帧动画

新建空白文档，选择"文本"工具 T，在第 1 帧的舞台中输入文字"事"，如图 7-78 所示。在"时间轴"面板中选中第 2 帧，如图 7-79 所示。按 F6 键，在第 2 帧上插入关键帧，如图 7-80 所示。

图 7-78

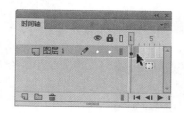

图 7-79

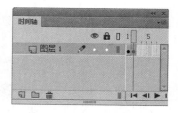

图 7-80

在第 2 帧的舞台中输入"业"字，如图 7-81 所示。用相同的方法在第 3 帧上插入关键帧，在舞台中输入"有"字，如图 7-82 所示。在第 4 帧上插入关键帧，在舞台中输入"成"字，如图 7-83 所示。按 Enter 键，让播放头进行播放，即可观看制作效果。

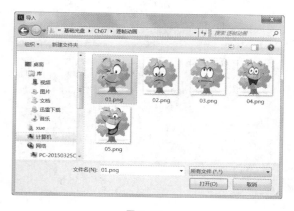

图 7-81           图 7-82           图 7-83

还可以通过从外部导入图片组来实现逐帧动画的效果。

选择"文件 > 导入 > 导入到舞台"命令，弹出"导入"对话框，在对话框中选中素材文件，如图 7-84 所示，单击"打开"按钮，弹出提示对话框，询问是否将图像序列中的所有图像导入，如图 7-85 所示。

图 7-84                     图 7-85

单击"是"按钮，将图像序列导入舞台中，如图 7-86 所示。按 Enter 键，让播放头进行播放，即可观看制作效果。

图 7-86

# 7.3 形状补间动画

形状补间动画是使图形形状发生变化的动画，形状补间动画所处理的对象必须是舞台上的图形。

## 7.3.1 课堂案例——制作时尚戒指广告

**案例学习目标**

使用创建补间形状命令制作形状补间动画。

**案例知识要点**

使用"钢笔"工具和"颜料桶"工具，绘制飘带图形和戒指高光效果，使用"创建补间形状"命令，制作飘带动效果，如图 7-87 所示。

**效果所在位置**

资源包 /Ch07/ 效果 / 制作时尚戒指广告 .fla。

图 7-87

### 1. 打开制作飘带动画

**STEP** 选择"文件 > 打开"命令，在弹出的"打开"对话框中选择"Ch07 > 素材 > 制作时尚戒指广告 > 01"文件，如图 7-88 所示，单击"打开"按钮打开文件，如图 7-89 所示。

制作时尚戒指广告 1

图 7-88                                            图 7-89

STEP  在"库"面板下方单击"新建元件"按钮 ,弹出"创
建新元件"对话框,在"名称"选项的文本框中输入"飘带动",在"类型"
选项的下拉列表中选择"影片剪辑",单击"确定"按钮,新建影片剪辑
元件"飘带动",如图 7-90 所示,舞台窗口也随之转换为影片剪辑元件
的舞台窗口。

图 7-90

STEP 选择"钢笔"工具 ![],在工具箱中将"笔触颜色"
设为白色。在背景的左侧单击鼠标,创建第 1 个锚点,如图 7-91 所示,
在背景的上方再次单击鼠标,创建第 2 个锚点,将鼠标按住不放并向右
拖曳到适当的位置,将直线转换为曲线,效果如图 7-92 所示。

图 7-91                                    图 7-92

STEP 用相同的方法,应用"钢笔"工具 ![],绘制出飘带的外边线,取消选取状态,效果
如图 7-93 所示。选择"窗口 > 颜色"命令,弹出"颜色"面板,选中"填充颜色"选项 ![],将"填
充颜色"设为白色,将"Alpha"选项设为 30%,如图 7-94 所示。

STEP 选择"颜料桶"工具 ![],在飘带外边线的内部单击鼠标,填充颜色,效果如图 7-95
所示。选择"选择"工具 ![],在飘带的外边线上双击鼠标,选中所有的边线,按 Delete 键删除边线。

图 7-93                        图 7-94                        图 7-95

STEP ⤷6 单击"时间轴"面板下方的"新建图层"按钮🔲，新建"图层 2"。用步骤 3 ~ 步骤 5 中的方法在"图层 2"图层上再绘制一条飘带，效果如图 7-96 所示。

STEP ⤷7 分别选中"图层 1""图层 2"的第 50 帧，按 F6 键，插入关键帧。选中"图层 1"的第 20 帧，按 F6 键，插入关键帧，选择"任意变形"工具🔲，在工具箱下方选中"封套"按钮 。此时，飘带图形的周围出现控制点，效果如图 7-97 所示。

图 7-96                                      图 7-97

STEP ⤷8 拖曳控制点来改变飘带的弧度，效果如图 7-98 所示。选择"选择"工具🔲，在飘带图形的外部单击鼠标，取消对飘带图形的选取，效果如图 7-99 所示。

STEP ⤷9 选中"图层 2"的第 30 帧，按 F6 键，插入关键帧，用步骤 7 ~ 步骤 8 中的方法来改变"图层 2"图层的第 30 帧飘带的弧度，效果如图 7-100 所示。

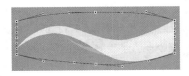

图 7-98                          图 7-99                          图 7-100

STEP ⤷10 分别用鼠标右键单击"图层 1"图层的第 1 帧、第 20 帧，在弹出的快捷菜单中选择"创建补间形状"命令，生成形状补间动画，如图 7-101 所示。用相同的方法对"图层 2"图层的第 1 帧、第 30 帧创建形状补间动画，效果如图 7-102 所示。

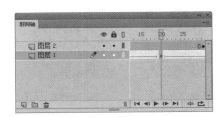

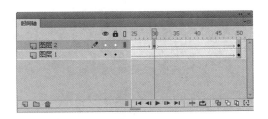

图 7-101                                      图 7-102

## 2. 制作高光动画

STEP ⤷1 在"库"面板中新建一个影片剪辑元件"高光动"，如图 7-103 所示，窗口也随之转换为影片剪辑元件的舞台窗口。将"图层 1"重新命名为"戒指"。将"库"面板中的位图"03"拖曳到舞台窗口中，效果如图 7-104 所示。

STEP ⤷2 在"时间轴"面板中创建新图层并将其命名为"高光"。选择"铅笔"工具✏，在工具箱中将"笔触颜色"设为蓝色（#0066FF），在工具箱下方选中"平滑"模式 S 。沿着戒指的表面绘制一个闭合的月牙状边框，如图 7-105 所示。选择"选择"工具🔲，修改边框的平滑度。删除"戒指"图层，效果如图 7-106 所示。

制作时尚戒指广告 2

图 7-103　　　　　　图 7-104　　　　　　图 7-105　　　　　　图 7-106

STEP 3　选择"颜料桶"工具 ，在工具箱中将"填充颜色"设为白色，在边框的内部单击鼠标，将边框内部填充为白色。选择"选择"工具 ，用鼠标双击蓝色的边框，将边框全选，按 Delete 键删除边框，效果如图 7-107 所示。

STEP 4　选择"颜色"面板，选择"填充颜色"选项 ，在"颜色类型"选项的下拉列表中选择"线性渐变"，在色带上单击鼠标，创建一个新的控制点。将两侧的控制点设为白色，其"Alpha"选项设为 0%；将中间的控制点设为白色，如图 7-108 所示。设置出透明到白，再到透明的渐变色。选择"颜料桶"工具 ，在月牙图形中从右上方向左下方拖曳渐变色，编辑状态如图 7-109 所示，松开鼠标，渐变色显示在月牙图形的上半部，效果如图 7-110 所示。

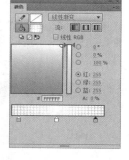

图 7-107　　　　　　图 7-108　　　　　　图 7-109　　　　　　图 7-110

STEP 5　选中"高光"图层的第 50 帧，按 F6 键，插入关键帧。选中第 60 帧，按 F5 键，插入普通帧，如图 7-111 所示。用鼠标右键单击"高光"图层的第 50 帧，在弹出的快捷菜单中选择"转换为空白关键帧"命令，从第 51 帧开始转换为空白关键帧，如图 7-112 所示。选中第 50 帧，选择"渐变变形"工具 ，在舞台窗口中单击渐变色，出现控制点和控制线，如图 7-113 所示。

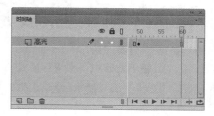

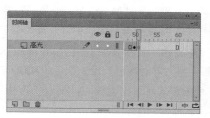

图 7-111　　　　　　　　　　　图 7-112　　　　　　　　　图 7-113

**STEP 6** 将鼠标放在外侧圆形的控制点上，光标变为环绕形箭头，向右上方拖曳控制点，改变渐变色的位置及倾斜度，如图 7-114 所示。将鼠标放在中心控制点的上方，光标变为十字形箭头，拖曳中心控制点，将渐变色向下拖曳，直到渐变色显示在图形的下半部，效果如图 7-115 所示。

**STEP 7** 用鼠标右键单击"高光"图层的第 1 帧，在弹出快捷菜单中选择"创建形状补间"命令，创建形状补间动画，如图 7-116 所示。

图 7-114

图 7-115

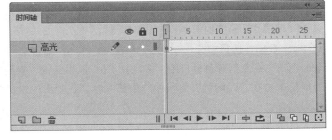
图 7-116

### 3. 在场景中确定元件的位置

**STEP 1** 单击舞台窗口左上方的"场景 1"图标 ，进入"场景 1"的舞台窗口。在"时间轴"面板中创建新图层并将其命名为"高光"，如图 7-117 所示。将"库"面板中的影片剪辑元件"高光动"拖曳到舞台窗口中，并放置在适当的位置，效果如图 7-118 所示。

**STEP 2** 再次将"库"面板中的影片剪辑元件"高光动"拖曳到舞台窗口中，选择"修改 > 变形 > 水平翻转"命令，将其水平翻转，选择"任意变形"工具 ，调整其大小，效果如图 7-119 所示。

图 7-117

图 7-118

图 7-119

**STEP 3** 在"时间轴"面板中将"高光"图层拖曳到"星星"图层的下方，如图 7-120 所示。选中"标"图层，在"时间轴"面板中创建新图层并将其命名为"飘带"，如图 7-121 所示。

**STEP 4** 将"库"面板中的影片剪辑元件"飘带动"拖曳到舞台窗口中，并放置在适当的位置，如图 7-122 所示。时尚戒指广告制作完成，按 Ctrl+Enter 组合键即可查看效果。

图 7-120

图 7-121

图 7-122

### 7.3.2 简单形状补间动画

如果舞台上的对象是组件实例、多个图形的组合、文字或导入的素材对象，必须先分离或取消组合，将其打散成图形，才能制作形状补间动画。利用这种动画，也可以实现上述对象的大小、位置、旋转、颜色及透明度等变化。

选择"文件 > 导入 > 导入到舞台"命令，将"02"文件导入舞台的第 1 帧中。多次按 Ctrl+B 组合键，直到将其打散，如图 7-123 所示。

选中"图层 1"图层的第 10 帧，按 F7 键，插入空白关键帧，如图 7-124 所示。

选中第 10 帧，选择"文件 > 导入 > 导入到库"命令，将"03"文件导入库中。将"库"面板中的图形元件"03"拖曳到舞台窗口中，多次按 Ctrl+B 组合键，直到将其打散，如图 7-125 所示。

用鼠标单击在"时间轴"面板中选中第 1 帧，在弹出的快捷菜单中选择"创建补间形状"命令，如图 7-126 所示。

| 图 7-123 | 图 7-124 | 图 7-125 | 图 7-126 |

在"属性"面板中出现如下两个新的选项。

"缓动"选项：用于设定变形动画从开始到结束时的变形速度。其取值范围为 -100 ~ 100。当选择正数时，变形速度呈减速度，即开始时速度快，然后逐渐速度减慢；当选择负数时，变形速度呈加速度，即开始时速度慢，然后逐渐速度加快。

"混合"选项：提供了"分布式"和"角形"2 个选项。选择"分布式"选项可以使变形的中间形状趋于平滑。"角形"选项则创建包含角度和直线的中间形状。

设置完成后，在"时间轴"面板中，第 1 帧～第 10 帧出现绿色的背景和黑色的箭头，表示生成形状补间动画，如图 7-127 所示。卡通人物之间的演变。按 Enter 键，让播放头进行播放，即可观看制作效果。

图 7-127

在变形过程中每一帧上的图形都发生不同的变化，如图 7-128 所示。

| （a）第 1 帧 | （b）第 3 帧 | （c）第 5 帧 | （d）第 7 帧 | （e）第 10 帧 |

图 7-128

### 7.3.3 应用变形提示

使用变形提示，可以让原图形上的某一点变换到目标图形的某一点上。应用变形提示可以制作出各种复杂的变形效果。

选择"多角星形"工具 ，在第 1 帧的舞台中绘制出一个五角星，如图 7-129 所示。用鼠标右键单击"时间轴"面板中的第 10 帧，在弹出的快捷菜单中选择"插入空白关键帧"命令，如图 7-130 所示，在第 10 帧上插入一个空白关键帧，如图 7-131 所示。

图 7-129　　　　　图 7-130　　　　　　　　图 7-131

选择"文本"工具 T ，在文本工具"属性"面板中进行设置，在舞台窗口中适当的位置输入大小为 200，字体为"汉仪超粗黑简"的青色（＃#0099FF）文字，如图 7-132 所示。用鼠标单击，在"时间轴"面板中选中第 1 帧，在弹出的快捷菜单中选择"创建补间形状"命令，如图 7-133 所示，在"时间轴"面板中，第 1 帧~第 10 帧之间出现绿色的背景和黑色的箭头，表示生成形状补间动画，如图 7-134 所示。

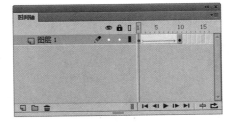

图 7-132　　　　　图 7-133　　　　　　　　图 7-134

将"时间轴"面板中的播放头放在第 1 帧上，选择"修改 > 形状 > 添加形状提示"命令，或按 Ctrl+Shift+H 组合键，在圆形的中间出现红色的提示点"a"，如图 7-135 所示。将提示点移动到星形左上方的角点上，如图 7-136 所示。将"时间轴"面板中的播放头放在第 10 帧上，第 10 帧的字母上也出现红色的提示点"a"，如图 7-137 所示。

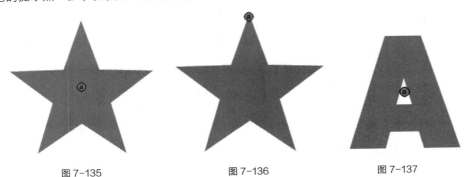

图 7-135　　　　　图 7-136　　　　　　　　图 7-137

将字母上的提示点移动到右下方的边线上，提示点从红色变为绿色，如图 7-138 所示。这时，再将播放头放置在第 1 帧上，可以观察到刚才红色的提示点变为黄色，如图 7-139 所示，这表示在第 1 帧中的提示点和第 10 帧的提示点已经相互对应。

用相同的方法在第 1 帧的圆形中再添加 2 个提示点，分别为"b"和"c"，并将其放置在星形的角点上，如图 7-140 所示。在第 10 帧中，将提示点按顺时针的方向分别设置在树叶图形的边线上，如图 7-141 所示。完成提示点的设置，按 Enter 键，让播放头进行播放，即可观看制作效果。

| 图 7-138 | 图 7-139 | 图 7-140 | 图 7-141 |

 **提 示**

形状提示点一定要按顺时针的方向添加，顺序不能错，否则无法实现效果。

在未使用变形提示前，Flash CC 系统自动生成的图形变化过程，如图 7-142 所示。

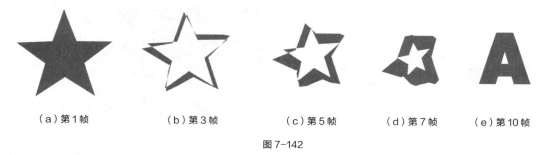

（a）第 1 帧　　　　（b）第 3 帧　　　　（c）第 5 帧　　　（d）第 7 帧　　　（e）第 10 帧

图 7-142

在使用变形提示后，在提示点的作用下生成的图形变化过程，如图 7-143 所示。

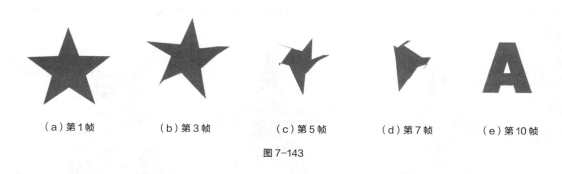

（a）第 1 帧　　　　（b）第 3 帧　　　　（c）第 5 帧　　　（d）第 7 帧　　　（e）第 10 帧

图 7-143

# 7.4 动画补间动画

动作补间动画所处理的对象必须是舞台上的组件实例、多个图形的组合、文字或导入的素材对象。

利用这种动画,可以实现上述对象的大小、位置、旋转、颜色及透明度等变化效果。

### 7.4.1 课堂案例——制作促销广告

⊕ **案例学习目标**

使用创建传统补间命令制作动画。

⊕ **案例知识要点**

使用"文本"工具,添加文字;使用"垂直翻转"命令,制作文字倒影效果;使用"转换为元件"命令,将文字转换为元件,如图 7-144 所示。

⊕ **效果所在位置**

资源包 /Ch07/ 效果 / 制作促销广告 .fla。

图 7-144

制作促销广告

### 1. 导入素材并制作文字元件

**STEP 1** 选择"文件 > 新建"命令,在弹出的"新建文档"对话框中选择"ActionScript 3.0"选项,将"宽"选项设为 600,"高"选项设为 600,单击"确定"按钮,完成文档的创建。

**STEP 2** 将"图层 1"重命名为"底图",如图 7-145 所示。选择"文件 > 导入 > 导入到舞台"命令,在弹出的"导入"对话框中选择"Ch07 > 素材 > 制作促销广告 > 01"文件,单击"打开"按钮,文件被导入到舞台窗口中,如图 7-146 所示。

**STEP 3** 按 Ctrl+F8 组合键,弹出"创建新元件"对话框,在"名称"选项的文本框中输入"文字动",在"类型"选项下拉列表中选择"影片剪辑"选项,单击"确定"按钮,新建影片剪辑元件"文字动",如图 7-147 所示。舞台窗口也随之转换为影片剪辑元件的舞台窗口。

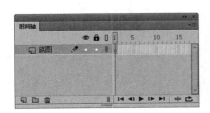

图 7-145

图 7-146

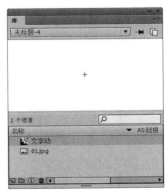

图 7-147

**STEP 4** 选择"文本"工具 T，在文本工具"属性"面板中进行设置，在舞台窗口中适当的位置输入大小为 50、字体为"汉真广标"的深蓝色（#012353）文字，文字效果如图 7-148 所示。选择"选择"工具，在舞台窗口中选中文字，按 Ctrl+B 组合键将其打散，如图 7-149 所示。

图 7-148

图 7-149

**STEP 5** 在舞台窗口中选中文字"百"，如图 7-150 所示。按 F8 键，弹出"转换为元件"对话框，在"名称"选项的文本框中输入"百"，"类型"选项下拉列表中选择"图形"单击"确定"按钮，文字变为图形元件，"库"面板如图 7-151 所示。

图 7-150

**STEP 6** 用相同的方法分别将文字"变""宝""箱""靓""彩""一"和"夏"转换为图形元件，如图 7-152 所示。

图 7-151

图 7-152

## 2. 制作文字动画

**STEP 1** 选择"选择"工具，在舞台窗口中将所有图形元件全部选中，如图 7-153 所示。选择"修改 > 时间轴 > 分散到图层"命令，将选中的实例分散到独立层，"时间轴"面板如图 7-154 所示。

**STEP 2** 选中"图层 1"图层，如图 7-155 所示，单击"删除"按钮，将选中的图层删除，如图 7-156 所示。

图 7-153

图 7-154

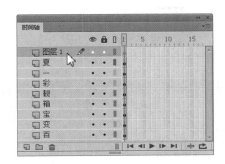

图 7-155

图 7-156

STEP 3 在"时间轴"面板中选中所有图层的第 15 帧，如图 7-157 所示，按 F6 键，插入关键帧。用相同的方法在所有图层的第 25 帧，插入关键帧，如图 7-158 所示。

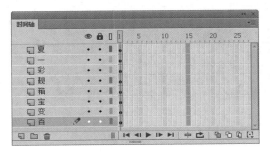

图 7-157

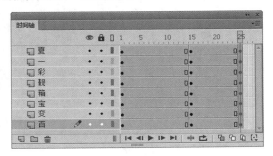

图 7-158

STEP 4 将播放头拖曳到第 15 帧的位置，选择"选择"工具 ，在舞台窗口中选中所有实例，如图 7-159 所示，垂直向上拖曳到适当的位置，如图 7-160 所示。

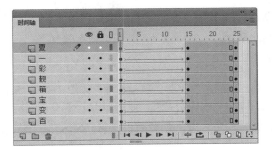

图 7-159

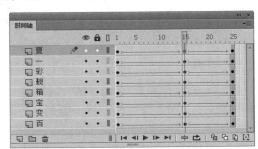

图 7-160

STEP 5 分别用鼠标右键单击所有图层的第 1 帧，在弹出的快捷菜单中选择"创建传统补间"命令，生成传统补间动画，如图 7-161 所示。分别用鼠标右键单击所有图层的第 15 帧，在弹出的快捷菜单中选择"创建传统补间"命令，生成传统补间动画，如图 7-162 所示。

![图 7-161]

图 7-161

![图 7-162]

图 7-162

STEP 6 单击"变"图层的图层名称，选中该层中的所有帧，将所有帧向后拖曳至与"百"图层隔 5 帧的位置，如图 7-163 所示。用同样的方法依次对其他图层进行操作，如图 7-164 所示。分别选中所有图层的第 90 帧，按 F5 键，在选中的帧上插入普通帧，如图 7-165 所示。

图 7-163

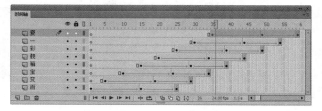
图 7-164

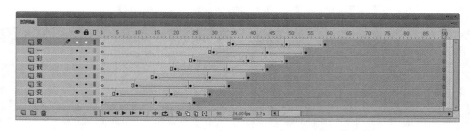
图 7-165

### 3．制作场景动画效果

STEP 1 单击舞台窗口左上方的"场景 1"图标 场景1，进入"场景 1"的舞台窗口。在"时间轴"面板中创建新图层并将其命名为"文字 1"。将"库"面板中的影片剪辑元件"文字动"拖曳到舞台窗口中，并放置在舞台窗口的上方，如图 7-166 所示。

STEP 2 选择"选择"工具 ，在舞台窗口中选中"文字动"实例，按住 Alt+Shift 组合键的同时，垂直向下拖曳"文字动"实例到适当的位置，复制实例，效果如图 7-167 所示。

STEP 3 选择"修改 > 变形 > 垂直翻转"命令，将复制出的实例进行翻转，在影片剪辑"属性"面板中选择"色彩效果"选项组下方的"样式"选项，在弹出的下拉列表中，将"Alpha"的值设为 30，舞台窗口中的效果如图 7-168 所示。

图 7-166

图 7-167

图 7-168

STEP 4 选择"任意变形"工具 ，在复制出来的实例周围出现控制框，如图 7-169 所示。按住 Alt 键的同时向上拖曳下方中心的控制点到适当的位置，缩放实例高度，效果如图 7-170 所示。

STEP 5 在"时间轴"面板中创建新图层并将其命名为"文字 2"。选择"文本"工具 T ，在文本工具"属性"面板中进行设置，在舞台窗口中适当的位置输入大小为 38、字体为"汉真广标"的深蓝色（#012353）文字，文字效果如图 7-171 所示。

**STEP** 6 促销广告制作完成，按 Ctrl+Enter 组合键即可查看效果，如图 7-172 所示。

图 7-169

图 7-170

图 7-171

图 7-172

### 7.4.2　动作补间动画

新建空白文档，选择"文件 > 导入 > 导入到库"命令，将"04"文件导入"库"面板中，如图 7-173 所示，将图形元件"04"拖曳到舞台的右方，如图 7-174 所示。

图 7-173

图 7-174

用鼠标右键单击"时间轴"面板中的第 15 帧，在弹出的快捷菜单中选择"插入关键帧"命令，在第 15 帧上插入一个关键帧，如图 7-175 所示。将汽车图形拖曳到舞台的右方，如图 7-176 所示。

图 7-175　　　　　　　　　　　　　　　图 7-176

在"时间轴"面板中选中第 1 帧，单击鼠标右键，在弹出的快捷菜单中选择"创建传统补间"命令。设为"动画"后，"属性"面板中出现多个新的选项，如图 7-177 所示。

- "缓动"选项：用于设定动作补间动画从开始到结束时的运动速度。其取值范围为 −100 ~ 100。当选择正数时，运动速度呈减速度，即开始时速度快，然后逐渐速度减慢；当选择负数时，运动速度呈加速度，即开始时速度慢，然后逐渐速度加快。
- "旋转"选项：用于设置对象在运动过程中的旋转样式和次数。
- "贴紧"选项：勾选此选项，如果使用运动引导动画，则根据对象的中心点将其吸附到运动路径上。
- "调整到路径"选项：勾选此选项，对象在运动引导动画过程中，可以根据引导路径的曲线改变变化的方向。
- "同步"选项：勾选此选项，如果对象是一个包含动画效果的图形组件实例，其动画和主时间轴同步。
- "缩放"选项：勾选此选项，对象在动画过程中可以改变比例。

在"时间轴"面板中，第 1 帧 ~ 第 10 帧出现蓝色的背景和黑色的箭头，表示生成动作补间动画，如图 7-178 所示。完成动作补间动画的制作，按 Enter 键，让播放头进行播放，即可观看制作效果。

图 7-177

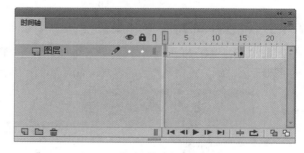

图 7-178

如果想观察制作的动作补间动画中每 1 帧产生的不同效果，可以单击"时间轴"面板下方的"绘图纸外观"按钮 ，并将标记点的起始点设为第 1 帧，终止点设为第 10 帧，如图 7-179 所示。舞台中显示出在不同的帧中，图形位置的变化效果，如图 7-180 所示。

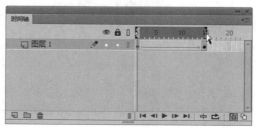

图 7-179

图 7-180

如果在帧"属性"面板中,将"旋转"选项设为"逆时针",如图 7-181 所示,那么在不同的帧中,图形位置的变化效果,如图 7-182 所示。

图 7-181

图 7-182

还可以在对象的运动过程中改变其大小和透明度等,下面将进行介绍。

新建空白文档,选择"文件 > 导入 > 导入到库"命令,将"05"文件导入"库"面板中,如图 7-183 所示。将图形拖曳到舞台的中心,如图 7-184 所示。

图 7-183

图 7-184

用鼠标右键单击"时间轴"面板中的第 10 帧,在弹出的菜单中选择"插入关键帧"命令,在第 10 帧上插入一个关键帧,如图 7-185 所示。选择"任意变形"工具 ,在舞台中单击图形,出现变形控制点,如图 7-186 所示。

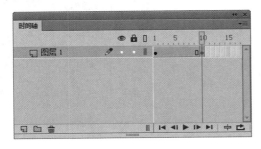

图 7-185

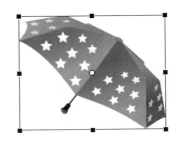

图 7-186

将光标放在左侧的控制点上,光标变为双箭头 ↔,按住鼠标左键不放,选中控制点向右拖曳,将图形水平翻转,如图 7-187 所示。松开鼠标后效果如图 7-188 所示。

图 7-187

图 7-188

按 Ctrl+T 组合键，弹出"变形"面板，将"缩放高度"和"缩放宽度"选项设置为 70%，其他选项为默认值，如图 7-189 所示。按 Enter 键，确定操作，如图 7-190 所示。

图 7-189

图 7-190

选择"选择"工具 ，选中图形，选择"窗口 > 属性"命令，弹出图形"属性"面板，在"色彩效果"选项组中的"样式"选项的下拉列表中选择"Alpha"，将"Alpha"值设为 20%，如图 7-191 所示。

舞台中图形的不透明度被改变，如图 7-192 所示。在"时间轴"面板中，用鼠标右键单击第 1 帧，在弹出的快捷菜单中选择"创建传统补间"命令，第 1 帧~第 10 帧之间生成动作补间动画，如图 7-193 所示。按 Enter 键，让播放头进行播放，即可观看制作效果。

图 7-191

图 7-192

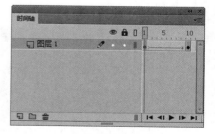

图 7-193

在不同的关键帧中，图形的动作变化效果如图 7-194 所示。

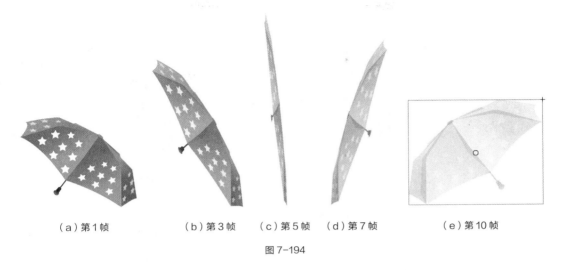

（a）第 1 帧 　　（b）第 3 帧 　　（c）第 5 帧 　（d）第 7 帧 　　　（e）第 10 帧

图 7-194

### 7.4.3 色彩变化动画

新建空白文档，选择"文件 > 导入 > 导入到舞台"命令，将"06"文件导入舞台中，如图 7-195
所示。选中图形，反复按 Ctrl+B 组合键，直到图形完全被打散，如图 7-196 所示。

在"时间轴"面板中选择第 10 帧，按 F6 键，在第 10 帧上插入关键帧，如图 7-197 所示。第 10
帧中也显示出第 1 帧中的图形。

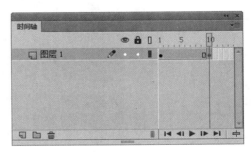

图 7-195 　　　　　　　图 7-196 　　　　　　　　　　　图 7-197

将图形全部选中，单击工具箱下方的"填充颜色"按钮 ，在弹出的色彩框中选择橘黄色
（#FF9900），这时，图形的颜色发生变化，被修改为橘黄色，如图 7-198 所示。在"时间轴"面板中选
中第 1 帧，单击鼠标右键，在弹出的快捷菜单中选择"创建补间形状"命令，如图 7-199 所示。在"时
间轴"面板中，第 1 帧~第 10 帧之间生成色彩变化动画，如图 7-200 所示。

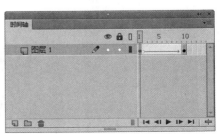

图 7-198 　　　　　　　　图 7-199 　　　　　　　　　　图 7-200

在不同的关键帧中，图形的颜色变化效果如图 7-201 所示。

（a）第 1 帧　　　　　（b）第 3 帧　　　　　（c）第 5 帧　　　　　（d）第 7 帧　　　　　（e）第 10 帧

图 7-201

还可以应用渐变色彩来制作色彩变化动画，下面将进行介绍。

选择"窗口 > 颜色"命令，弹出"颜色"面板，在"颜色类型"选项的下拉列表中选择"径向渐变"命令，如图 7-202 所示。

在"颜色"面板中，在滑动色带上选中左侧的颜色控制点，如图 7-203 所示。在面板的颜色框中设置控制点的颜色，在面板右下方的颜色明暗度调节框中，通过拖动鼠标来设置颜色的明暗度，如图 7-204 所示，将第 1 个控制点设为紫色（#8E4DE5）。再选中右侧的颜色控制点，在颜色选择框和明暗度调节框中设置颜色，如图 7-205 所示，将第 2 个控制点设为红色（#FF1C1C）。

图 7-202　　　　　　　　图 7-203　　　　　　　　图 7-204　　　　　　　　图 7-205

将第 2 个控制点向左拖动，如图 7-206 所示。选择"颜料桶"工具，在图形的左侧单击鼠标，以图形的左侧为中心生成放射状渐变色，如图 7-207 所示。在"时间轴"面板中选择第 10 帧，按 F6 键，在第 10 帧上插入关键帧，如图 7-208 所示。第 10 帧中也显示出第 1 帧中的图形。

  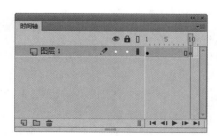

图 7-206　　　　　　　　　图 7-207　　　　　　　　　图 7-208

　　选择"颜料桶"工具 ，在图形的底部单击鼠标，以图形的底部为中心生成放射状渐变色，如图 7-209 所示。在"时间轴"面板中选中第 1 帧，单击鼠标右键，在弹出的快捷菜单中选择"创建补间形状"命令，如图 7-210 所示。

　　在"时间轴"面板中，第 1 帧 ~ 第 10 帧之间生成色彩变化动画，如图 7-211 所示。

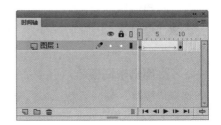

　　图 7-209　　　　　　　　　　图 7-210　　　　　　　　　　　　图 7-211

在不同的关键帧中，图形的颜色变化效果如图 7-212 所示。

（a）第 1 帧　　　（b）第 3 帧　　　（c）第 5 帧　　　（d）第 7 帧　　　（f）第 10 帧

图 7-212

### 7.4.4　测试动画

在制作完成动画后，要对其进行测试。可以通过以下几种方法来测试动画。

#### 1. 应用"时间轴"面板

选择"窗口 > 时间轴"命令，弹出"时间轴"面板，如图 7-213 所示。

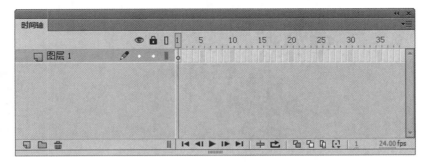

图 7-213

　　"转到第一帧"按钮 ，用于将动画返回到第 1 帧并停止播放。"后退一帧"按钮 ，用于将动画逐帧向后播放。"播放"按钮 ，用于播放动画。"前进一帧"按钮 ，用于将动画逐帧向前播放。"转

到最后一帧"按钮 ▶|，用于将动画跳转到最后 1 帧并停止播放。

### 2. 应用播放命令

选择"控制 > 播放"命令，或按 Enter 键，可以对当前舞台中的动画进行浏览。在"时间轴"面板中，可以看见播放头在运动，随着播放头的运动，舞台中显示出播放头所经过的帧上的内容。

### 3. 应用测试影片命令

选择"控制 > 测试影片"命令，或按 Ctrl+Enter 组合键，可以进入动画测试窗口，对动画作品的多个场景进行连续测试。

### 4. 应用测试场景命令

选择"控制 > 测试场景"命令，或按 Ctrl+Alt+Enter 组合键，可以进入动画测试窗口，测试当前舞台窗口中显示的场景或元件中的动画。

 **提示**

> 如果需要循环播放动画，可以选择"控制 > 循环播放"命令，再应用"播放"按钮或其他测试命令即可。

## 7.5 课堂练习——制作 LOADING 加载条

**⊕ 练习知识要点**

使用"矩形"工具、"任意变形"工具和"创建补间形状"命令，制作下载条动画效果；使用"创建传统补间"命令，制作人物运动效果；使用"文本"工具，添加文本效果，如图 7-214 所示。

**⊕ 文件所在位置**

资源包 /Ch07/ 效果 / 制作 LOADING 加载条 .fla。

制作 LOADING 加载条

图 7-214

# 7.6 课后习题——制作创意城市动画

**习题知识要点**

使用"创建传统补间"命令，制作小汽车运动效果；使用"帧"命令，控制小汽车的运动速度，效果如图 7-215 所示。

**文件所在位置**

资源包 /Ch07/ 效果 / 制作创意城市动画 .fla。

图 7-215

制作创意城市动画

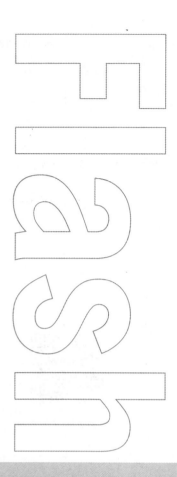

# Chapter

# 8

## 第8章
## 层与高级动画

层在Flash CC中有着举足轻重的作用。只有掌握层的概念和熟练应用不同性质的层，才有可能真正成为Flash的高手。本章详细介绍层的应用技巧和使用不同性质的层来制作高级动画。通过对本章的学习，读者可以了解并掌握层的强大功能，并能充分利用层来为自己的动画设计作品增光添彩。

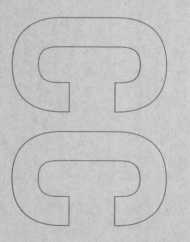

**课堂学习目标**

- 掌握层引导层和运动引导层动画的制作方法
- 掌握遮罩层与遮罩动画的制作方法
- 熟悉运用分散到图层功能编辑对象

# 8.1 层、引导层与运动引导层的动画

图层类似于叠在一起的透明纸，下面图层中的内容可以通过上面图层中不包含内容的区域透过来。除普通图层，还有一种特殊类型的图层——引导层。在引导层中，可以像其他层一样绘制各种图形和引入元件等，但最终发布时引导层中的对象不会显示出来。

## 8.1.1 课堂案例——制作太空旅行

**案例学习目标**

使用运动引导层制作飞碟动画效果。

**案例知识要点**

使用"添加传统运动引导层"命令，添加引导层；使用"创建传统补间"命令，制作传统补间动画；使用"椭圆"工具，绘制运动路线，如图 8-1 所示。

**效果所在位置**

资源包 /Ch08/ 效果 / 制作太空旅行 .fla。

图 8-1

制作太空旅行

**STEP** 🖱1 选择"文件 > 新建"命令，在弹出的"新建文档"对话框中选择"ActionScript 3.0"选项，将"宽"选项设为 800，"高"选项设为 588，单击"确定"按钮，完成文档的创建。

**STEP** 🖱2 选择"文件 > 导入 > 导入到库"命令，在弹出的"导入到库"对话框中选择"Ch08 > 素材 > 制作太空旅行 > 01、02、03"文件，单击"打开"按钮，文件被导入到"库"面板中，如图 8-2 所示。

**STEP** 🖱3 将"图层 1"重命名为"底图"。将"库"面板中的位图"01"拖曳到舞台窗口中，并放置在与舞台中心重叠的位置，如图 8-3 所示。选中"底图"图层的第 90 帧，按 F5 键，插入普通帧。

**STEP** 🖱4 单击"时间轴"面板下方的"新建图层"按钮🔲，创建新图层并将其命名为"飞碟"。在"飞碟"图层上单击鼠标右键，在弹出的快捷菜单中选择"添加传统运动引导层"命令，效果如图 8-4 所示。

图 8-2

 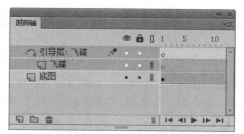

图 8-3 图 8-4

**STEP 5** 选中"引导层：飞碟"图层的第 1 帧，选择"椭圆"工具 ，在工具箱中将"笔触颜色"设为青色（#0099FF），"填充颜色"设为无，在舞台窗口中绘制一个椭圆。选择"任意变形"工具 ，选中刚绘制的椭圆，调整大小及角度，并放置在适当的位置，如图 8-5 所示。

**STEP 6** 选择"橡皮擦"工具 ，在工具箱下方选中"擦除线条"模式 ，在适当的位置擦除线条，效果如图 8-6 所示。

图 8-5 图 8-6

**STEP 7** 选中"飞碟"图层的第 1 帧，将"库"面板中的图形元件"02"拖曳到舞台窗口中，并放置在椭圆的左方端点上，如图 8-7 所示。

**STEP 8** 选中"飞碟"图层的第 90 帧，按 F6 键，插入关键帧。在舞台窗口中将"02"实例拖曳到椭圆的右方端点上，如图 8-8 所示。

图 8-7 图 8-8

**STEP 9** 用鼠标右键单击"飞碟"图层的第 1 帧，在弹出的快捷菜单中选择"创建传统补间"命令，生成传统补间动画，如图 8-9 所示。

**STEP 10** 单击"时间轴"面板下方的"新建图层"按钮 ，创建新图层并将其命名为"装饰"，并将其拖曳到"引导层：飞碟"的上方，如图 8-10 所示。

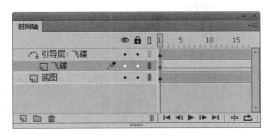
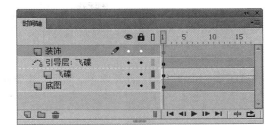

图 8-9 图 8-10

STEP 11 将"库"面板中的位图"03"拖曳到舞台窗口中，并放置在适当的位置，如图 8-11 所示。太空旅行制作完成，按 Ctrl+Enter 组合键预览，如图 8-12 所示。

图 8-11 图 8-12

## 8.1.2 层的设置

### 1. 层的弹出式菜单

用鼠标右键单击"时间轴"面板中的图层名称，弹出菜单，如图 8-13 所示。

- "显示全部"命令：用于显示所有的隐藏图层和图层文件夹。
- "锁定其他图层"命令：用于锁定除当前图层以外的所有图层。
- "隐藏其他图层"命令：用于隐藏除当前图层以外的所有图层。
- "插入图层"命令：用于在当前图层上创建一个新的图层。
- "删除图层"命令：用于删除当前图层。
- "剪切图层"命令：用于将当前图层剪切到剪切板中。
- "拷贝图层"命令：用于拷贝当前图层。
- "粘贴图层"命令：用于粘贴所拷贝的图层。
- "复制图层"命令：用于复制当前图层并生成一个复制图层。
- "引导层"命令：用于将当前图层转换为普通引导层。
- "添加传统运动引导层"命令：用于将当前图层转换为运动引导层。
- "遮罩层"命令：用于将当前图层转换为遮罩层。
- "显示遮罩"命令：用于在舞台窗口中显示遮罩效果。
- "插入文件夹"命令：用于在当前图层上创建一个新的层文件夹。
- "删除文件夹"命令：用于删除当前的层文件夹。
- "展开文件夹"命令：用于展开当前的层文件夹，显示出其包含的图层。
- "折叠文件夹"命令：用于折叠当前的层文件夹。
- "展开所有文件夹"命令：用于展开"时间轴"面板中所有的层文件夹，显示出所包含的图层。

图 8-13

- "折叠所有文件夹"命令：用于折叠"时间轴"面板中所有的层文件夹。
- "属性"命令：用于设置图层的属性。

### 2. 创建图层

为了分门别类地组织动画内容，需要创建普通图层。选择"插入 > 时间轴 > 图层"命令，创建一个新的图层，或在"时间轴"面板下方单击"新建图层"按钮，创建一个新的图层。

> *系统默认状态下，新创建的图层按"图层1""图层2"……的顺序进行命名，也可以根据需要自行设定图层的名称。*

### 3. 选取图层

选取图层就是将图层变为当前图层，用户可以在当前层上放置对象、添加文本和图形以及进行编辑。要使图层成为当前图层的方法很简单，在"时间轴"面板中选中该图层即可。当前图层会在"时间轴"面板中以深色显示，铅笔图标表示可以对该图层进行编辑，如图8-14所示。

按住 Ctrl 键的同时，用鼠标在要选择的图层上单击，可以一次选择多个图层，如图8-15所示。按住Shift 键的同时，用鼠标单击两个图层，这两个图层中间的其他图层也会被同时选中，如图8-16所示。

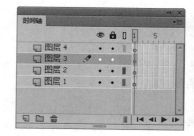

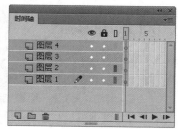

图 8-14        图 8-15        图 8-16

### 4. 排列图层

可以根据需要，在"时间轴"面板中为图层重新排列顺序。

在"时间轴"面板中选中"图层2"图层，如图8-17所示，按住鼠标左键不放，将"图层2"向下拖曳，这时会出现一条前方带圆环的粗线，如图8-18所示，将粗线拖曳到"图层1"图层的下方，释放鼠标，则"图层2"图层移动到"图层1"图层的下方，如图8-19所示。

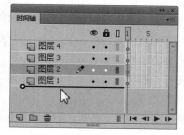
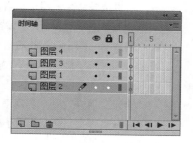

图 8-17        图 8-18        图 8-19

### 5. 复制、粘贴图层

可以根据需要，将图层中的所有对象复制并粘贴到其他图层或场景中。

在"时间轴"面板中单击要复制的图层，如图 8-20 所示，选择"编辑 > 时间轴 > 复制帧"命令，或按 Ctrl+Alt+C 组合键，进行复制。在"时间轴"面板下方单击"新建图层"按钮，创建一个新的图层，选中新的图层，如图 8-21 所示，选择"编辑 > 时间轴 > 粘贴帧"命令，或按 Ctrl+Alt+V 组合键，在新建的图层中粘贴复制过的内容，如图 8-22 所示。

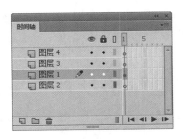

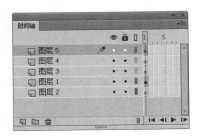

图 8-20　　　　　　　　　　图 8-21　　　　　　　　　　图 8-22

### 6. 删除图层

如果某个图层不再需要，可以将其删除。删除图层有两种方法，一种是在"时间轴"面板中选中要删除的图层，在面板下方单击"删除"按钮，即可删除选中图层，如图 8-23 所示；另一种是在"时间轴"面板中选中要删除的图层，按住鼠标左键不放，将其向下拖曳，这时会出现一条前方带圆环的粗线，将其拖曳到"删除"按钮上进行删除，如图 8-24 所示。

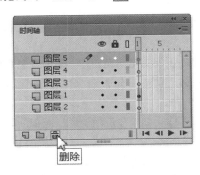
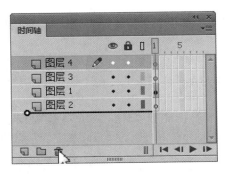

图 8-23　　　　　　　　　　　　　　图 8-24

### 7. 隐藏、锁定图层和图层的线框显示模式

**STEP　1**　隐藏图层：动画经常是多个图层叠加在一起的效果，为了便于观察某个图层中对象的效果，可以把其他的图层先隐藏起来。

在"时间轴"面板中单击"显示或隐藏所有图层"按钮下方的小黑圆点，这时小黑圆点所在的图层就被隐藏，在该图层上显示出一个叉号图标，如图 8-25 所示，此时图层将不能被编辑。

在"时间轴"面板中单击"显示或隐藏所有图层"按钮，面板中的所有图层将被同时隐藏，如图 8-26 所示。再单击此按钮，即可解除隐藏。

**STEP　2**　锁定图层：如果某个图层上的内容已符合要求，则可以锁定该图层，以避免内容被意外更改。

在"时间轴"面板中单击"锁定或解除锁定所有图层"按钮下方的小黑圆点，这时小黑圆点所在的图层就被锁定，在该图层上显示出一个锁状图标 🔒，如图 8-27 所示，此时图层将不能被编辑。

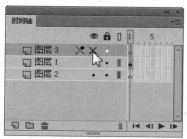 
图 8-25

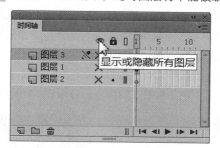
图 8-26

在"时间轴"面板中单击"锁定或解除锁定所有图层"按钮 🔒，面板中的所有图层将被同时锁定，如图 8-28 所示。再单击此按钮，即可解除锁定。

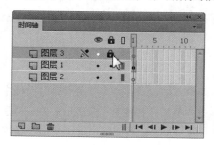
图 8-27

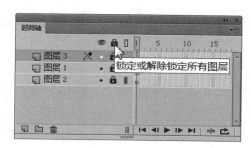
图 8-28

**STEP 3** 图层的线框显示模式：为了便于观察图层中的对象，可以将对象以线框的模式进行显示。

在"时间轴"面板中单击"将所有图层显示为轮廓"按钮 下方的实色矩形，这时实色矩形所在图层中的对象就呈线框模式显示，在该图层上实色矩形变为线框图标 ，如图 8-29 所示，此时并不影响编辑图层。

在"时间轴"面板中单击"将所有图层显示为轮廓"按钮 ，面板中的所有图层将被同时以线框模式显示，如图 8-30 所示。再单击此按钮，即可返回到普通模式。

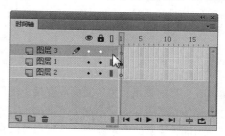
图 8-29

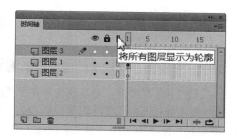
图 8-30

## 8. 重命名图层

可以根据需要更改图层的名称，更改图层名称有以下两种方法。

**STEP 1** 双击"时间轴"面板中的图层名称，名称变为可编辑状态，如图 8-31 所示，输入要更改的图层名称，如图 8-32 所示，在图层旁边单击鼠标，完成图层名称的修改，如图 8-33 所示。

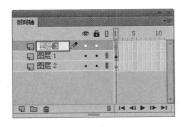

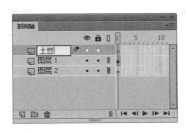

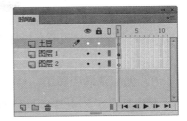

图 8-31　　　　　　　　　　　图 8-32　　　　　　　　　　　图 8-33

**STEP 02** 选中要修改名称的图层，选择"修改 > 时间轴 > 图层属性"命令，在弹出的"图层属性"对话框中修改图层的名称。

## 8.1.3　图层文件夹

在"时间轴"面板中可以创建图层文件夹来组织和管理图层，这样"时间轴"面板中图层的层次结构将非常清晰。

### 1. 创建图层文件夹

选择"插入 > 时间轴 > 图层文件夹"命令，在"时间轴"面板中创建图层文件夹，如图 8-34 所示。还可单击"时间轴"面板下方的"新建文件夹"按钮🗀，在"时间轴"面板中创建图层文件夹，如图 8-35 所示。

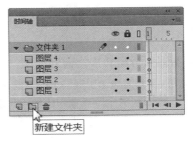

图 8-34　　　　　　　　　　　　　　　　　图 8-35

### 2. 删除图层文件夹

在"时间轴"面板中选中要删除的图层文件夹，单击面板下方的"删除"按钮🗑，即可删除图层文件夹，如图 8-36 所示。还可在"时间轴"面板中选中要删除的图层文件夹，按住鼠标左键不放，将其向下拖曳，这时会出现一条前方带圆环的粗线，将其拖曳到"删除"按钮🗑上进行删除，如图 8-37 所示。

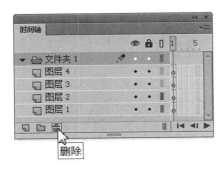

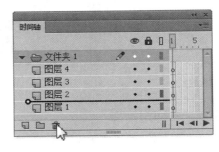

图 8-36　　　　　　　　　　　　　　　　　图 8-37

### 8.1.4 普通引导层

普通引导层主要用于为其他图层提供辅助绘图和绘图定位，引导层中的图形在播放影片时是不会显示的。

#### 1. 创建普通引导层

用鼠标右键单击"时间轴"面板中的某个图层，在弹出的快捷菜单中选择"引导层"命令，如图8-38所示，该图层转换为普通引导层，此时，图层前面的图标变为 🏌️，如图8-39所示。

还可在"时间轴"面板中选中要转换的图层，选择"修改 > 时间轴 > 图层属性"命令，弹出"图层属性"对话框，在"类型"选项组中选择"引导层"单选项，如图8-40所示，单击"确定"按钮，选中的图层转换为普通引导层，此时，图层前面的图标变为 🏌️，如图8-41所示。

图 8-38　　　　　　　图 8-39　　　　　　　图 8-40　　　　　　　图 8-41

#### 2. 将普通引导层转换为普通图层

如果要播放影片时显示引导层上的对象，还可将引导层转换为普通图层。

用鼠标右键单击"时间轴"面板中的引导层，在弹出的菜单中选择"引导层"命令，如图8-42所示，引导层转换为普通图层，此时，图层前面的图标变为 📑，如图8-43所示。

还可在"时间轴"面板中选中引导层，选择"修改 > 时间轴 > 图层属性"命令，弹出"图层属性"对话框，在"类型"选项组中选择"一般"选项，如图8-44所示。单击"确定"按钮，选中的引导层转换为普通图层，此时，图层前面的图标变为 📑，如图8-45所示。

图 8-42　　　　　　　图 8-43　　　　　　　图 8-44　　　　　　　图 8-45

### 8.1.5 运动引导层

运动引导层的作用是设置对象运动路径的导向，使与之相链接的被引导层中的对象沿着路径运动，运动引导层上的路径在播放动画时不显示。在引导层上还可创建多个运动轨迹，以引导被引导层上的多个对象沿不同的路径运动。要创建按照任意轨迹运动的动画就需要添加运动引导层，但创建运动引导层动画时要求是动作补间动画，形状补间动画不可用。

### 1. 创建运动引导层

用鼠标右键单击"时间轴"面板中要添加引导层的图层，在弹出的菜单中选择"添加传统运动引导层"命令，如图 8-46 所示，为图层添加运动引导层，此时引导层前面出现图标 ，如图 8-47 所示。

 **提示**

一个引导层可以引导多个图层上的对象按运动路径运动。如果要将多个图层变成某一个运动引导层的被引导层，在"时间轴"面板上将要变成被引导层的图层拖曳至引导层下方即可。

图 8-46

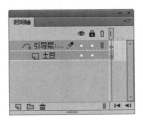

图 8-47

### 2. 将运动引导层转换为普通图层

将运动引导层转换为普通图层的方法与普通引导层转换的方法一样，这里不再赘述。

### 3. 应用运动引导层制作动画

打开"基础素材 > Ch08 > 01"文件，用鼠标右键单击"时间轴"面板中的"图层 1"图层，在弹出的快捷菜单中选择"添加传统运动引导层"命令，为"图层 1"图层添加运动引导层，如图 8-48 所示。选择"铅笔"工具 ，在引导层的舞台窗口中绘制 1 条曲线，如图 8-49 所示。选择"引导层"的第 60 帧，按 F5 键，插入普通帧，如图 8-50 所示。

图 8-48

图 8-49

图 8-50

在"时间轴"面板中选中"图层1"图层，将"库"面板中的影片剪辑元件"气球"拖曳到舞台窗口中，放置在弧线的右端点上，如图8-51所示。

选择"时间轴"面板，单击"图层1"图层中的第60帧，按F6键，在第60帧上插入关键帧，如图8-52所示。将舞台窗口中的气球图形拖曳到弧线的左端点，如图8-53所示。

图8-51          图8-52          图8-53

选中"图层1"图层中的第1帧，单击鼠标右键，在弹出的快捷菜单中选择"创建传统补间"命令，如图8-54所示。在"图层1"图层中，第1帧~第60帧生成动作补间动画，如图8-55所示。运动引导层动画制作完成。

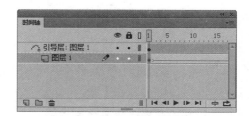

图8-54                    图8-55

在不同的帧中，动画显示的效果如图8-56所示。按Ctrl+Enter组合键，测试动画效果，在动画中，弧线将不被显示。

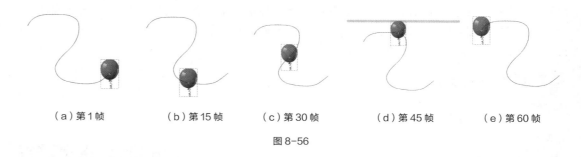

（a）第1帧      （b）第15帧      （c）第30帧      （d）第45帧      （e）第60帧

图8-56

## 8.2 遮罩层与遮罩的动画制作

遮罩层就像一块不透明的板，如果要看到它下面的图像，只能在板上挖"洞"，而遮罩层中有对象的地方就可看成是"洞"，通过这个"洞"，将被遮罩层中的对象显示出来。

## 8.2.1 课堂案例——制作油画展示

🔍 **案例学习目标**

使用遮罩层命令制作遮罩动画。

🔍 **案例知识要点**

使用"矩形"工具，绘制矩形块；使用"创建形状补间"命令，制作形状动画效果；使用"遮罩层"命令，制作遮罩动画效果，效果如图 8-57 所示。

🔍 **效果所在位置**

资源包 /Ch08/ 效果 / 制作油画展示 .fla。

制作油画展示

图 8-57

**STEP** 📥**1** 选择"文件 > 新建"命令，在弹出的"新建文档"对话框中选择"ActionScript 3.0"选项，将"宽"选项设为 800，"高"选项设为 600，单击"确定"按钮，完成文档的创建。

**STEP** 📥**2** 选择"文件 > 导入 > 导入到库"命令，在弹出的"导入到库"对话框中选择"Ch08 > 素材 > 制作油画展示 > 01 ～ 05"文件，单击"打开"按钮，将文件导入"库"面板中，如图 8-58 所示。

**STEP** 📥**3** 按 Ctrl+F8 组合键，弹出"创建新元件"对话框，在"名称"选项的文本框中输入"变化"，在"类型"选项下拉列表中选择"影片剪辑"选项，单击"确定"按钮，新建影片剪辑元件"变化"，如图 8-59 所示。舞台窗口也随之转换为影片剪辑元件的舞台窗口。在"时间轴"面板中将"图层 1"重命名为"图 1"，如图 8-60 所示。

图 8-58

图 8-59

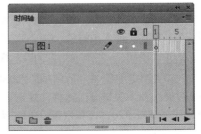

图 8-60

**STEP 4** 将"库"面板中的位图"03"拖曳到舞台窗口中，在位图"属性"面板中，将"X"选项和"Y"选项均设为 0，将图片的左上角与中心点对齐，如图 8-61 所示。选中"图 1"图层的第120 帧，按 F5 键，插入普通帧。

**STEP 5** 在"时间轴"面板中创建新图层并将其命名为"变 1"。选择"矩形"工具 ▣，在工具箱中将"笔触颜色"设为无，"填充颜色"设为粉色（#F6DBE0），在舞台窗口中绘制 1 个矩形条，如图 8-62 所示。

图 8-61

图 8-62

**STEP 6** 选择"变 1"图层的第 30 帧，按 F6 键，插入关键帧。选择"任意变形"工具 ▦，在舞台窗口中的矩形上出现控制框，向下拖曳控制框下方中间的控制点到适当的位置，改变矩形的高度，效果如图 8-63 所示。

**STEP 7** 选择"变 1"图层的第 60 帧，按 F7 键，插入空白关键帧。用鼠标右键单击"变 1"图层的第 1 帧，在弹出的快捷菜单中选择"创建补间形状"命令，生成形状补间动画。在"变 1"图层上单击鼠标右键，在弹出的快捷菜单中选择"遮罩层"命令，将图层"变 1"设置为遮罩的层，图层"图1"为被遮罩的层，如图 8-64 所示。

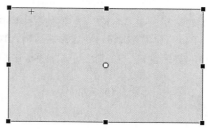

图 8-63

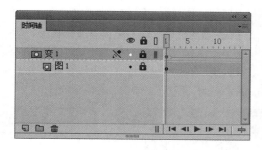

图 8-64

**STEP 8** 在"时间轴"面板中创建新图层并将其命名为"图 2"。选中"图 2"图层的第 30帧，按 F6 键，插入关键帧。将"库"面板中的将位图"04"拖曳到舞台窗口中，在位图"属性"面板中，将"X"选项和"Y"选项均设为 0，将图片的左上角与中心点对齐，如图 8-65 所示。

**STEP 9** 在"时间轴"面板中创建新图层并将其命名为"变 2"。选中"变 2"图层的第 30 帧，按 F6 键，插入关键帧。选择"矩形"工具 ▣，在工具箱中将"笔触颜色"设为无，"填充颜色"设为蓝色（#0000CC），在舞台窗口中绘制 1 个矩形条，如图 8-66 所示。

**STEP 10** 选中"变 2"图层的第 60 帧，按 F6 键，插入关键帧。选择"任意变形"工具 ▦，在舞台窗口中的矩形上出现控制框，向右拖曳控制框右方中间的控制点到适当的位置，改变矩形的宽度，效果如图 8-67 所示。

图 8-65

图 8-66

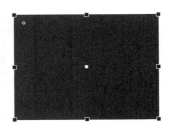

图 8-67

**STEP 11** 选中"图 2"图层的第 90 帧，按 F7 键，插入空白关键帧。用鼠标右键单击"变 2"图层的第 30 帧，在弹出的快捷菜单中选择"创建补间形状"命令，生成形状补间动画，如图 8-68 所示。在"变 2"图层上单击鼠标右键，在弹出的快捷菜单中选择"遮罩层"命令，将图层"变 2"设置为遮罩的层，图层"图 2"为被遮罩的层，如图 8-69 所示。

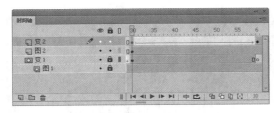

图 8-68

图 8-69

**STEP 12** 在"时间轴"面板中创建新图层并将其命名为"图 3"。选中"图 3"图层的第 60 帧，按 F6 键，插入关键帧。将"库"面板中的将位图"05"拖曳到舞台窗口中，在位图"属性"面板中，将"X"选项和"Y"选项均设为 0，将图片的左上角与中心点对齐，如图 8-70 所示。

**STEP 13** 在"时间轴"面板中创建新图层并将其命名为"变 3"。选中"变 3"图层的第 60 帧，按 F6 键，插入关键帧。选择"矩形"工具 ，在工具箱中将"笔触颜色"设为无，"填充颜色"设为绿色（#009999），在舞台窗口中绘制 1 个矩形条，如图 8-71 所示。

**STEP 14** 选中"变 3"图层的第 90 帧，按 F6 键，插入关键帧。选择"任意变形"工具 ，在舞台窗口中的矩形上出现控制框，向左拖曳控制框左方中间的控制点到适当的位置，改变矩形的宽度，效果如图 8-72 所示。

图 8-70

图 8-71

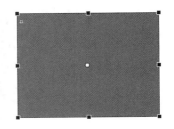

图 8-72

**STEP 15** 用鼠标右键单击"变 3"图层的第 60 帧，在弹出的快捷菜单中选择"创建补间形状"命令，生成形状补间动画，如图 8-73 所示。在"变 3"图层上单击鼠标右键，在弹出的快捷菜单中选择"遮罩层"命令，将图层"变 3"设置为遮罩的层，图层"图 3"为被遮罩的层，如图 8-74 所示。

 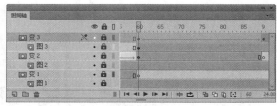

图 8-73　　　　　　　　　　　　　　图 8-74

**STEP 16** 单击舞台窗口左上方的"场景 1"图标 ，进入"场景 1"的舞台窗口。将"图层 1"图层重新命名为"底图"。将"库"面板中的位图"01.jpg"拖曳到舞台窗口的中心位置，效果如图 8-75 所示。

**STEP 17** 在"时间轴"面板中创建新图层并将其命名为"油画"。将"库"面板中的影片剪辑元件拖曳到舞台窗口中，并放置在适当的位置，如图 8-76 所示。在"时间轴"面板中创建新图层并将其命名为"相框"。将"库"面板中的位图"02"拖曳到舞台窗口中，并放置在适当的位置，如图 8-77 所示。油画展示制作完成，按 Ctrl+Enter 组合键，即可查看效果。

图 8-75　　　　　　　　　　图 8-76　　　　　　　　　　图 8-77

## 8.2.2　遮罩层

### 1. 创建遮罩层

要创建遮罩动画首先要创建遮罩层。在"时间轴"面板中，用鼠标右键单击要转换遮罩层的图层，在弹出的菜单中选择"遮罩层"命令，如图 8-78 所示。选中的图层转换为遮罩层，其下方的图层自动转换为被遮罩层，并且它们都自动被锁定，如图 8-79 所示。

图 8-78　　　　　　　　　　　　　　图 8-79

**提示**

如果想解除遮罩，只需单击"时间轴"面板上遮罩层或被遮罩层上的图标将其解锁。遮罩层中的对象可以是图形、文字、元件的实例等，但不显示位图、渐变色、透明色和线条。一个遮罩层可以作为多个图层的遮罩层，如果要将一个普通图层变为某个遮罩层的被遮罩层，只需将此图层拖曳至遮罩层下方。

### 2. 将遮罩层转换为普通图层

在"时间轴"面板中，用鼠标右键单击要转换的遮罩层，在弹出的菜单中选择"遮罩层"命令，如图 8-80 所示，遮罩层转换为普通图层，如图 8-81 所示。

图 8-80

图 8-81

### 8.2.3 静态遮罩动画

打开"基础素材 > Ch08 > 02"文件，如图 8-82 所示。在"时间轴"面板下方单击"新建图层"按钮，创建新的图层"图层 2"图层，如图 8-83 所示。将"库"面板中的图形元件"花朵"拖曳到舞台窗口中的适当位置，如图 8-84 所示。反复按 Ctrl+B 组合键，将图形打散。在"时间轴"面板中，用鼠标右键单击"图层 2"图层，在弹出的菜单中选择"遮罩层"命令，如图 8-85 所示。

图 8-82

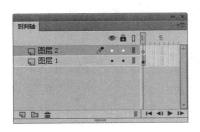

图 8-83

图 8-84

图 8-85

将"图层 2"图层转换为遮罩层，"图层 1"图层转换为被遮罩层，两个图层被自动锁定，如图 8-86 所示。舞台窗口中图形的遮罩效果如图 8-87 所示。

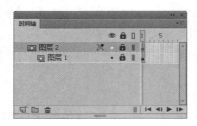

图 8-86　　　　　　　　　　　图 8-87

### 8.2.4　动态遮罩动画

**STEP 1** 打开"基础素材 > Ch08 > 03"文件。选中"底图"图层的第 10 帧，按 F5 键，插入普通帧。选中"花朵"图层的第 10 帧，按 F6 键，插入关键帧，如图 8-88 所示。选择"选择"工具，在舞台窗口中将"花朵"实例向右下方拖曳到适当的位置，如图 8-89 所示。

**STEP 2** 用鼠标右键单击"花朵"图层的第 1 帧，在弹出的快捷菜单中选择"创建传统补间"命令，生成传统补间动画，如图 8-90 所示。

图 8-88　　　　　　　　图 8-89　　　　　　　　图 8-90

**STEP 3** 用鼠标右键单击"花朵"的名称，在弹出的快捷菜单中选择"遮罩层"命令，如图 8-91 所示，"花朵"转换为遮罩层，"底图"图层转换为被遮罩层，如图 8-92 所示。动态遮罩动画制作完成，按 Ctrl+Enter 组合键，测试动画效果。

图 8-91　　　　　　　　　　　图 8-92

在不同的帧中，动画显示的效果如图 8-93 所示。

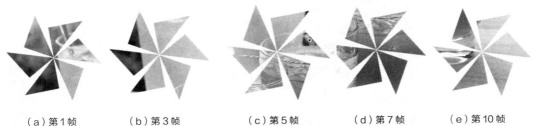

（a）第 1 帧　　　（b）第 3 帧　　　（c）第 5 帧　　　（d）第 7 帧　　　（e）第 10 帧

图 8-93

# 8.3　分散到图层

分散到图层命令是将同一层上的多个对象分散到多个图层当中。

新建空白文档，选择"文本"工具 T，在"图层 1"图层的舞台窗口中输入文字"分散到图层"，如图 8-94 所示。选中文字，按 Ctrl+B 组合键，将文字打散，如图 8-95 所示。选择"修改 > 时间轴 > 分散到图层"命令，或按 Ctrl+Shift+D 组合键，将"图层 1"图层中的文字分散到不同的图层中并按文字设定图层名，如图 8-96 所示。

图 8-94

图 8-95

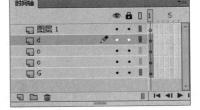

图 8-96

提 示

文字分散到不同的图层中后，"图层 1"图层中没有任何对象。

# 8.4　课堂练习——制作发光效果

+ **练习知识要点**

使用"矩形"工具，绘制矩形条效果；使用"变形"面板，制作角度旋转效果；使用"遮罩层"命令和"创建传统补间"命令，制作发光线条效果，如图 8-97 所示。

+ **文件所在位置**

资源包 /Ch08/ 效果 / 制作发光效果 .fla。

图 8-97

制作发光效果

## 8.5 课后习题——制作飞舞的蒲公英

### 习题知识要点

使用"添加传统运动引导层"命令，制作蒲公英飞舞效果；使用"影片剪辑"元件，制作蒲公英一起飞舞效果，效果如图 8-98 所示。

### 文件所在位置

资源包 /Ch08/ 效果 / 制作飞舞的蒲公英 .fla。

图 8-98

制作飞舞的蒲公英

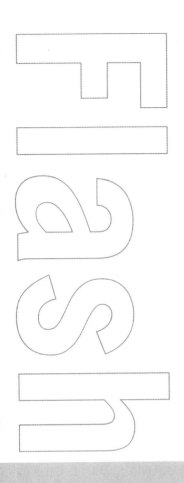

# Chapter

## 9

### 第9章
### 声音素材的导入和编辑

在Flash CC中可以导入外部的声音素材作为动画的背景音乐或音效。本章主要讲解声音素材的多种格式，以及导入声音和编辑声音的方法。通过对本章的学习，读者可以了解并掌握如何导入声音和编辑声音，从而使制作的动画音效更加生动。

**课堂学习目标**

● 掌握音频的基本知识

● 了解声音素材的几种常用格式

● 掌握导入和编辑声音素材的方法和技巧

# 9.1 音频的基本知识及声音素材的格式

声音以波的形式在空气中传播，声音的频率单位是赫兹（Hz），一般人听到的声音频率在 20 ～ 20 kHz，低于这个频率范围的声音为次声波，高于这个频率范围的声音为超声波。下面介绍一下关于音频的基本知识。

## 9.1.1 音频的基本知识

### 1. 取样率

取样率是指在进行数字录音时，单位时间内对模拟的音频信号进行提取样本的次数。取样率越高，声音越好。Flash 经常使用 44 kHz、22kHz 或 11kHz 的取样率对声音进行取样。例如，使用 22kHz 取样率取样的声音，每秒钟要对声音进行 22000 次分析，并记录每两次分析之间的差值。

### 2. 位分辨率

位分辨率是指描述每个音频取样点的比特位数。例如，8 位的声音取样表示 2 的 8 次方或 256 级。可以将较高位分辨率的声音转换为较低位分辨率的声音。

### 3. 压缩率

压缩率是指文件压缩前后大小的比率，用于描述数字声音的压缩效率。

## 9.1.2 声音素材的格式

Flash CC 提供了许多使用声音的方式。它可以使声音独立于时间轴连续播放，或使动画和一个音轨同步播放；可以向按钮添加声音，使按钮具有更强的互动性；还可以通过声音淡入淡出产生更优美的声音效果。下面介绍以下几种可导入 Flash 中的常见的声音文件格式。

### 1. WAV 格式

WAV 格式可以直接保存对声音波形的取样数据，数据没有经过压缩，所以音质较好，但 WAV 格式的声音文件通常文件量比较大，会占用较多的磁盘空间。

### 2. MP3 格式

MP3 格式是一种压缩的声音文件格式。同 WAV 格式相比，MP3 格式的文件量只占 WAV 格式的十分之一。优点为体积小、传输方便、声音质量较好，已经被广泛应用到电脑音乐中。

### 3. AIFF 格式

AIFF 格式支持 MAC 平台，支持 16bit 44kHz 立体声。只有系统上安装了 QuickTime 4 或更高版本，才可使用此声音文件格式。

### 4. AU 格式

AU 格式是一种压缩声音文件格式，只支持 8bit 的声音，是互联网上常用的声音文件格式。只有系统上安装了 QuickTime 4 或更高版本，才可使用此声音文件格式。

声音要占用大量的磁盘空间和内存。所以，一般为提高作品在网上的下载速度，常使用 MP3 声音文件格式，因为它的声音资料经过了压缩，比 WAV 或 AIFF 格式的文件量小。在 Flash 中只能导入采样比率为 11 kHz、22 kHz 或 44 kHz，8 位或 16 位的声音。通常，为了作品在网上有较满意的下载速度而使用 WAV 或 AIFF 文件时，最好使用 16 位 22 kHz 单声。

**9.2** 导入并编辑声音素材

导入声音素材后，可以将其直接应用到动画作品中，也可以通过声音编辑器对声音素材进行编辑，然后再进行应用。

### 9.2.1 课堂案例——制作情人节音乐贺卡

⊕ **案例学习目标**

使用声音文件为动画添加音效。

⊕ **案例知识要点**

使用"文本"工具，输入标题文字；使用"分离"命令和"颜色"面板，将文字转为图形并添加渐变色；使用"任意变形"工具，调整图像的大小；使用"声音"文件，为动画添加背景音乐效果，如图9-1所示。

⊕ **效果所在位置**

资源包 /Ch09/ 效果 / 制作情人节音乐贺卡 .fla。

图9-1

### 1. 导入素材制作图形元件

**STEP 1** 选择"文件 > 新建"命令，在弹出的"新建文档"对话框中选择"ActionScript 3.0"选项，将"宽"选项设为600，"高"选项设为800，单击"确定"按钮，完成文档的创建。

**STEP 2** 选择"文件 > 导入 > 导入到库"命令，在弹出的"导入到库"对话框中选择"Ch09 > 素材 > 制作情人节音乐贺卡 > 01 ~ 04"文件，单击"打开"按钮，将文件导入"库"面板中，如图9-2所示。

制作情人节音乐贺卡1

STEP 3 按 Ctrl+F8 组合键，弹出"创建新元件"对话框，在"名称"选项的文本框中输入"塔"，在"类型"选项下拉列表中选择"图形"选项，单击"确定"按钮，新建图形元件"塔"，如图9-3所示。舞台窗口也随之转换为图形元件的舞台窗口。将"库"面板中的位图"02"拖曳到舞台窗口中，如图9-4所示。

STEP 4 用相同的方法将"库"面板中的位图"03"文件，制作成图形元件"锁"，如图9-5所示。

图 9-2

图 9-3

图 9-4

图 9-5

STEP 5 在"库"面板中新建一个图形元件"文字1"，如图9-6所示，舞台窗口也随之转换为图形元件的舞台窗口。选择"文本"工具 T ，在文本工具"属性"面板中进行设置，在舞台窗口中适当的位置输入大小为100、字体为"方正字迹 – 吕建德字体"的粉色（#E94E6E）文字，文字效果如图9-7所示。用相同的方法制作图形元件"文字2"，如图9-8所示。

图 9-6

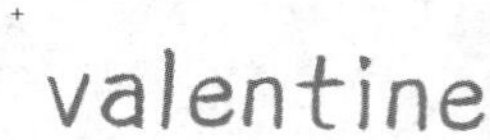

valentine
图 9-7

图 9-8

STEP 6 在"库"面板中新建一个图形元件"文字3"，如图9-9所示，舞台窗口也随之转换为图形元件的舞台窗口。在文本工具"属性"面板中进行设置，在舞台窗口中适当的位置输入大小为125、字体为"Arial"的深灰色（#333333）英文，文字效果如图9-10所示。

STEP 7 用鼠标右键单击"图层1"的名称，在弹出的快捷菜单中选择"复制图层"命令，直接生成"图层1复制"图层，如图9-11所示。

图 9-9

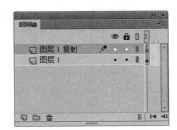

图 9-10

图 9-11

**STEP 8** 选择"选择"工具 ，将上方的文字想左上方拖曳到适当的位置，如图 9-12 所示。按多次 Ctrl+B 组合键，将文字打散，效果如图 9-13 所示。

图 9-12

图 9-13

**STEP 9** 选择"窗口 > 颜色"命令，弹出"颜色"面板，选择"填充颜色"选项 ，在"颜色类型"选项的下拉列表中选择"线性渐变"，在色带上将左边的颜色控制点设为粉色（#FD4967），将右边的颜色控制点设为白色，生成渐变色，如图 9-14 所示，效果如图 9-15 所示。

图 9-14

图 9-15

**STEP 10** 选择"颜料桶"工具 ，在文字图形上从下向上拖曳渐变色，如图 9-16 所示。松开鼠标后，渐变色被填充，效果如图 9-17 所示。

图 9-16

图 9-17

**STEP 11** 在"库"面板中新建一个图形元件"文字 4"，如图 9-18 所示，舞台窗口也随之转换为图形元件的舞台窗口。选择"文本"工具 T ，在文本工具"属性"面板中进行设置，在舞台窗口中适当的位置输入大小为 30、字体为"Arial"的粉色（#E94E6E）英文，文字效果如图 9-19 所示。

图 9-18

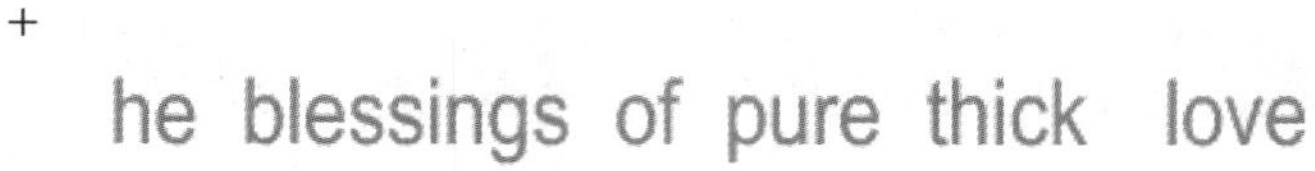

he blessings of pure thick love

图 9-19

### 2. 制作影片剪辑动画

**STEP 1** 在"库"面板中新建一个影片剪辑元件"锁动"，如图 9-20 所示，舞台窗口也随之转换为影片剪辑元件的舞台窗口。将"库"面板中的图形元件"锁"拖曳到舞台窗口中，如图 9-21 所示。

制作情人节音乐贺卡 2

**STEP 2** 分别选中"图层 1"的第 10 帧、第 20 帧，按 F6 键，插入关键帧。选中"图层 1"的第 10 帧，选择"任意变形"工具 ，在舞台窗口中选中"锁"实例，按住 Shif 键的同时，将其等比例放大，效果如图 9-22 所示。

**STEP 3** 分别用鼠标右键单击"图层 1"的第 1 帧、第 10 帧，在弹出的快捷菜单中选择"创建传统补间"命令，生成传统补间动画。

图 9-20

图 9-21

图 9-22

### 3. 制作场景动画

**STEP 1** 单击舞台窗口左上方的"场景 1"图标 场景 1 ，进入"场景 1"的舞台窗口。将"图层 1"图层重命名为"底图"。将"库"面板中的位图"01"拖曳到舞台窗口中，如图 9-23 所示。选中"底图"图层的第 200 帧，按 F5 键，插入普通帧。

制作情人节音乐贺卡 3

**STEP 2** 在"时间轴"面板中创建新图层并将其命名为"塔"。将"库"面板中的图形元件"塔"拖曳到舞台窗口中，并放置在适当的位置，如图 9-24 所示。选中"塔"图层的第 25 帧，按 F6 键，插入关键帧。

**STEP 3** 选中"塔"图层的第 1 帧，在舞台窗口中选择"塔"实例，在图形"属性"面板中选择"色彩效果"选项组，在"样式"选项的下拉列表中选择"Alpha"，将其值设为 0%，如图 9-25 所示。用鼠标右键单击"塔"图层的第 1 帧，在弹出的快捷菜单中选择"创建传统补间"命令，生成传统补间动画。

图 9-23                图 9-24              图 9-25

**STEP 4** 在"时间轴"面板中创建新图层并将其命名为"锁"。将"库"面板中的影片剪辑元件"锁动"拖曳到舞台窗口中，并放置在适当的位置，如图 9-26 所示。

**STEP 5** 在"时间轴"面板中创建新图层并将其命名为"文字 1"。选中"文字 1"图层的第 25 帧，按 F6 键，插入关键帧。将"库"面板中的图形元件"文字 1"拖曳到舞台窗口中，并放置在适当的位置，如图 9-27 所示。

**STEP 6** 选中"文字 1"图层的第 45 帧，按 F6 键，插入关键帧。选择"文字 1"图层的第 25 帧，在舞台窗口中将"文字 1"实例水平向左拖曳到适当的位置，如图 9-28 所示。

**STEP 7** 用鼠标右键单击"文字 1"图层的第 25 帧，在弹出的快捷菜单中选择"创建传统补间"命令，生成传统补间动画。

图 9-26                图 9-27              图 9-28

**STEP 8** 在"时间轴"面板中创建新图层并将其命名为"文字 2"。选中"文字 2"图层的第 25 帧，按 F6 键，插入关键帧。将"库"面板中的图形元件"文字 2"拖曳到舞台窗口中，并放置在适当的位置，如图 9-29 所示。

**STEP 9** 选中"文字 2"图层的第 45 帧，按 F6 键，插入关键帧。选择"文字 2"图层的第 25 帧，在舞台窗口中将"文字 2"实例水平向右拖曳到适当的位置，如图 9-30 所示。

**STEP 10** 用鼠标右键单击"文字 1"图层的第 25 帧，在弹出的快捷菜单中选择"创建传统补间"命令，生成传统补间动画，如图 9-31 所示。

图 9-29

图 9-30

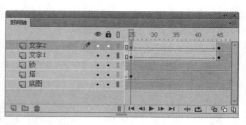
图 9-31

STEP 11 在"时间轴"面板中创建新图层并将其命名为"文字 3"。选中"文字 3"图层的第 45 帧，按 F6 键，插入关键帧。将"库"面板中的图形元件"文字 3"拖曳到舞台窗口中，并放置在适当的位置，如图 9-32 所示。

STEP 12 分别选中"文字 3"图层的第 65 帧、75 帧、第 85 帧、第 95 帧、第 105 帧，按 F6 键，插入关键帧。选中"文字 3"图层的第 45 帧，在舞台窗口中将"文字 3"实例垂直向下拖曳到适当的位置，如图 9-33 所示。

STEP 13 选中"文字 3"图层的第 75 帧，选择"任意变形"工具，在舞台窗口中选中"文字 3"实例，按住 Shif 键的同时，将其等比例放大，效果如图 9-34 所示。用相同的方法设置"文字 3"图层的第 95 帧。

图 9-32

图 9-33

图 9-34

STEP 14 分别用鼠标右键单击"文字 3"图层的第 45 帧、第 65 帧、第 75 帧、第 85 帧、第 95 帧，在弹出的快捷菜单中选择"创建传统补间"命令，生成传统补间动画，如图 9-35 所示。

图 9-35

STEP 15 在"时间轴"面板中创建新图层并将其命名为"文字 4"。选中"文字 4"图层的第 105 帧，按 F6 键，插入关键帧。将"库"面板中的图形元件"文字 4"拖曳到舞台窗口中，并放置在适当的位置，如图 9-36 所示。

STEP 16 选中"文字 4"图层的第 120 帧，按 F6 键，插入关键帧。选中"文字 4"图层的第 105 帧，在舞台窗口中选择"文字 4"实例，在图形"属性"面板中选择"色彩效果"选项组，在"样式"选项的下拉列表中选择"Alpha"，将其值设为 0%。用鼠标右键单击"文字 4"图层的第 105 帧，在弹出的快捷菜单中选择"创建传统补间"命令，生成传统补间动画，如图 9-37 所示。

图 9-36

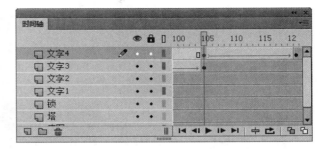

图 9-37

**STEP 17** 在"时间轴"面板中创建新图层并将其命名为"音乐"。将"库"面板中的声音文件"04"拖曳到舞台窗口中，"时间轴"面板如图 9-38 所示。情人节音乐贺卡制作完成，按 Ctrl+Enter 组合键即可查看效果。

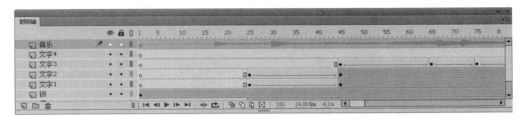

图 9-38

## 9.2.2 添加声音

### 1. 为动画添加声音

选择"文件 > 打开"命令，弹出"打开"对话框，选择动画文件，单击"打开"按钮，将文件打开，如图 9-39 所示。选择"文件 > 导入 > 导入到库"命令，在"导入到库"对话框中选择声音文件，单击"打开"按钮，将声音文件导入"库"面板中，如图 9-40 所示。

单击"时间轴"面板下方的"新建图层"按钮，创建新的图层并将其命名为"声音"，如图 9-41 所示。

图 9-39

图 9-40

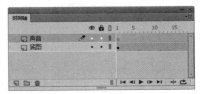

图 9-41

在"库"面板中选中声音文件，按住鼠标左键不放，将其拖曳到舞台窗口中，如图9-42所示。松开鼠标，在"声音"图层中出现声音文件的波形，如图9-43所示。声音添加完成，按Ctrl+Enter组合键，可以测试添加效果。

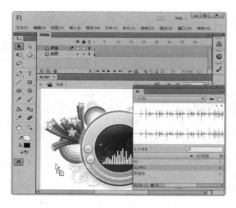

图 9-42

图 9-43

一般情况下，将每个声音放在一个独立的层上，每个层都作为一个独立的声音通道。当播放动画文件时，所有层上的声音将混合在一起。

### 2. 为按钮添加音效

选择"文件 > 打开"命令，弹出"打开"对话框，选择动画文件，单击"打开"按钮，将文件打开，在"库"面板中双击"按钮"，进入"按钮"的舞台编辑窗口，如图9-44所示。选择"文件 > 导入 > 导入到库"命令，在"导入"对话框中选择声音文件，单击"打开"按钮，将声音文件导入"库"面板中，如图9-45所示。

创建新图层并将其命名为"声音"，作为放置声音文件的图层，选中"声音"图层的"指针经过"帧，按F6键，在"指针"帧上插入关键帧，如图9-46所示。

图 9-44

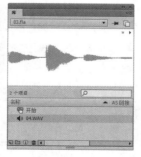

图 9-45

图 9-46

选中"指针"帧，将"库"面板中的声音文件拖曳到按钮元件的舞台编辑窗口中，如图9-47所示。

松开鼠标，在"指针"帧中出现声音文件的波形，这表示动画开始播放后，当鼠标指针经过按钮时，按钮将响应音效，如图9-48所示。按钮音效添加完成，按Ctrl+Enter组合键，可以测试添加效果。

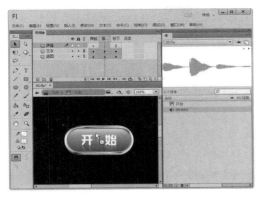

图 9-47              图 9-48

### 9.2.3 "属性"面板

在"时间轴"面板中选中声音文件所在图层的第 1 帧，按 Ctrl+F3 组合键，弹出帧"属性"面板，如图 9-49 所示。

- "名称"选项：可以在此选项的下拉列表中选择"库"面板中的声音文件。
- "效果"选项：可以在此选项的下拉列表中选择声音播放的效果，如图 9-50 所示。其中各选项的含义如下。

图 9-49             图 9-50

➢ "无"选项：选择此选项，将不对声音文件应用效果。选择此选项后可以删除以前应用于声音的特效。

➢ "左声道"选项：选择此选项，只在左声道播放声音。

➢ "右声道"选项：选择此选项，只在右声道播放声音。

➢ "向右淡出"选项：选择此选项，声音从左声道渐变到右声道。

➢ "向左淡出"选项：选择此选项，声音从右声道渐变到左声道。

➢ "淡入"选项：选择此选项，在声音的持续时间内逐渐增加其音量。

➢ "淡出"选项：选择此选项，在声音的持续时间内逐渐减小其音量。

➢ "自定义"选项：选择此选项，弹出"编辑封套"对话框，通过自定义声音的淡入和淡出点，创建自己的声音效果。

- "同步"选项：此选项用于选择何时播放声音及声音的播放设置，如图 9-51 所示。其中各选项的含义如下。

图 9-51

> "事件"选项：将声音和发生的事件同步播放。事件声音在它的起始关键帧开始显示时播放，并独立于时间轴之外，即使影片文件停止也继续播放。当播放发布的 SWF 影片文件时，事件声音混合在一起。一般情况下，当用户单击一个按钮播放声音时选择事件声音。如果事件声音正在播放，而声音再次被实例化（如用户再次单击按钮），则第一个声音实例继续播放，另一个声音实例同时开始播放。

> "开始"选项：与"事件"选项的功能相近，但如果所选择的声音实例已经在时间轴的其他地方播放，则不会播放新的声音实例。

> "停止"选项：使指定的声音静音。在时间轴上同时播放多个声音时，可指定其中一个为静音。

> "数据流"选项：使声音同步，以便在 Web 站点上播放。Flash 强制动画和音频流同步。换句话说，音频流随动画的播放而播放，随动画的结束而结束。当发布 SWF 文件时，音频流混合在一起。一般给帧添加声音时使用此选项。音频流声音的播放长度不会超过它所占帧的长度。

**提示**

在 Flash 中有两种类型的声音：事件声音和音频流。事件声音必须完全下载后才能开始播放，除非明确停止，它将一直连续播放。音频流在前几帧下载了足够的资料后就开始播放，音频流可以和时间轴同步，以便在 Web 站点上播放。

- "重复"选项：用于指定声音循环的次数。可以在选项后的数值框中设置循环次数。
- "循环"选项：用于循环播放声音。一般情况下，不循环播放音频流。如果将音频流设为循环播放，帧就会添加到文件中，文件的大小就会根据声音循环播放的次数而倍增。
- "编辑声音封套"按钮：选择此选项，弹出"编辑封套"对话框，通过自定义声音的淡入和淡出点，创建自己的声音效果。

# 9.3 课堂练习——制作美食宣传卡

 练习知识要点

使用"变形"面板，缩放实例大小；使用"创建传统补间"命令，制作蛋糕的先后入场；使用"动作"面板，添加脚本语言，如图 9-52 所示。

资源包 /Ch09/ 效果 / 制作美食宣传卡 .fla。

制作美食宣传卡

图 9-52

# 9.4　课后习题——制作儿童学英语

⊕　习题知识要点

　　使用"文本"工具和"椭圆"工具，绘制按钮图形；使用"创建元件"命令，制作按钮效果；使用 "导入到库"命令，导入声音文件，效果如图 9-53 所示。

⊕　文件所在位置

资源包 /Ch09/ 效果 / 制作儿童学英语 .fla。

制作儿童学英语

图 9-53

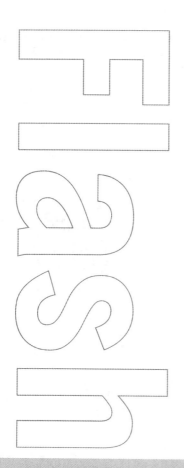

# Chapter
# 10

## 第10章
## 动作脚本的应用

在Flash CC中，要实现一些复杂多变的动画效果就要使用动作脚本，可以通过输入不同的动作脚本来实现高难度的动画制作。本章主要讲解动作脚本的基本术语和使用方法。通过对本章的学习，读者可以了解并掌握如何应用不同的动作脚本来实现千变万化的动画效果。

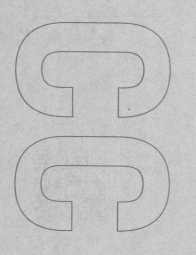

### 课堂学习目标

- 了解数据类型
- 掌握语法规则
- 掌握变量和函数
- 掌握表达式和运算符

# 10.1　动作脚本的使用

和其他脚本语言相同，动作脚本依照自己的语法规则，保留关键字、提供运算符，并且允许使用变量存储和获取信息。动作脚本包含内置的对象和函数，并且允许用户创建自己的对象和函数。动作脚本程序一般由语句、函数和变量组成，主要涉及数据类型、语法规则、变量、函数、表达式和运算符等。

## 10.1.1　课堂案例——制作系统时钟

⊕ **案例学习目标**

使用变形工具调整图片的中心点，使用动作面板为图形添加脚本语言。

⊕ **案例知识要点**

使用文字工具输入文字，使用任意变形工具改变图像的中心点，使用动作面板设置脚本语言，如图 10-1 所示。

⊕ **效果所在位置**

资源包 /Ch10/ 效果 / 制作系统时钟 .fla。

图 10-1

### 1. 导入素材创建元件

**STEP ⭐1** 选择"文件 > 新建"命令，在弹出的"新建文档"对话框中选择 "ActionScript 3.0"选项，将"宽"选项设为 515，"高"选项设为 515，单击"确定"按钮，完成文档的创建。

制作系统时钟 1

**STEP ⭐2** 选择"文件 > 导入 > 导入到库"命令，在弹出的"导入到库"对话框中选择"Ch10 > 素材 > 制作系统时钟 > 01 ~ 06"文件，单击"打开"按钮，文件被导入到"库"面板中，如图 10-2 所示。

**STEP ⭐3** 按 Ctrl+F8 组合键，弹出"创建新元件"对话框，在"名称"选项的文本框中输入"时针"，在"类型"选项下拉列表中选择"影片剪辑"选项，单击"确定"按钮，新建影片剪辑元件"时针"，如图 10-3 所示。舞台窗口也随之转换为影片剪辑元件的舞台窗口。

**STEP 4** 将"库"面板中的图形元件"04"拖曳到舞台窗口中，选择"任意变形"工具，将时针的下端与舞台中心点对齐（在操作过程中一定要将其与中心点对齐，否则要实现的效果将不会出现），效果如图 10-4 所示。

图 10-2          图 10-3          图 10-4

**STEP 5** 在"库"面板中新建一个影片剪辑元件"分针"，舞台窗口也随之转换为影片剪辑元件的舞台窗口。将"库"面板中的图形元件"05"拖曳到舞台窗口中，选择"任意变形"工具，将分针的下端与舞台中心点对齐（在操作过程中一定要将其与中心点对齐，否则要实现的效果将不会出现），效果如图 10-5 所示。

**STEP 6** 在"库"面板中新建一个影片剪辑元件"秒针"，如图 10-6 所示，舞台窗口也随之转换为影片剪辑元件的舞台窗口。将"库"面板中的图形元件"06"拖曳到舞台窗口中，选择"任意变形"工具，将秒针的下端与舞台中心点对齐（在操作过程中一定要将其与中心点对齐，否则要实现的效果将不会出现），效果如图 10-7 所示。

图 10-5          图 10-6          图 10-7

**2. 确定指针位置**

**STEP 1** 单击舞台窗口左上方的"场景 1"图标 场景 1，进入"场景 1"的舞台窗口。将"图层 1"重新命名为"底图"。将"库"面板中的位图"01.jpg"拖

制作系统时钟 2

曳到舞台窗口的中心位置，效果如图 10-8 所示。

**STEP 2** 再次将"库"面板中位图"02"和"03"拖曳到舞台窗口中，并分别放置在适当的位置，如图 10-9 所示。选中"底图"图层的第 2 帧，按 F5 键，插入普通帧。单击"时间轴"面板下方的"新建图层"按钮，创建新图层并将其命名为"矩形"，如图 10-10 所示。

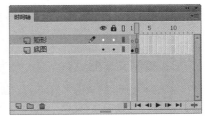

图 10-8　　　　　　　　　图 10-9　　　　　　　　　图 10-10

**STEP 3** 选择"矩形"工具，在工具箱中将"笔触颜色"设为无，"填充颜色"设为灰色（#3E3A39），在舞台窗口中绘制一个矩形，效果如图 10-11 所示。

**STEP 4** 单击"时间轴"面板下方的"新建图层"按钮，创建新图层并将其命名为"文字"。选择"文本"工具，在文本工具"属性"面板中进行设置，在舞台窗口中适当的位置输入大小为 32、字体为"ITC Avant Garde Gothic"的白色英文，文字效果如图 10-12 所示。

**STEP 5** 单击"时间轴"面板下方的"新建图层"按钮，创建新图层并将其命名为"时针"。将"库"面板中的影片剪辑元件"时钟"拖曳到舞台窗口中，并放置在适当的位置，如图 10-13 所示。在实例"属性"面板"实例名称"选项的文本框中输入"sz_mc"，如图 10-14 所示。

图 10-11　　　　　　图 10-12　　　　　　图 10-13　　　　　　图 10-14

**STEP 6** 单击"时间轴"面板下方的"新建图层"按钮，创建新图层并将其命名为"分针"。将"库"面板中的影片剪辑元件"分针"拖曳到舞台窗口中，并放置在适当的位置，如图 10-15 所示。在实例"属性"面板"实例名称"选项的文本框中输入"fz_mc"，如图 10-16 所示。

**STEP 7** 单击"时间轴"面板下方的"新建图层"按钮，创建新图层并将其命名为"秒针"。将"库"面板中的影片剪辑元件"秒针"拖曳到舞台窗口中，并放置在适当的位置，如图 10-17 所示。在实例"属性"面板"实例名称"选项的文本框中输入"mz_mc"，如图 10-18 所示。

图 10-15

图 10-16

图 10-17

图 10-18

### 3．绘制文本框

STEP 1 单击"时间轴"面板下方的"新建图层"按钮，创建新图层并将其命名为"文本框"。选择"文本"工具 T ，在"文本工具属性"面板中进行设置，如图 10-19 所示，在舞台窗口中绘制 1 个段落文本框，如图 10-20 所示。

STEP 2 选择"选择"工具，选中文本框，在"文本工具属性"面板中的"实例名称"选项的文本框中输入"y_txt"，如图 10-21 所示。

图 10-19

图 10-20

图 10-21

STEP 3 用相同的方法在适当的位置再绘制 3 个文本框，并分别在"文本工具属性"面板中，将"实例名称"命名为"m_txt""d_txt"和"w_txt"，舞台窗口中的效果如图 10-22 所示。

STEP 4 单击"时间轴"面板下方的"新建图层"按钮，创建新图层并将其命名为"线条"。选择"线条"工具 ，在线条工具"属性"面板中，将"笔触颜色"设为白色，"填充颜色"设为无，"笔触"选项设为 1，在舞台窗口中绘制两条斜线，效果如图 10-23 所示。

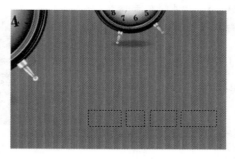
图 10-22

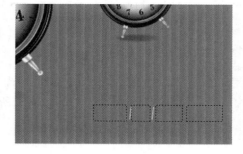
图 10-23

**STEP** 【5】单击"时间轴"面板下方的"新建图层"按钮<img>，创建新图层并将其命名为"动作脚本"。选中"动作脚本"图层的第 1 帧，按 F9 键，弹出"动作"面板，在"动作"面板中设置脚本语言，"脚本窗口"中显示的效果如图 10-24 所示。系统时钟制作完成，按 Ctrl+Enter 键即可查看效果。

```
动作
动作脚本:1                                                          ⊕ ♁ <> ❓
  1    var dqtime:Timer = new Timer(1000);
  2  ☐function xssj(event:TimerEvent):void{
  3    var sj:Date = new Date();
  4    var nf = sj.fullYear;
  5    var yf = sj.month+1;
  6    var rq = sj.date;
  7    var xq = sj.day;
  8    var h = sj.hours;
  9    var m = sj.minutes;
 10    var s = sj.seconds;
 11    var axq:Array = new Array("星期日","星期一","星期二","星期三","星期四","星期五","星期六");
 12    y_txt.text = nf;
 13    m_txt.text = yf;
 14    d_txt.text = rq;
 15    w_txt.text = axq[xq];
 16  ☐if(h>12){
 17        h=h-12;
 18        }
 19    sz_mc.rotation = h*30+m/2;
 20    fz_mc.rotation = m*6+s/10;
 21    mz_mc.rotation = s*6;
 22  }
 23    dqtime.addEventListener(TimerEvent.TIMER,xssj);
 24    dqtime.start();

第 1 行（共 24 行），第 1 列
```

图 10-24

## 10.1.2　数据类型

数据类型描述了动作脚本的变量或元素可以包含的信息种类。动作脚本有两种数据类型，即原始数据类型和引用数据类型。原始数据类型是指 String（字符串）、Number（数字）和 Boolean（布尔值），它们拥有固定类型的值，因此可以包含它们所代表元素的实际值。引用数据类型是指影片剪辑和对象，它们的值的类型是不固定的，因此它们包含对该元素实际值的引用。

下面将介绍各种数据类型。

⊙ String（字符串）

字符串是字母、数字和标点符号等字符的序列。字符串必须用一对双引号标记。字符串被当作字符而不是变量进行处理。

例如，在下面的语句中，"L7"是一个字符串：

```
favoriteBand = "L7";
```

⊙ Number（数字型）

数字型是指数字的算术值，要进行正确的数学运算必须使用数字数据类型。可以使用算术运算符加（＋）、减（－）、乘（*）、除（/）、求模（％）、递增（＋＋）和递减（－－）来处理数字，也可以使用内置的 Math 对象的方法处理数字。

例如，使用 sqrt（）（平方根）方法返回数字 100 的平方根：

```
Math.sqrt(100);
```

⊙ Boolean（布尔型）

值为 true 或 false 的变量被称为布尔型变量。动作脚本也会在需要时将值 true 和 false 转换为 1 和 0。在确定"是 / 否"的情况下，布尔型变量是非常有用的。在进行比较以控制脚本流的动作脚本语句中，布尔型变量经常与逻辑运算符一起使用。

例如，在下面的脚本中，如果变量 userName 和 password 为 true，则会播放该 SWF 文件：

```
onClipEvent (enterFrame) {
if (userName == true && password == true){
play( );
}
}
```

⊙ Movie Clip（影片剪辑型）

影片剪辑是 Flash 影片中可以播放动画的元件，它们是唯一引用图形元素的数据类型。Flash 中的每个影片剪辑都是一个 Movie Clip 对象，它们拥有 Movie Clip 对象中定义的方法和属性。通过点（.）运算符可以调用影片剪辑内部的属性和方法。

例如以下调用：

```
my_mc.startDrag(true);
parent_mc.getURL("http://www.macromedia.com/support/" + product);
```

⊙ Object（对象型）

对象型指所有使用动作脚本创建的基于对象的代码。对象是属性的集合，每个属性都拥有自己的名称和值，属性的值可以是任何 Flash 数据类型，甚至可以是对象数据类型。通过（.）运算符可以引用对象中的属性。

例如，在下面的代码中，hoursWorked 是 weeklyStats 的属性，而后者是 employee 的属性：

```
employee.weeklyStats.hoursWorked
```

⊙ Null（空值）

空值数据类型只有一个值，即 null。这意味着没有值，即缺少数据。null 可以用在各种情况中，如作为函数的返回值、表明函数没有可以返回的值、表明变量还没有接收到值、表明变量不再包含值等

⊙ Undefined（未定义）

未定义的数据类型只有一个值，即 undefined，用于尚未分配值的变量。如果一个函数引用了未在其他地方定义的变量，那么 Flash 将返回未定义数据类型。

### 10.1.3 语法规则

动作脚本拥有自己的一套语法规则和标点符号，下面将进行介绍。

⊙ 点运算符

在动作脚本中，点（.）用于表示与对象或影片剪辑相关联的属性或方法，也可以用于标识影片剪辑或变量的目标路径。点（.）运算符表达式以影片或对象的名称开始，中间为点（.）运算符，最后是要指定的元素。

例如，_x 影片剪辑属性指示影片剪辑在舞台上的 x 轴位置，而表达式 ballMC._x 则引用了影片剪辑实例 ballMC 的 _x 属性。

又例如，submit 是 form 影片剪辑中设置的变量，此影片剪辑嵌在影片剪辑 shoppingCart 之中，表达式 shoppingCart.form.submit = true 将实例 form 的 submit 变量设置为 true。

无论是表达对象的方法还是表达影片剪辑的方法，均遵循同样的模式。例如，ball_mc 影片剪辑实例的 play（ ）方法在 ball_mc 的时间轴中移动播放头，如下面的语句所示：

```
ball_mc.play( );
```

点语法还使用两个特殊别名——_root 和 _parent。别名 _root 是指主时间轴，可以使用 _root 别名创建一个绝对目标路径。例如，下面的语句调用主时间轴上影片剪辑 functions 中的函数 buildGameBoard（ ）：

```
_root.functions.buildGameBoard( );
```

可以使用别名 _parent 引用当前对象嵌入的影片剪辑，也可以使用 _parent 创建相对目标路径。例如，如果影片剪辑 dog_mc 嵌入影片剪辑 animal_mc 的内部，则实例 dog_mc 的如下语句会指示 animal_mc 停止：

```
_parent.stop( );
```

⊙ 界定符

大括号：动作脚本中的语句被大括号包括起来组成语句块。例如：

```
// 事件处理函数
on (release) {
    myDate = new Date( );
    currentMonth = myDate.getMonth( );
}
```

```
on(release)
{
    myDate = new Date( );
    currentMonth = myDate.getMonth( );
}
```

分号：动作脚本中的语句可以由一个分号结尾。如果在结尾处省略分号，Flash 仍然可以成功编译脚本。例如：

```
var column = passedDate.getDay( );
var row = 0;
```

圆括号：在定义函数时，任何参数定义都必须放在一对圆括号内。例如：

```
function myFunction (name, age, reader){
}
```

调用函数时，需要被传递的参数也必须放在一对圆括号内。例如：

```
myFunction ("Steve", 10, true);
```

可以使用圆括号改变动作脚本的优先顺序或增强程序的易读性。

⊙ 区分大小写

在区分大小写的编程语言中，仅大小写不同的变量名（book 和 Book）被视为互不相同。Action Script 2.0 中标识符区分大小写，例如，下面两条动作语句是不同的：

```
cat.hilite = true;
CAT.hilite = true;
```

对于关键字、类名、变量和方法名等，要严格区分大小写。如果关键字大小写出现错误，在编写程序时就会有错误信息提示。如果采用了彩色语法模式，那么正确的关键字将以深蓝色显示。

⊙ 注释

在"动作"面板中，使用注释语句可以在一个帧或者按钮的脚本中添加说明，有利于增加程序的易读性。注释语句以双斜线 // 开始，斜线显示为灰色，注释内容可以不考虑长度和语法，注释语句不会影响 Flash 动画输出时的文件量。例如：

```
on (release) {
    // 创建新的 Date 对象
    myDate = new Date( );
    currentMonth = myDate.getMonth( );
    // 将月份数转换为月份名称
    monthName = calcMonth(currentMonth);
    year = myDate.getFullYear( );
    currentDate = myDate.getDate( );
}
```

⊙ 关键字

动作脚本保留一些单词用于该语言总的特定用途，因此不能将它们用作变量、函数或标签的名称。如果在编写程序的过程中使用了关键字，动作编辑框中的关键字会以蓝色显示。为了避免冲突，在命名时可以展开动作工具箱中的 Index 域，检查是否使用了已定义的关键字。

⊙ 常量

常量中的值永远不会改变。所有的常量可以在"动作"面板的工具箱和动作脚本字典中找到。

例如，常数 BACKSPACE、ENTER、QUOTE、RETURN、SPACE 和 TAB 是 Key 对象的属性，指代键盘的按键。若要测试是否按了 Enter 键，可以使用下面的语句：

```
if(Key.getCode( ) == Key.ENTER) {
    alert = "Are you ready to play?";
    controlMC.gotoAndStop(5);
}
```

## 10.1.4  变量

变量是包含信息的容器。容器本身不会改变，但其内容可以更改。第一次定义变量时，最好为变量定义一个已知值，这就是初始化变量，通常在 SWF 文件的第 1 帧中完成。每一个影片剪辑对象都有自己的变量，而且不同的影片剪辑对象中的变量相互独立且互不影响。

变量中可以存储的常见信息类型包括 URL、用户名、数字运算的结果和事件发生的次数等。

为变量命名必须遵循以下规则。

⊙ 变量名在其作用范围内必须是唯一的。

⊙ 变量名不能是关键字或布尔值（true 或 false）。

⊙ 变量名必须以字母或下划线开始，由字母、数字或下画线组成，其间不能包含空格（变量名没有大小写的区别）。

变量的范围是指变量在其中已知并且可以引用的区域，它包含 3 种类型。

⊙ 本地变量。在声明它们的函数体（由大括号决定）内可用。本地变量的使用范围只限于它的代码块，会在该代码块结束时到期，其余的本地变量会在脚本结束时到期。若要声明本地变量，可以在函数体内部使用 var 语句。

⊙ 时间轴变量。可用于时间轴上的任意脚本。要声明时间轴变量，应在时间轴的所有帧上都初始化这些变量。应先初始化变量，然后再尝试在脚本中访问它。

⊙ 全局变量。对于文档中的每个时间轴和范围均可见。如果要创建全局变量，可以在变量名称前使用 _global 标识符，不使用 var 语法。

## 10.1.5  函数

函数是用来对常量和变量等进行某种运算的方法，如产生随机数、进行数值运算或获取对象属性等。函数是一个动作脚本代码块，它可以在影片中的任何位置上重新使用。如果将值作为参数传递给函数，则函数将对这些值进行操作。函数也可以返回值。

调用函数可以用一行代码来代替一个可执行的代码块。函数可以执行多个动作，并为它们传递可选项。函数必须要有唯一的名称，以便在代码行中可以知道访问的是哪一个函数。

Flash 具有内置的函数，可以访问特定的信息或执行特定的任务。例如，获得 Flash 播放器的版本号等。属于对象的函数叫方法，不属于对象的函数叫顶级函数，可以在"动作"面板的"函数"类别中找到。

每个函数都具备自己的特性，而且某些函数需要传递特定的值。如果传递的参数多于函数的需要，多余的值将被忽略。如果传递的参数少于函数的需要，空的参数会被指定为 undefined 数据类型，这在导出脚本时，可能会导致出现错误。如果要调用函数，该函数必须存在于播放头到达的帧中。

动作脚本提供了自定义函数的方法，可以自行定义参数，并返回结果。在主时间轴上或影片剪辑时间轴的关键帧中添加函数时，即是在定义函数。所有的函数都有目标路径。所有的函数都需要在名称后跟一对括号（），但括号中是否有参数是可选的。一旦定义了函数，就可以从任何一个时间轴中调用它，包括加载的 SWF 文件的时间轴。

### 10.1.6　表达式和运算符

表达式是由常量、变量、函数和运算符按照运算法则组成的计算式。运算符是可以提供对数值、字符串和逻辑值进行运算的关系符号。运算符有很多种类，包括数值运算符、字符串运算符、比较运算符、逻辑运算符、位运算符和赋值运算符等。

⊙ 算术运算符及表达式

算术表达式是数值进行运算的表达式。它由数值、以数值为结果的函数和算术运算符组成，运算结果是数值或逻辑值。

在 Flash 中可以使用以下算术运算符。

＋、－、＊、/ —— 执行加、减、乘、除运算。

＝、<> —— 比较两个数值是否相等、不相等。

<、<=、>、>= —— 比较运算符前面的数值是否小于、小于等于、大于、大于等于后面的数值。

⊙ 字符串表达式

字符串表达式是对字符串进行运算的表达式。它由字符串、以字符串为结果的函数和字符串运算符组成，运算结果是字符串或逻辑值。

在 Flash 中可以使用如下字符串表达式的运算符。

& —— 连接运算符两边的字符串。

Eq、Ne —— 判断运算符两边的字符串是否相等、不相等。

Lt、Le、Qt、Qe —— 判断运算符左边字符串的 ASCII 码是否小于、小于等于、大于、大于等于右边字符串的 ASCII 码。

⊙ 逻辑表达式

逻辑表达式是对正确、错误结果进行判断的表达式。它由逻辑值、以逻辑值为结果的函数、以逻辑值为结果的算术或字符串表达式和逻辑运算符组成，运算结果是逻辑值。

⊙ 位运算符

位运算符用于处理浮点数。运算时先将操作数转化为 32 位的二进制数，然后对每个操作数分别按位进行运算，运算后再将二进制的结果按照 Flash 的数值类型返回。

动作脚本的位运算符包括。

&( 位与 )、/( 位或 )、^( 位异或 )、~ ( 位非 )、<<( 左移位 )、>>( 右移位 ) 和 >>>( 填 0 右移位 ) 等。

⊙ 赋值运算符

赋值运算符的作用是为变量、数组元素或对象的属性赋值。

## 10.2　课堂练习——制作漫天飞雪

#### 练习知识要点

使用"椭圆"工具和"颜色"面板，绘制雪花图形；使用"动作脚本"面板，添加脚本语言，效果如图 10-25 所示。

 文件所在位置

资源包 /Ch10/ 效果 / 制作漫天飞雪 .fla。

制作漫天飞雪

图 10-25

# 10.3 课后习题——制作鼠标跟随效果

 习题知识要点

使用"矩形"工具，绘制矩形；使用"动作"面板，添加动作脚本语言，效果如图 10-26 所示。

 文件所在位置

资源包 /Ch10/ 效果 / 制作鼠标跟随效果 .fla。

制作鼠标跟随效果

图 10-26

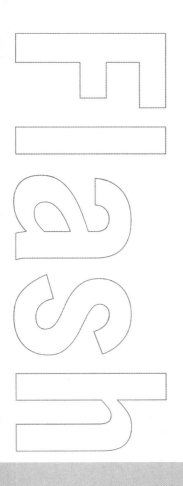

Chapter

# 11

## 第11章
## 制作交互式动画

Flash动画存在着交互性，可以通过对按钮的更改来控制动画的播放形式。本章主要讲解控制动画播放、声音改变、按钮状态变化的方法。通过对本章的学习，读者可以了解并掌握如何制作动画的交互功能，从而实现人机交互的操作方式。

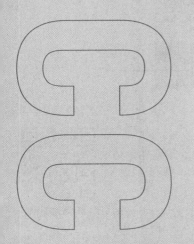

**课堂学习目标**

- 掌握播放和停止动画的方法

- 掌握按钮事件的应用

- 了解添加控制命令的方法

# 11.1 播放和停止动画

Flash 动画交互性就是用户通过菜单、按钮、键盘和文字输入等方式，来控制动画的播放。交互是为了用户与计算机之间产生互动性，使计算机对互相的指示做出相应的反应。交互式动画就是动画在播放时支持事件响应和交互功能的一种动画，动画在播放时不是从头播到尾，而是可以接受用户控制。

## 11.1.1　课堂案例——制作珍馐美味相册

（+）**案例学习目标**

使用动作面板添加动作脚本语言。

（+）**案例知识要点**

使用"矩形"工具和"颜色"面板，绘制按钮图形；使用"创建传统补间"命令，制作传统补间动画；使用"动作"面板，添加脚本语言，如图 11-1 所示。

（+）**效果所在位置**

资源包 /Ch11/ 效果 / 制作珍馐美味相册 .fla。

图 11-1

### 1. 制作元件

**STEP ①** 选择"文件 > 新建"命令，在弹出的"新建文档"对话框中选择"ActionScript 3.0"选项，将"宽"选项设为 800，"高"选项设为 600，"背景颜色"选项设为黄色（#FFCC00），单击"确定"按钮，完成文档的创建。

**STEP ②** 选择"文件 > 导入 > 导入到库"命令，在弹出的"导入到库"对话框中选择"Ch11 > 素材 > 制作珍馐美味相册 > 01 ~ 07"文件，单击"打开"按钮，文件被导入到"库"面板中，如图 11-2 所示。

制作珍馐美味相册1

**STEP ③** 在"库"面板下方单击"新建元件"按钮 ，弹出"创建新元件"对话框，在"名称"选项的文本框中输入"照片"，在"类型"选项的下拉列表中选择"图形"，如图 11-3 所示，单击"确定"按钮，新建图形元件"照片"，如图 11-4 所示，舞台窗口也随之转换为图形元件的舞台窗口。

图 11-2                        图 11-3                        图 11-4

**STEP 4** 分别将"库"面板中的位图"02""03""04""05""06""07"拖曳到舞台窗口中，调出位图"属性"面板，将所有照片的"Y"选项值设为 0，"X"选项保持不变，效果如图 11-5 所示。

图 11-5

**STEP 5** 选中所有实例，选择"修改 > 对齐 > 按宽度均匀分布"命令，效果如图 11-6 所示。按 Ctrl+G 组合键，将其组合。调出组"属性"面板，将"X"选项设为 0，"Y"选项设为 0，效果如图 11-7 所示。

图 11-6

图 11-7

**STEP 6** 保持对象的选取状态，按 Ctrl+C 组合键，复制图形。按 Ctrl+Shift+V 组合键，将其原位粘贴在当前位置，调出组"属性"面板，将"X"选项设为 680，"Y"选项值保持不变，效果如图 11-8 所示。

图 11-8

### 2. 绘制按钮图形

**STEP**  按 Ctrl+F8 组合键，弹出"创建新元件"对话框，在"名称"选项的文本框中输入"图形"，在"类型"选项下拉列表中选择"图形"选项，如图 11-9 所示，单击"确定"按钮，新建图形元件"图片"，如图 11-10 所示。舞台窗口也随之转换为图形元件的舞台窗口。

制作珍馐美味相册 2

**STEP** 2 选择"矩形"工具 ，在矩形工具"属性"面板中，将"笔触颜色"设为白色，"填充颜色"设为无，"笔触"选项设为 3，其他选项的设置如图 11-11 所示。

图 11-9　　　　　　　　图 11-10　　　　　　　　图 11-11

**STEP** 3 在舞台窗口中绘制矩形，效果如图 11-12 所示。选择"选择"工具 ，双击矩形笔触将其选中，选择"窗口 > 颜色"命令，弹出"颜色"面板，选择"笔触颜色"选项 ，在"颜色类型"选项的下拉列表中选择"线性渐变"，在色带上将左边的颜色控制点设为白色，在"Alpha"选项中将其不透明度设为 52%，将右边的颜色控制点设为白色，生成渐变色，如图 11-13 所示，效果如图 11-14 所示。

图 11-12　　　　　　　　图 11-13　　　　　　　　图 11-14

**STEP** 4 选择"渐变变形"工具 ，在舞台窗口中单击渐变色，出现控制点和控制线，分别拖曳控制点改变渐变色的角度和大小，效果如图 11-15 所示。取消渐变选取状态，效果如图 11-16 所示。使用相同的方法再制作渐变图形，效果如图 11-17 所示。

图 11-15　　　　　　　　图 11-16　　　　　　　　图 11-17

**STEP ⬆️5** 按 Ctrl+F8 组合键，弹出"创建新元件"对话框，在"名称"选项的文本框中输入"播放"，在"类型"选项下拉列表中选择"按钮"选项，单击"确定"按钮，新建按钮元件"播放"，如图 11-18 所示。舞台窗口也随之转换为按钮元件的舞台窗口。

**STEP ⬆️6** 将"图层 1"图层重新命名为"图形"，将"库"面板中的图形元件"图形"拖曳到舞台窗口中适当的位置，效果如图 11-19 所示。选中"指针经过"帧，按 F5 键，插入普通帧。

图 11-18

图 11-19

**STEP ⬆️7** 单击"时间轴"面板下方的"新建图层"按钮 🔲，创建新图层并将其命名为"三角形"。选择"多角星形"工具 ⬡，在多角星形工具"属性"面板中单击"工具设置"选项下的"选项"按钮，弹出"工具设置"对话框，将"边数"选项设为 3，如图 11-20 所示。单击"确定"按钮，在多角星形工具"属性"面板中，将"笔触颜色"设为无，"填充颜色"设为白色，其他选项的设置如图 11-21 所示，在舞台窗口中绘制 1 个三角形，效果如图 11-22 所示。

图 11-20

图 11-21

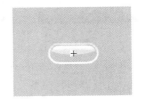

图 11-22

**STEP ⬆️8** 选中"指针经过"帧，按 F6 键，插入关键帧，如图 11-23 所示，在工具箱中将"填充颜色"设为红色（#FF0000），效果如图 11-24 所示。用相同的方法制作按钮元件"停止"，效果如图 11-25 所示。

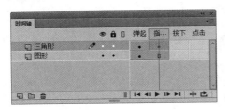

图 11-23

图 11-24

图 11-25

### 3. 制作场景动画

STEP  单击舞台窗口左上方的"场景 1"图标 ，进入"场景 1"的舞台窗口。将"图层 1"重新命名为"底图"。将"库"面板中的位图"01"拖曳到舞台窗口中，如图 11-26 所示。选中"底图"图层的第 100 帧，按 F5 键，插入普通帧，如图 11-27 所示。

制作珍馐美味相册 3

图 11-26

图 11-27

STEP  在"时间轴"面板中创建新图层并将其命名为"按钮"。分别将"库"面板中的按钮元件"播放""停止"拖曳到舞台窗口中，并放置在适当的位置，如图 11-28 所示。选择"选择"工具 ，在舞台窗口中选中"播放"实例，在按钮"属性"面板"实例名称"选项的文本框中输入"start_Btn"，如图 11-29 所示。用相同的方法为"停止"按钮命名，如图 11-30 所示。

图 11-28

图 11-29

图 11-30

STEP  在"时间轴"面板中创建新图层并将其命名为"透明"。选择"矩形"工具 ，选择"窗口 > 颜色"命令，弹出"颜色"面板，将"笔触颜色"设为无，"填充颜色"设为白色，"Alpha"选项设为 50%，如图 11-31 所示，在舞台窗口中绘制多个矩形，效果如图 11-32 所示。

图 11-31

图 11-32

**STEP 4** 在"时间轴"面板中创建新图层并将其命名为"图片"。选中"图片"图层的第 2 帧，按 F6 键，插入关键帧。将"库"面板中的图形元件"照片"拖曳到舞台窗口中，如图 11-33 所示。

**STEP 5** 选中"照片"图层的第 100 帧，按 F6 键，插入关键帧。在舞台窗口中将"照片"实例水平向左拖曳到适当的位置，如图 11-34 所示。

**STEP 6** 用鼠标右键单击"照片"图层的第 2 帧，在弹出的快捷菜单中选择"创建传统补间"命令，生成传统补间动画。

图 11-33　　　　　　　　　　　图 11-34

**STEP 7** 在"时间轴"面板中创建新图层并将其命名为"遮罩"。选中"遮罩"图层的第 2 帧，按 F6 键，插入关键帧。选中"透明"图层的第 1 帧，按 Ctrl+C 组合键，将其复制。选中"遮罩"图层的第 2 帧，按 Ctrl+Shift+V 组合键，将其原位粘贴到"遮罩"图层中。

**STEP 8** 用鼠标右键单击"遮罩"图层，在弹出的快捷菜单中选择"遮罩层"命令，将"遮罩"图层设为遮罩的层，"照片"图层设为被遮罩的层，"时间轴"面板如图 11-35 所示，舞台窗口中的效果如图 11-36 所示。

图 11-35　　　　　　　　　　　图 11-36

**STEP 9** 选中"照片"图层的第 100 帧，选择"窗口 > 动作"命令，弹出"动作"面板，在"动作"面板中设置脚本语言，"脚本窗口"中显示的效果如图 11-37 所示。

**STEP 10** 在"时间轴"面板中创建新图层并将其命名为"装饰"。选择"矩形"工具，在工具箱中将"笔触颜色"设为无，"填充颜色"设为橘黄色（#D99E44），在舞台窗口中绘制一个矩形，效果如图 11-38 所示。在工具箱中将"填充颜色"设为白色，在舞台窗口中绘制多个矩形，效果如图 11-39 所示。

图 11-37　　　　　图 11-38　　　　　图 11-39

**238 Flash CC 动画制作**
标准教程（微课版）

**STEP** 11 在"时间轴"面板中创建新图层并将其命名为"动作脚本"。选中"动作脚本"图层的第 1 帧，选择"窗口 > 动作"命令，弹出"动作"面板，在"动作"面板中设置脚本语言，"脚本窗口"中显示的效果如图 11-40 所示。珍馐美味相册制作完成，按 Ctrl+Enter 组合键即可查看效果。

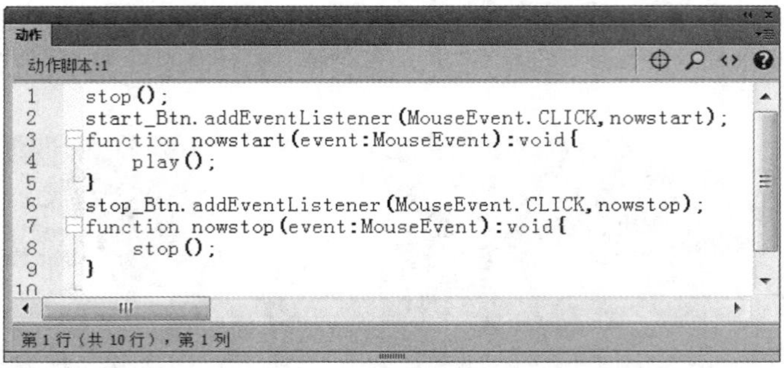

```
动作
动作脚本:1
1    stop();
2    start_Btn.addEventListener(MouseEvent.CLICK,nowstart);
3    function nowstart(event:MouseEvent):void{
4        play();
5    }
6    stop_Btn.addEventListener(MouseEvent.CLICK,nowstop);
7    function nowstop(event:MouseEvent):void{
8        stop();
9    }
10
第1行（共10行），第1列
```

图 11-40

## 11.1.2　播放和停止动画

控制动画的播放和停止所使用的动作脚本如下。

on：事件处理函数，指定触发动作的鼠标事件或按键事件。

例如，

```
on (press) {
}
```

此处的"press"代表发生的事件，可以将"press"替换为任意一种对象事件。

play：用于使动画从当前帧开始播放。

例如，

```
on (press) {
play();
}
```

stop：用于停止当前正在播放的动画，并使播放头停留在当前帧。

例如，

```
on (press) {
stop();
}
```

addEventListener（ ）：用于添加事件的方法。

例如，

```
所要接收事件的对象.addEventListener(事件类型.事件名称，事件响应函数的名称);
{
// 此处是为响应的事件所要执行的动作
}
```

打开"基础素材 > Ch11 > 01"文件。在"库"面板中新建一个图形元件"热气球"，如图 11-41 所示，舞台窗口也随之转换为图形元件的舞台窗口，将"库"面板中的位图"01"拖曳舞台窗口中，选择"任意变形"工具，将其缩小，效果如图 11-42 所示。

单击舞台窗口左上方的"场景 1"图标 场景1，进入"场景 1"的舞台窗口。单击"时间轴"面板下方的"新建图层"按钮，创建新图层并将其命名为"热气球"如图 11-43 所示。将"库"面板中的图形元件"热气球"拖曳到舞台窗口中，效果如图 11-44 所示。选中"底图"图层的第 30 帧，按 F5 键，插入普通帧，如图 11-45 所示。

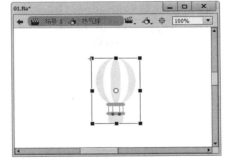

图 11-41　　　　　　　　　　　　　　　图 11-42

图 11-43　　　　　　　　　图 11-44　　　　　　　　图 11-45

选中"热气球"图层的第 30 帧，按 F6 键，插入关键帧，如图 11-46 所示。选择"选择"工具 ，在舞台窗口中将"热气球"实例向上拖曳到适当的位置，如图 11-47 所示。

用鼠标右键单击"热气球"图层的第 1 帧，在弹出的快捷菜单中选择"创建传统补间"命令，生成传统补间动画，如图 11-48 所示。

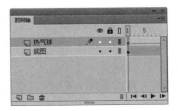

图 11-46　　　　　　　　　图 11-47　　　　　　　　图 11-48

单击"时间轴"面板下方的"新建图层"按钮 ，创建新图层并将其命名为"按钮"，如图 11-49 所示。分别将"库"面板中的按钮元件"播放""停止"拖曳到舞台窗口中，并放置在适当的位置，如图 11-50 所示。

图 11-49　　　　　　　　　　图 11-50

选择"选择"工具 ，在舞台窗口中选中"播放"实例，在按钮"属性"面板"实例名称"选项的文本框中输入"start_Btn"，如图 11-51 所示。用相同的方法在"停止"按钮实例的"实例名称"选项的文本框中输入"stop_Btn"，如图 11-52 所示。

图 11-51

图 11-52

单击"时间轴"面板下方的"新建图层"按钮，创建新图层并将其命名为"动作脚本"。选择"窗口 > 动作"命令，弹出"动作"面板，在"动作"面板中设置脚本语言，"脚本窗口"中显示的效果如图 11-53 所示。在"动作脚本"图层中的第 1 帧上显示出一个标记"a"，如图 11-54 所示。

按 Ctrl+Enter 组合键，查看动画效果。当单击停止按钮时，动画停止在正在播放的帧上，效果如图 11-55 所示。单击播放按钮后，动画将继续播放。

图 11-53

图 11-54

图 11-55

### 11.1.3 按钮事件

按钮是交互动画的常用控制方式，可以利用按钮来控制和影响动画的播放，实现页面的链接和场景的跳转等功能。

打开"基础素材 > Ch11 > 02"文件。按 Ctrl+L 组合键，弹出"库"面板，如图 11-56 所示。在"库"面板中，用鼠标右键单击按钮元件"Play"，在弹出的菜单中选择"属性"命令，弹出"元件属性"对话框，勾选"为 ActionScript 导出"复选框，在"类"文本框中输入类名称"playbutton"，如图 11-57 所示，单击"确定"按钮。

图 11-56

图 11-57

单击"时间轴"面板下方的"新建图层"按钮，创建新图层并将其命名为"动作脚本"。选择"动作脚本"图层的第 1 帧，选择"窗口 > 动作"命令，弹出"动作"面板（其快捷键为 F9 键）。在"脚本窗口"中输入脚本语言，"动作"面板中的效果如图 11-58 所示。按 Ctrl+Enter 组合键即可查看效果，如图 11-59 所示。

图 11-58　　　　　　　　　　　　　　　　　　图 11-59

```
stop();
// 处于静止状态
var playBtn:playbutton = new playbutton();
// 创建一个按钮实例
playBtn.addEventListener( MouseEvent.CLICK, handleClick );
// 为按钮实例添加监听器
var stageW=stage.stageWidth;
var stageH=stage.stageHeight;
// 依据舞台的宽和高
playBtn.x=stageW/1.2;
playBtn.y=stageH/1.1;
this.addChild(playBtn);
// 添加按钮到舞台中，并将其放置在舞台的左下角（"stageW/1.2"、"stageH/1.1"宽和高在 x 和 y 轴的坐标）
function handleClick( event:MouseEvent ) {
        gotoAndPlay(2);
        }
// 单击按钮时跳到下一帧并开始播放动画
```

## 11.1.4　制作交互按钮

**STEP 01** 新建空白文档，并将"背景颜色"设为黑色。在"库"面板中新建一个按钮元件"按钮"，如图 11-60 所示。舞台窗口也随之转换为按钮元件"按钮"的舞台窗口。选择"窗口 > 颜色"命令，弹出"颜色"面板，选择"填充颜色"选项，在"颜色类型"选项的下拉列表中选择"线性渐变"，在色带上将左边的颜色控制点设为黄色（#FFCC33），将右边的颜色控制点设为红色（#FF3366），生成渐变色，如图 11-61 所示。

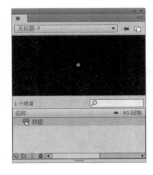

图 11-60　　　　　　　　　　　　　　　　　　图 11-61

**STEP ⬇️2** 选择"矩形"工具▣，在矩形工具"属性"面板中，将"笔触颜色"设为无，其他选项的设置如图 11-62 所示。在舞台窗口中绘制 1 个圆角矩形，效果如图 11-63 所示。

图 11-62                                    图 11-63

**STEP ⬇️3** 选择"选择"工具▶，选中圆角矩形，按 Ctrl+C 组合键，将其复制。单击"时间轴"面板下方的"新建图层"按钮◻，新建"图层 2"。选中"图层 2"的"指针经过"帧，按 F6 键，插入关键帧。按 Crtl+Shift+V 组合键，将复制的图形原位粘贴到当前的位置，如图 11-64 所示。选择"任意变形"工具▦，将粘贴的圆角矩形缩小并旋转适当的角度，效果如图 11-65 所示。

**STEP ⬇️4** 选择"墨水瓶"工具🅰，在墨水瓶工具"属性"面板中，将"笔触颜色"设为白色，"笔触"选项设为 3，在圆角矩形的边缘单击鼠标勾画出圆角矩形的轮廓，效果如图 11-66 所示。选择"选择"工具▶，在边线上双击鼠标将其选中，如图 11-67 所示。

 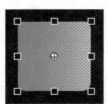  

图 11-64              图 11-65              图 11-66              图 11-67

**STEP ⬇️5** 按 F8 键，在弹出的"转换为元件"对话框中进行设置，如图 11-68 所示。单击"确定"按钮，将边线转换为影片剪辑元件。双击"库"面板中的影片剪辑元件，舞台窗口转换为影片剪辑元件的舞台窗口。

**STEP ⬇️6** 按 Ctrl+A 组合键，将舞台窗口中的对象全部选中，如图 11-69 所示。按 F8 键，在弹出的"转换为元件"对话框中进行设置，如图 11-70 所示。单击"确定"按钮，将边线转换为图形元件。

图 11-68                          图 11-69                          图 11-70

**STEP 7** 选中"图层 1"的第 10 帧，按 F6 键，插入关键帧。选择"任意变形"工具 ，将"矩形框"实例放大，效果如图 11-71 所示。保持实例的选取状态，在图形"属性"面板中选择"色彩效果"选项组，在"样式"选项的下拉列表中选择"Alpha"，将其值设为 0%，如图 11-72 所示。用鼠标右键单击"图层 1"的第 1 帧，在弹出的快捷菜单中选择"创建传统补间"命令，生成传统补间动画，如图 11-73 所示。

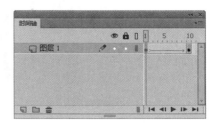

图 11-71　　　　　　　图 11-72　　　　　　　　　　　图 11-73

**STEP 8** 用鼠标右键单击"图层 1"的名称，在弹出的快捷菜单中选择"复制图层"命令，直接生成"图层 1 复制"图层，如图 11-74 所示。用相同的方法再次复制一个图层产生"图层 1 复制 2"，如图 11-75 所示。

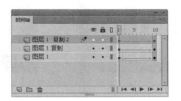

图 11-74　　　　　　　　　　　　图 11-75

**STEP 9** 单击"图层 1 复制"图层的图层名称，选中该层中的所有帧，将所有帧向后拖曳至与"图层 1"图层隔 5 帧的位置，如图 11-76 所示。用同样的方法对"图层 1 复制 2"图层进行操作，如图 11-77 所示。

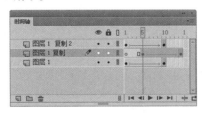
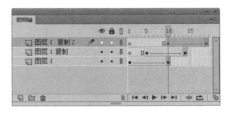

图 11-76　　　　　　　　　　　　图 11-77

**STEP 10** 双击"库"面板中的按钮元件，舞台窗口转换为按钮元件的舞台窗口。选中"图层 2"的"按下"帧，按 F6 键，插入关键帧，如图 11-78 所示。选择"选择"工具 ，选中圆角矩形，如图 11-79 所示，按 Ctrl+X 组合键，将其剪切，效果如图 11-80 所示。

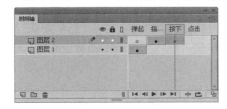

图 11-78　　　　　　　　图 11-79　　　　　　　图 11-80

**STEP 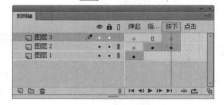11** 单击"时间轴"面板下方的"新建图层"按钮🖳，新建"图层 3"。选中"图层 3"的"按下"帧，按 F6 键，插入关键帧，如图 11-81 所示。按 Crtl+Shift+V 组合键，将复制的图形原位粘贴到当前的位置，保持图像的选取状态，在工具箱中将"填充颜色"设为白色，效果如图 11-82 所示。选择"任意变形"工具🔲，将圆角矩形缩小，效果如图 11-83 所示。

| 图 11-81 | 图 11-82 | 图 11-83 |

**STEP 12** 单击舞台窗口左上方的"场景 1"图标🎬 场景 1，进入"场景 1"的舞台窗口。将"库"面板中的按钮元件拖曳到舞台窗口中。交互按钮制作完成，按 Ctrl+Enter 组合键即可查看效果。按钮在不同状态时的效果如图 11-84 所示。

（a）按钮的"弹起"状态　　（b）按钮的"指针经过"状态　　（c）按钮的"按下"状态

图 11-84

### 11.1.5　添加控制命令

控制鼠标跟随所使用的脚本如下。

```
root.addEventListener(Event.ENTER_FRAME, 元件实例);
function 元件实例 (e:Event) {
    var h: 元件 = new 元件 ();
    h.x=root.mouseX;
    h.y=root.mouseY;
// 设置元件实例在 x 轴和 y 轴的坐标位置
    root.addChild(h);
// 将元件实例放入场景
}
```

**STEP 1** 新建空白文档，将"背景颜色"设为黑色。按 F8 键，弹出"创建新元件"对话框，在"名称"选项的文本框中输入"圆形"，在"类型"选项的下拉列表中选择"图形"选项，单击"确定"按钮，新建一个图形元件"圆形"。舞台窗口也随之转换为图形元件的舞台窗口。

**STEP 2** 按 F8 键，弹出"创建新元件"对话框，在"名称"选项的文本框中输入"色变"，在"类型"选项的下拉列表中选择"影片剪辑"选项，单击"确定"按钮，新建一个影片剪辑元件"色变"，如图 11-85 所示。舞台窗口也随之转换为影片剪辑元件的舞台窗口。将"库"面板中的图形元件"圆形"拖曳到舞台窗口中，如图 11-86 所示。

**STEP 3** 选中"图层 1"图层的第 20 帧，按 F6 键，插入关键帧。选择"任意变形"工具🔲，在舞台窗口中选择"圆形"实例，将其缩小，效果如图 11-87 所示。在图形"属性"面板中选择"色彩效果"选项组，在"样式"选项的下拉列表中选择"Alpha"，将其值设为 0%。

图 11-85

图 11-86

图 11-87

**STEP** 4 用鼠标右键单击"图层 1"图层的第 1 帧，在弹出的快捷菜单中选择"创建传统补间"命令，生成传统补间动画。

**STEP** 5 单击"时间轴"面板下方的"新建图层"按钮 ，新建"图层 2"。选中"图层 2"的第 20 帧，按 F6 键，插入关键帧。按 F9 键，弹出"动作"面板，在"动作"面板中设置脚本语言，"脚本窗口"中显示的效果如图 11-88 所示。

**STEP** 6 单击舞台窗口左上方的"场景 1"图标 场景 1，进入"场景 1"的舞台窗口。用鼠标右键单击"库"面板中的影片剪辑元件"色变"，在弹出的快捷菜单中选择"属性"命令，弹出"元件属性"对话框，勾选"为 ActionScript 导出"和"在第 1 帧中导出"复选框，在"类"文本框中输入类名称"Box"，如图 11-89 所示，单击"确定"按钮。

图 11-88

图 11-89

**STEP** 7 选中"图层 1"的第 1 帧，选择"窗口 > 动作"命令，弹出"动作"面板（其快捷键为 F9 键）。在"脚本窗口"中输入脚本语言，"动作"面板中的效果如图 11-90 所示。

**STEP** 8 选择"文件 > ActionScript 设置"命令，弹出"高级 ActionScript 3.0 设置"对话框，在对话框中单击"严谨模式"选项前的复选框，去掉该选项的勾选，如图 11-91 所示，单击"确定"按钮。鼠标跟随效果制作完成，按 Ctrl+Enter 组合键即可查看效果。

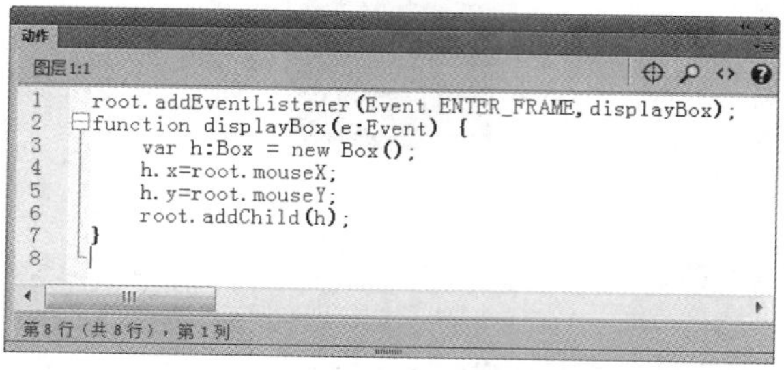

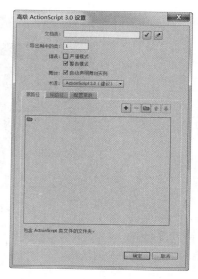

```
动作
图层 1:1                                    ⊕ ♪ ‹› ❓
1    root.addEventListener(Event.ENTER_FRAME,displayBox);
2  ⊟function displayBox(e:Event) {
3        var h:Box = new Box();
4        h.x=root.mouseX;
5        h.y=root.mouseY;
6        root.addChild(h);
7    }
8
```

第 8 行（共 8 行），第 1 列

图 11-90

图 11-91

# 11.2 课堂练习——制作美食在线

## ⊕ 练习知识要点

使用"颜色"面板和"矩形"工具，绘制按钮效果；使用"文本"工具，添加输入文本框；使用"动作"面板，为按钮元件添加脚本语言，效果如图 11-92 所示。

## ⊕ 文件所在位置

资源包 /Ch11/ 效果 / 制作美食在线 .fla。

图 11-92

制作美食在线 1

制作美食在线 2

制作美食在线 3

# 11.3 课后习题——制作动态按钮

## 习题知识要点

使用"矩形"工具，制作透明矩形条动画；使用"文本"工具，输入文本，效果如图 11-93 所示。

## 文件所在位置

资源包 /Ch10/ 效果 / 制作动态按钮 .fla。

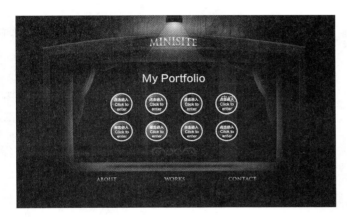

图 11-93

制作动态按钮 1    制作动态按钮 2

制作动态按钮 3    制作动态按钮 4

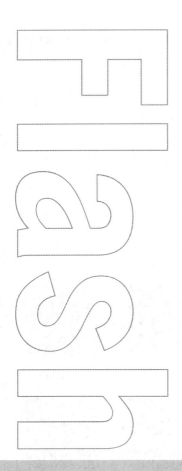

# Chapter
# 12

## 第12章
## 组件和动画预设

在Flash CC中，系统预先设定了组件和动画预设命令功能来协助用户制作动画，以提高制作效率。本章主要讲解组件、动画预设的使用方法。通过对本章的学习，读者可以了解并掌握如何应用系统自带的功能，事半功倍地完成动画制作。

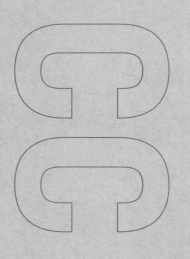

**课堂学习目标**

- 了解组件及组件的设置
- 掌握动画预设的应用、导入、导出和删除

# 12.1　组件

　　组件是一些复杂的带有可定义参数的影片剪辑符号。一个组件就是一段影片剪辑，其中所带的参数由用户在创作 Flash 影片时进行设置，其中所带的动作脚本 API 供用户在运行时自定义组件。组件旨在让开发人员重用和共享代码，封装复杂功能，让用户在没有"动作脚本"时也能使用和自定义这些功能。

## 12.1.1　关于 Flash 组件

　　组件可以是单选按钮、对话框、下拉列表、预加载栏甚至是根本没有图形的某个项，如定时器、服务器连接实用程序或自定义 XML 分析器等。

　　对于编写 ActionScript 不熟悉的用户，可以直接向文档添加组件。添加的组件可以在"属性"面板中设置其参数，然后可以使用"代码片段"面板处理其事件。

　　用户无需编写任何 ActionScript 代码，就可以将"转到 Web 页"行为附加到一个 Button 组件，用户单击此按钮时会在 Web 浏览器中打开一个 URL。

　　创建功能更加强大的应用程序，可通过动态方式创建组件，使用 ActionScript 在运行时设置属性和调用方法，还可使用事件侦听器模型来处理事件。

　　首次将组件添加到文档时，Flash 会将其作为影片剪辑导入"库"面板中，还可以将组件从"组件"面板直接拖曳到"库"面板中，然后将其实例添加到舞台上。在任何情况下，用户都必须将组件添加到库中，才能访问其类元素。

## 12.1.2　设置组件

　　选择"窗口 > 组件"命令，或按 Ctrl+F7 组合键，弹出"组件"面板，如图 12-1 所示。Flash CC 提供了两类组件，用于创建界面的 User Interface 类组件和控制视频播放的 Video 组件。

　　可以在"组件"面板中双击要使用的组件，组件显示在舞台窗口中，如图 12-2 所示。

　　可以在"组件"面板中选中要使用的组件，将其直接拖曳到舞台窗口中，如图 12-3 所示。

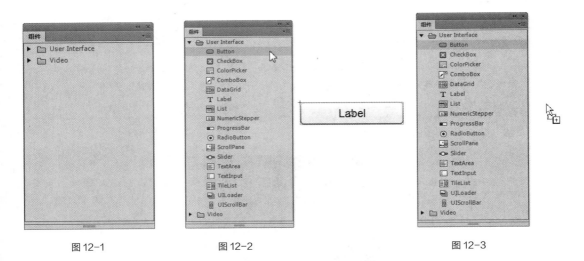

图 12-1　　　　　　　　　图 12-2　　　　　　　　　　　　　图 12-3

　　在舞台窗口中选中组件，如图 12-4 所示，按 Ctrl+F3 组合键，弹出"属性"面板，如图 12-5 所示。可以在其下拉列表中选择相应的选项，如图 12-6 所示。

图 12-4          图 12-5          图 12-6

# 12.2 使用动画预设

动画预设是预配置的补间动画，可以将它们应用于舞台上的对象。您只需选择对象并单击"动画预设"面板中的"应用"按钮，即可为选中的对象添加动画效果。

使用动画预设是学习在 Flash 中添加动画的基础知识的快捷方法。一旦了解了预设的工作方式后，自己制作动画就非常容易了。

用户可以创建并保存自己的自定义预设。它可以来自已修改的现有动画预设，也可以来自用户自己创建的自定义补间。

使用"动画预设"面板，还可导入和导出预设。用户可以与协作人员共享预设，或利用由 Flash 设计社区成员共享的预设。

### 12.2.1 课堂案例——制作房地产广告

**案例学习目标**

使用不同的预设命令制作动画效果。

**案例知识要点**

使用"从顶部飞入"预设，制作文字动画效果；使用"从右边飞入"预设，制作楼房动画效果；使用"从顶部飞出"预设，制作蒲公英动画效果，如图 12-7 所示。

**效果所在位置**

资源包 /Ch12/ 效果 / 制作房地产广告 .fla。

图 12-7

## 1. 创建图形元件

**STEP 1** 选择"文件 > 新建"命令，在弹出的"新建文档"对话框中选择 "ActionScript 3.0"选项，将"宽"选项设为 600，"高"选项设为 400，"背景颜色" 选项设为黑色，单击"确定"按钮，完成文档的创建。

制作房地产广告 1

**STEP 2** 将"图层 1"图层重命名为"底图"。选择"文件 > 导入 > 导入 到库"命令，在弹出的"导入到库"对话框中选择"Ch12 > 素材 > 制作房地产广告 > 01、02、03、 04"文件，单击"打开"按钮，文件被导入"库"面板中，如图 12-8 所示。

**STEP 3** 按 Ctrl+F8 组合键，弹出"创建新元件"对话框，在"名称"选项的文本框中输入"楼 房"，在"类型"选项下拉列表中选择"图形"选项，单击"确定"按钮，新建图形元件"楼房"，如图 12-9 所示。舞台窗口也随之转换为图形元件的舞台窗口。

**STEP 4** 将"库"面板中的位图"02"拖曳到舞台窗口中，如图 12-10 所示。

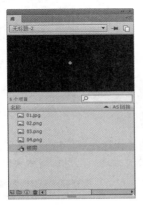

图 12-8　　　　　　　　图 12-9　　　　　　　　　　　图 12-10

**STEP 5** 按 Ctrl+F8 组合键，弹出"创建新元件"对话框，在"名称"选项的文本框中输入"蒲 公英"，在"类型"选项下拉列表中选择"图形"选项，如图 12-11 所示，单击"确定"按钮，新建图 形元件"蒲公英"。舞台窗口也随之转换为图形元件的舞台窗口。

**STEP 6** 将"库"面板中的位图"04"拖曳到舞台窗口中，如图 12-12 所示。

图 12-11　　　　　　　　　　　　　　　图 12-12

**STEP 7** 单击"新建元件"按钮，新建图形元件"文字"，舞台窗口也随之转换为图形元 件的舞台窗口。选择"文本"工具 T，在文本工具"属性"面板中进行设置，在舞台窗口中适当的位 置输入大小为 30，字体为"方正兰亭粗黑简体"的白色文字，文字效果如图 12-13 所示。再次在舞台 窗口中输入大小为 20，字体为"方正粗雅宋"的白色文字，文字效果如图 12-14 所示。

远离都市的繁华　畅想自然绿色　　　远离都市的繁华　畅想自然绿色
缔造生活品味　成就田园梦想

图 12-13　　　　　　　　　　　　　图 12-14

**STEP 8** 在舞台窗口中选中文字"繁华"，如图 12-15 所示，在文字"属性"面板中，将"系列"选项设为"方正粗雅宋"，"大小"选项设为 40，效果如图 12-16 所示。

图 12-15

图 12-16

**STEP 9** 在舞台窗口中选中文字"绿色"，如图 12-17 所示，在文字"属性"面板中，将"系列"选项设为"方正粗雅宋"，"大小"选项设为 40，效果如图 12-18 所示。

图 12-17

图 12-18

### 2. 制作场景动画

**STEP 1** 单击舞台窗口左上方的"场景 1"图标 场景 1，进入"场景 1"的舞台窗口。将"库"面板中的位图"01"拖曳到舞台窗口中，效果如图 12-19 所示。选中"底图"图层的第 24 帧，按 F5 键，插入普通帧。

制作房地产广告 2

**STEP 2** 单击"时间轴"面板下方的"新建图层"按钮，创建新图层并将其命名为"楼房"。将"库"面板中的图形元件"楼房"拖曳到舞台窗口中，如图 12-20 所示。

图 12-19

图 12-20

**STEP 3** 保持"楼房"实例的选取状态，选择"窗口 > 动画预设"命令，弹出"动画预设"面板，如图 12-21 所示，单击"默认预设"文件夹前面的倒三角，展开默认预设，如图 12-22 所示。

图 12-21

图 12-22

**STEP 4** 在"动画预设"面板中，选择"从右边飞入"选项，如图 12-23 所示，单击"应用"按钮 应用 ，舞台窗口中的效果如图 12-24 所示。

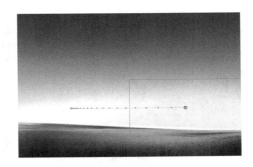

图 12-23                    图 12-24

**STEP 5** 选中"楼房"图层的第 1 帧，在舞台窗口中将"楼房"实例水平向右拖曳到适当的位置，如图 12-25 所示。

**STEP 6** 选中"楼房"图层的第 24 帧，在舞台窗口中将"楼房"实例水平向右拖曳到适当的位置，如图 12-26 所示。

图 12-25                    图 12-26

**STEP 7** 单击"时间轴"面板下方的"新建图层"按钮，创建新图层并将其命名为"蒲公英"。将"库"面板中的位图"03"拖曳到舞台窗口中，如图 12-27 所示。

**STEP 8** 单击"时间轴"面板下方的"新建图层"按钮，创建新图层并将其命名为"飞舞"。将"库"面板中的图形元件"蒲公英"拖曳到舞台窗口中，如图 12-28 所示。

图 12-27                    图 12-28

**STEP** 9 保持"蒲公英"实例的选取状态，在"动画预设"面板中，选择"从顶部飞出"选项，单击"应用"按钮 应用 ，舞台窗口中的效果如图 12-29 所示。

**STEP** 10 单击"时间轴"面板下方的"新建图层"按钮，创建新图层并将其命名为"文字"。将"库"面板中的图形元件"文字"拖曳到舞台窗口中，如图 12-30 所示。

图 12-29

图 12-30

**STEP** 11 保持"文字"实例的选取状态，在"动画预设"面板中，选择"从顶部飞入"选项，单击"应用"按钮 应用 ，舞台窗口中的效果如图 12-31 所示。

**STEP** 12 选中"文字"图层的第 1 帧，在舞台窗口中将"文字"实例垂直向上拖曳到适当的位置，如图 12-32 所示。选中"文字"图层的第 24 帧，在舞台窗口中将"文字"实例垂直向上拖曳到适当的位置，如图 12-33 所示。选中所有图层的第 75 帧，按 F5 键，插入普通帧，如图 12-34 所示。

图 12-31

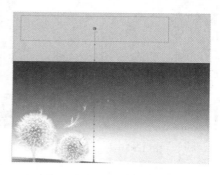

图 12-32

图 12-33

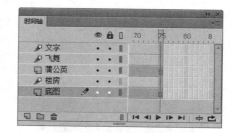

图 12-34

**STEP** 13 房地产广告效果制作完成，按 Ctrl+Enter 组合键即可查看效果，如图 12-35 所示。

图 12-35

## 12.2.2　预览动画预设

Flash 的每个动画预设都包括预览，可在"动画预设"面板中查看其预览。通过预览，用户可以了解在将动画应用于 FLA 文件中的对象时所获得的结果。对于用户创建或导入的自定义预设，可以添加自己的预览。

选择"窗口 > 动画预设"命令，弹出"动画预设"面板，如图 12-36 所示。单击"默认预设"文件夹前面的倒三角，展开默认预设选项，选择其中一个默认的预设选项，即可预览默认动画预设，如图 12-37 所示。要停止预览播放，在"动画预设"面板外单击即可。

图 12-36

图 12-37

## 12.2.3　应用动画预设

在舞台上选中可补间的对象（元件实例或文本字段）后，可单击"应用"按钮来应用预设。每个对象只能应用一个预设。如果将第二个预设应用于相同的对象，则第二个预设将替换第一个预设。

一旦将预设应用于舞台上的对象后，在时间轴中创建的补间就不再与"动画预设"面板有任何关系了。在"动画预设"面板中删除或重命名某个预设对以前使用该预设创建的所有补间没有任何影响。如果在面板中的现有预设上保存新预设，它对使用原始预设创建的任何补间没有影响。

每个动画预设都包含特定数量的帧。在应用预设时，在时间轴中创建的补间范围将包含此数量的帧。如果目标对象已应用了不同长度的补间，补间范围将进行调整，以符合动画预设的长度。可在应用预设后调整时间轴中补间范围的长度。

包含 3D 动画的动画预设只能应用于影片剪辑实例。已补间的 3D 属性不适用于图形或按钮元件，也不适用于文本字段。可以将 2D 或 3D 动画预设应用于任何 2D 或 3D 影片剪辑。

**提示**

> 如果动画预设对 3D 影片剪辑的 z 轴位置进行了动画处理，则该影片剪辑在显示时也会改变其 x 和 y 的位置。这是因为，z 轴上的移动是沿着从 3D 消失点（在 3D 元件实例属性检查器中设置）辐射到舞台边缘的不可见透视线执行的。

选择"文件 > 打开"命令，在弹出的"打开"对话框中选择"基础素材 > Ch12 > 01"文件，单击"打开"按钮，打开文件，效果如图 12-38 所示。

单击"时间轴"面板中的"新建图层"按钮，新建"图层 2"图层，如图 12-39 所示。将"库"面板中的图形元件"网球"拖曳到舞台窗口中，并放置在适当的位置，如图 12-40 所示。

图 12-38　　　　　　　　图 12-39　　　　　　　　图 12-40

选择"窗口 > 动画预设"命令，弹出"动画预设"面板，如图 12-41 所示。单击"默认预设"文件夹前面的倒三角，展开默认预设选项，如图 12-42 所示。

在舞台窗口中选择"网球"实例，在"动画预设"面板中选择"快速跳跃"选项，如图 12-43 所示。

图 12-41　　　　　　　　图 12-42　　　　　　　　图 12-43

单击"动作预设"面板右下角的"应用"按钮，为"网球"实例添加动画预设，舞台窗口中的效果如图 12-44 所示，"时间轴"面板的效果如图 12-45 所示。

图 12-44

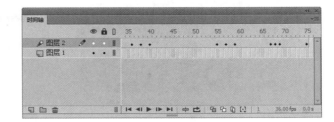

图 12-45

选择"选择"工具 ，在舞台窗口中拖曳动画结束点到适当的位置，如图 12-46 所示。选中"图层 1"图层的第 75 帧，按 F5 键，插入普通帧，如图 12-47 所示。

图 12-46

图 12-47

按 Ctrl+Enter 组合键，测试动画效果，在动画中网球会自上向下降落，再次弹出落下的状态。

## 12.2.4　将补间另存为自定义动画预设

如果用户想将自己创建的补间，或对从"动画预设"面板应用的补间进行更改，可将它另存为新的动画预设。新预设将显示在"动画预设"面板中的"自定义预设"文件夹中。

选择"椭圆"工具 ，在工具箱中，将"笔触颜色"设为无，"填充颜色"设为红色渐变，在舞台窗口中绘制 1 个圆形，如图 12-48 所示。

选择"选择"工具 ，选中圆形，按 F8 键，弹出"转换为元件"对话框，在"名称"选项的文本框中输入"球"，在"类型"选项的下拉列表中选择"图形"，如图 12-49 所示，单击"确定"按钮，将圆形转换为图形元件。

图 12-48

图 12-49

用鼠标右键单击"球"实例，在弹出的快捷菜单中选择"创建补间动画"命令，生成补间动画效果，"时间轴"面板如图 12-50 所示。在舞台窗口中，将"球"实例向右拖曳到适当的位置，如图 12-51 所示。

图 12-50

图 12-51

选择"选择"工具 ，将光标放置在运动路线上当光标变为 时，单击向下拖曳到适当的位置，将运动路线调为弧线，效果如图 12-52 所示。

选中舞台窗口中的"球"实例，单击"动画预设"面板左下方的"将选区另存为预设"按钮 ，弹出"将预设另存为"对话框，如图 12-53 所示。

图 12-52

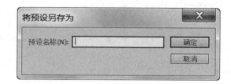

图 12-53

在"预设名称"选项的文本框中输入一个名称，如图 12-54 所示，单击"确定"按钮，完成另存为预设效果，"动画预设"面板如图 12-55 所示。

图 12-54

图 12-55

提示

*动画预设只能包含补间动画。传统补间不能保存为动画预设。自定义的动画预设存储在"自定义预设"文件夹中。*

## 12.2.5　导入和导出动画预设

在 Flash CC 中动画预设除了默认预设和自定义预设外，还可以通过导入和导出的方式添加动画预设。

### 1.　导入动画预设

动画预设存储为 XML 文件，导入 XML 补间文件可将其添加到"动画预设"面板。

单击"动画预设"面板右上角的选项按钮▼，在弹出的菜单中选择"导入"命令，如图 12-56 所示，在弹出的"导入动画预设"对话框中选择要导入的文件，如图 12-57 所示。

图 12-56

图 12-57

单击"打开"按钮，456.xml 预设会被导入"动画预设"面板中，如图 12-58 所示。

### 2.　导出动画预设

在 Flash CC 中除了导入动画预设外，还可以将制作好的动画预设导出为 XML 文件，以便与其他 Flash 用户共享。

在"动画预设"面板中选择需要导出的预设，如图 12-59 所示，单击"动画预设"面板右上角的选项按钮▼，在弹出的菜单中选择"导出"命令，如图 12-60 所示。

图 12-58

图 12-59

图 12-60

在弹出的"另存为"对话框中，为 XML 文件选择保存位置及输入名称，如图 12-61 所示，单击"保存"按钮即可完成导出预设。

图 12-61

### 12.2.6 删除动画预设

可从"动画预设"面板中删除预设。在删除预设时，Flash 将从磁盘中删除其 XML 文件。请考虑制作以后再次使用的预设的备份，方法是先导出这些预设的副本。

在"动画预设"面板中选择需要删除的预设，如图 12-62 所示，单击面板下方的"删除项目"按钮 ，系统将会弹出"删除预设"对话框，如图 12-63 所示，单击"删除"按钮，即可将选中的预设删除。

图 12-62

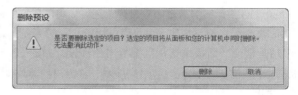

图 12-63

在删除动画预设时"默认预设"文件夹中的预设是删除不掉的。

## 12.3 课堂练习——制作啤酒广告

### 练习知识要点

使用"从左边飞入"和"从右边飞入"预设，制作啤酒进入动画效果；使用"从顶部飞入"预设，制作 Logo 入场动画效果；使用"从底部飞入"预设，制作星光入场动画效果，如图 12-64 所示。

**⊕ 文件所在位置**

　　资源包 /Ch12/ 效果 / 制作啤酒广告 .fla。

制作啤酒广告 1　　制作啤酒广告 2

图 12-64

# 12.4 课后习题——制作旅游广告

**⊕ 习题知识要点**

　　使用"元件"命令，创建图形元件与影片剪辑；使用"动画预设"面板，制作动画效果，如图 12-65 所示。

**⊕ 文件所在位置**

　　资源包 /Ch12/ 效果 / 制作旅游广告 .fla。

制作旅游广告 1　　制作旅游广告 2

图 12-65

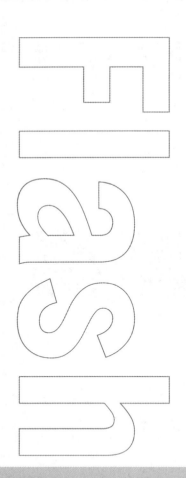

Chapter

# 13

## 第13章
## 测试与发布

Flash是一款动画创作与应用程序开发与一身的创作软件，最新版本的Flash CC功能非常强大。通过对本章的学习，读者可以了解Flash CC的功能、结构、动画的运行环境和辅助工具。

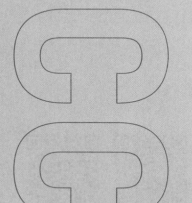

### 课堂学习目标

- 了解Flahs测试的环境
- 了解动画的调试
- 掌握发布Flash动画
- 掌握导出Flash动画

# 13.1　Flash 的测试环境

在动画的设计过程中，经常要测试当前编辑的动画，以便了解作品是否达到预期效果。

## 13.1.1　测试影片

动画制作完成后，对动画整体进行测试，如图 13-1 所示。选择"控制 > 测试"命令，或按 Ctrl+Enter 组合键，动画会自动生成一个 SWF 文件，在 Flash Player 中播放，如图 13-2 所示。

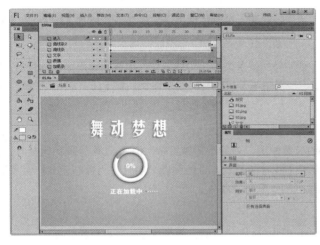

图 13-1

图 13-2

## 13.1.2　测试场景

Flash 也可以对单个元件进行测试，以便清楚地观看单个元件的效果。在舞台窗口中双击需要测试的元件，进入到该元件的编辑模式，如图 13-3 所示。选择"控制 > 测试场景"命令，或按 Ctrl+Alt+Enter 组合键，就可以对指定的元件进行测试，如图 13-4 所示。

图 13-3

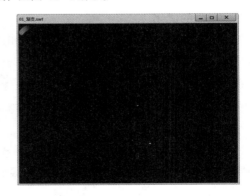

图 13-4

# 13.2　优化影片

如果将制作的动画应用与网页上，它的质量与数量会直接影响到动画的播放速度和播放时间。质量较高会增加文档的大小；而文档越大，下载的时间就会越长，动画的播放速度也会越慢。在将 Flash 动画展示到互联网上时，首先要进行优化文档。尺寸增大的元素包括帧、声音、代替过渡的关键帧、嵌入字体和渐变色等。

### 1. 元件的优化

如果影片对象在影片中多次出现，应使用元件，这样在网上浏览时，下载的数据就会减少许多。重复使用元件并不会使影片文件明显增大，应为影片文件只需要存储一次元件的图形数据。

### 2. 动画的优化

在制作动画时尽量使用补间动画，少使用逐帧动画，关键帧使用得越多动画文件就会越大。

### 3. 线条的优化

在制作动画时多采用实线，少用虚线，限制特殊线条类型如短线划线、虚线和波浪线等的数量，应为实线占用的资源比较少，可以使文件变小，但用铅笔工具绘制的线条比使用刷子工具绘制的线条占用的资源要少。

### 4. 图形的优化

在 Flash 中制作动画时多用构图简单的矢量图形，矢量图形越复杂，CPU 运算起来就越费力，少使用位图图像。矢量图可以任意缩放却不影响 Flash 的画质，位图图像一般只作为静态元素或背景图，Flash 不擅长处理位图图像的动作，应避免位图图像元素的动画。

### 5. 位图的优化

导入的位图图像文件尽量可能小一点，并以 JPEG 方式压缩，避免位图作为影片的背景。

### 6. 音频的优化

音效文件最好以 MP3 方式压缩，MP3 是使声音最小化的格式。

### 7. 文字的优化

限制字体和字体样式的数量，尽量不要使用太多不同的字体，使用的字体越多，文件越大。尽可能使用 Flash 内定的字体。尽量不要将字体打散，字体打散后就变成图形了，这样会使文件增大。

### 8. 填色的优化

尽量减少使用渐变色和 Alpha 透明色，使用过渡填充颜色一个区域比使用纯色填充区域要多占 50字节左右。

### 9. 帧的优化

尽量缩小动作区域，限制每个关键帧中发生的区域，一般应使动作发生在尽可能小的区域内。

### 10. 图层的优化

尽量避免在同一时间内安排多个对象同时产生动作，有动作的对象也不要与其他静态对象安排在同一图层中，应该将有动作的对象安排在独立图层内，以加速动画的处理过程。此外尽量使用组合元素，使用层来组织不同时间和不同元素的对象。

### 11. 尺寸的优化

动画的长宽尺寸越小，动画文件就越小，可以通过菜单命令修改影片的长宽尺寸。

### 12. 优化命令

选择"修改 > 形状 > 优化"命令，可以最大程度地减少用于描述图形轮廓的单个线条的数目。

## 13.3 动画的调试

调试是程序完工前的工作，调试前的程序一般都不是正确的，调试后才是正确的。Flash 的调试功能主要调试动画中 ActionSpcript 脚本的正确性，如果动画中不包括 ActionSpcript 语言，则不能执行调试命令。

### 13.3.1 调试命令

选择"调试 > 调试影片"命令，可以对动画进行调试操作，图 13-5 所示为调试动画的相关命令选项。单击"调试影片"选项，在"调试影片"中也包括相应的子菜单选项，如图 13-6 所示。

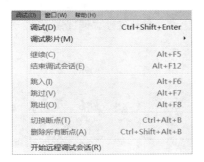

图 13-5                                         图 13-6

### 13.3.2 调试 ActionScript 3.0

ActionScript 3.0 调试器仅用于 ActionScript 3.0 FLA 和 AS 文件，FLA 文件必须将发布设置设为 Flash Player 9。启动一个 ActionScript 3.0 调试回话时，Flash 将启动独立的 Flash Player 调试板来播放 SWF 文件。调试板 Flash 播放器从 Flash 创作应用程序窗口的单独窗口中播放 SWF。

ActionScript 3.0 调试器将 Flash 工作区转换为显示调试所用面板的调试工作区，包括"动作"面板、"调试控制台"和"变量"面板。调试控制体显示调试用堆栈并包含用于跟踪脚本的工具，如图 13-7 所示。"变量"面板显示了当前范围内的变量及其值，并允许用户自行更新这些值，如图 13-8 所示。

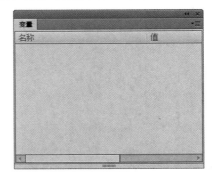

图 13-7                                         图 13-8

**提示**

用户可以将此特殊调试信息包含在所有从"发布"设置中通过特定 FLA 文件创建的 SWF 文件中，调试信息后 SWF 文件将稍微变大一些。

### 13.3.3　远程调试会话

利用 ActionScript 3.0，可以通过使用 Debug Flash Player 的独立版本、ActiveX 版本或插件版本（位于 Flash 安装目录 /Players/Debug/ 目录中）调试远程 SWF 文件。但是，在 ActionScript 3.0 调试器中，远程调试限制和 Flash 创作应用程序位于同一本地主机上，并且正在独立调试播放器、ActiveX 空间或插件中播放的文件。

**提示**

如果要允许远程调试文件，可以在"发布设置"中启用"调试"。用户可以选择"调试 > 开始远程调试会话"命令，来调试远程 SWF 文件。

在 JavaSpcript 或 HTML 中时，用户可以在 ActionScript 中查看客户端变量。若要安全地存储变量，需将它们发送到服务器端应用程序，而不要将它们存储在文件中。然而，作为开发人员，用户可能有其他一些不想泄漏出去的商业机密，比如影片剪辑机构，用户可以使用调试加密来保护自己的工作。

## 13.4　动画的发布

通过发布 Flash 动画操作，可以将制作好的动画发布为不同格式和预览发布效果，并应用在不同的其他文档中，以实现动画的制作目的或价值。

### 13.4.1　发布设置

选择"文件 > 发布设置"命令，弹出"发布设置"对话框，如图 13-9 所示。用户可以在发布动画前设置想要发布的格式，默认情况下，"发布"命令会创建一个 Flash SWF 文件和一个 HTML 文档。

"配置文件"选项：显示当前要使用的配置文件，单击"配置文件"选项右侧的"配置文件选项"按钮，弹出配置菜单项，如图 13-10 所示。

"目标"选项：用于设置当前文件的目标播放器，单击后面的小三角可以在下拉列表中选择相应的目标播放器，如图 13-11 所示。

图 13-9

图 13-10

图 13-11

- "脚本"选项：用于显示当前文档所使用的脚本。
- "发布格式"选项：用于选择文件发布的格式。
- "发布设置"选项：该选项会随着选择发布格式的不同而变动，对相应的发布格式进行设置。

## 13.4.2　Flash

选择"文件 > 发布设置"命令，或按 Ctrl+Shfit+F12 组合键，弹出"发布设置"对话框，如图 13-12 所示。

- "输出文件"选项：用于设置文件保存的路径。
- "图像和声音"选项：用于对发布文件的图像和音频进行相应设置。
- "JPEG 品质"选项：移动滑块或在文本框中输入相应的数值，可以控制位图压缩，数值越小，图像的品质就越低，生成的文件就越大；反之数值越大，图像的品质就越高，压缩比越小，文件越大。
- "启用 JPEG 解块"选项：勾选此选项，可以使高度压缩的 JPEG 图像显得更为平滑，即可减少由于 JPEG 压缩导致的典型失真，如图像中通常出现的 8 像素 ×8 像素的马赛克，但可能会使一些 JPEG 图像丢失少许细节。
- "音频流 / 音频事件"选项：分别单击两者旁边的"设置"按钮，在弹出的对话框中进行相应设置，可以为 SWF 文件中的所有声音流或事件声音设置采样率和压缩。

图 13-12

- "覆盖声音设置"选项：若要覆盖在属性检查其的"声音"部分中为个别声音指定的设置，请选择"覆盖声音设置"。若要创建一个较小的低保真版本的 SWF 文件，选择该选项。如果取消选择了"覆盖声音设置"选项，则 Flash 会扫描文档中的所有音频流（包括导入视频中的声音），然后按照各个设置中最高的设置发布所有音频流。如果一个或多个音频流具有较高的导出设置，则可能增加文件大小。
- "高级"选项：设置 Flash 的高级属性。
- "压缩影片（默认）"选项：压缩 SWF 文件以减少文件大小和缩短下载时间。

Deflate：这是旧压缩模式，与 Flash Player 6.x 和更高版本兼容。

LZMA：该模式效率比 Deflate 模式高 40%，只与 Flash Player 11.x 和更高版本或 AIR 3.x 和更高版本兼容。LZMA 压缩对于包含很多 ActionSpcript 或矢量图形的 FLA 文件非常有用。如果在"发布设置"中选择了 SWC，则只有选择了 Deflate 压缩模式时可用。

- "包括隐藏图层（默认）"选项：勾选该选项将导出 Flash 文档中所有隐藏的图层，取消选择该选项将阻止把生成的 SWF 文件中标记为隐藏的所有图层导出，这样用户就可以通过使图层不可见了轻松测试不同版本的 Flash 文档。
- "生成大小写报告"选项：生成一个报告，按文件列出最终 SWF 内容中的数据量。
- "省略 Trace 动作"选项：使用 Flash 忽略当前 SWF 文件中的 ActionScript Trace 语句。如果选择该选项，Trace 语句的信息将不会显示在"输出"面板中。

- "允许调试"选项：激活调试器并允许远程调试 Flash SWF 文件。
- "防止导入"选项：放置其他人导入 SWF 文件并将其转换回 FLA 文档，可使用密码来保护 Flash SWF 文件。
- "密码"选项：在文本框中输入密码，放置他人调试或导入 SWF 文件，如果想要执行调试或导入操作，则必须输入密码，只用使用 ActionScript 3.0，并且选择了"允许调试"或"防止导入"选项时才可使用。
- "启用详细的遥测数据"选项：用户可以通过选择相应的选项，为 SWF 文件启用详细的遥测数据。启用该选项可以让 Adobe Scout 记录 SWF 文件的遥测数据。
- "脚本时间限制"选项：可以设置脚本在 SWF 文件中执行时可占用的最大时间量，在该文本框中输入一个数值，Flash Player 将取消执行超出该限制的任何脚本。
- "本地播放安全性"选项：可以选择要使用的 Flash 安全模式型，是授予已发布的 SWF 文件本地文件可使已发布的 SWF 文件与网络上的文件和资源交互。只访问网络可使已发布的 SWF 文件域网络上的文件和资源交互，但不能与本地系统的文件和资源交互。
- "硬件加速"选项：可以设置 SWF 文件使用硬件加速。第 1 级 – 直接：通过允许 Flash Player 在屏幕上直接绘制，而不是让浏览器进行绘制，从而改善播放性能。第 2 级 –GPU：Flash Player 利用图形卡的可用计算能力，执行视频播放并对图层化图形进行复合，根据用户的图形硬件的不同，将提供更高一级的性能优势。如果用户拥有高端图形卡，则可以使用该选项。

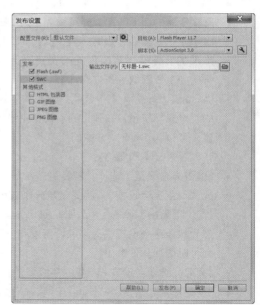

- "导出 SWC"选项：导出 SWC 文件，该文件用于分发组件，SWC 文件包含一个编译剪辑、组件 ActionScript 类文件以及描述组件的其他文件。

### 13.4.3 SWC

SWC 文件用于分发组件，该文件包含了编译剪辑、组件的其他文件。选择"文件 > 发布设置"命令。在弹出的"发布设置"对话框的左侧列表中选择"SWC"选项，即可创建一个 SWC 文件，如图 13-13 所示。

在"输出文件"选项的文本框中输入一个名称，即可使用与原始 FLA 文件不同的其他文件名保存 SWC 文件或放映文件。

图 13-13

### 13.4.4 HTML 包装器

在 Web 浏览器中播放 Flash Pro 内容，需要一个能激活 SWF 文件并指定浏览器设置的 HTML 文档，"发布"命令会根据 HTML 模板文档中的参数自动生成该文档。

在"发布设置"对话框的左侧列表中，选择"HTML 包装器"选项，打开 HTML 发布格式的相关选项，如图 13-14 所示，发布后的 HTML 图像效果，如图 13-15 所示。

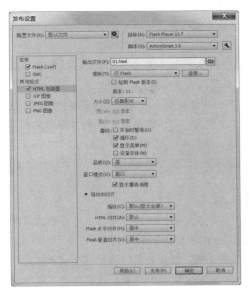

图 13-14　　　　　　　　　　　　　　　图 13-15

- "输出文件"选项：用于设置文件名和文件保存路径，单击后面的"选择发布目标"按钮，可以在弹出的"选择发布目标"对话框中设置发布文件保存路径。
- "模板"选项：可以显示 HTML 设置并选择要使用的已安装模板，默认选项是"仅 Flash"，单击后面的小三角按钮，弹出"模板"列表，如图 13-16 所示。
- "信息"选项：单击"信息"按钮，可以显示所选模板的说明，如图 13-17 所示。
- "Flash 版本检测"选项：如果用户选择的不是"图像映射"模板，只有"模板"选项设置为前 3 个时，"检测 Flash 版本"命令才可用。勾选该选项，SWF 文件将嵌入包含 Flash Player 检测代码的网页中。如果检测代码发现在用户的计算机上安装了可接受的 Flash Player 版本，则 SWF 文件便会按要求播放。
- "大小"选项：用于设置发布文件的尺寸，默认值为"匹配影片"。在尺寸下拉列表中有 3 个选项，如图 13-18 所示。

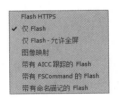

图 13-16　　　　　　　　　　图 13-17　　　　　　　　图 13-18

- "匹配影片（默认）"选项：使用 SWF 文件的尺寸大小。
- "像素"选项：以"像素"为单位进行显示，选择该项后，可以直接在下方"宽"和"高"文本框中输入数值。
- "百分比"选项：以百分比的方式显示文件的尺寸。
- "播放"选项：可以设置 SWF 文件的缩放和功能。

- "开始时暂停"选项：一直暂停播放 SWF 文件，直到用户单击按钮或从交互菜单中选择"播放"后才开始播放，默认不勾选该选项。

- "循环"选项：循环内容到达最后一帧后在重复播放，取消选择该选项会使内容在到达最后一帧后停止播放。

- "显示菜单"选项：用户右键单击 SWF 文件时，会显示一个快捷菜单。若要在快捷菜单中只显示"关于 Flash"，取消选择该选项；默认情况下是勾选该选项的。

- "设备字体"选项：会用消除锯齿（边缘平滑）的系统字体替换用户系统上未安装的字体。使用设备字体可使小号字体清晰易辨，并能见效 SWF 文件的大小。该选项置影响包含静态文本（创作SWF 文件时创建在内容显示时不会发生更改的文本）且文本设置为用设备字体显示的 SWF 文件。

- "品质"选项：用于设置所发布的品质，单击后面的小三角，弹出相应的菜单下拉列表，如图13-19 所示。

- "低"选项：使回放速度优先于外观，并且不使用消除锯齿功能。

- "自动降低"选项：优先考虑速度，但是也会尽可能改善外观。回放开始时，消除锯齿功能处于关闭状态，如果 Flash Player 检测到处理器可以处理消除锯齿功能，就会自动打开该功能。

- "自动升高"选项：在开始实时回放速度和外观两者并重，但在必要时会牺牲外观来保证回放速度。回放开始时，消除锯齿功能处于打开状态，如果实际帧频降到指定帧频之下，就会关闭消除锯齿功能以提高回放速度。

- "中"选项：会应用一些消除锯齿功能，单并不会平滑位图。"中"选项生成的图像品质要高于"低"设置生成的图像品质，但低于"高"设置生成的图像品质。

- "高（默认）"选项：使外观优先于回放速度，并始终使用消除锯齿功能。如果 SWF 文件不包含动画，则会对位图进行平滑处理；如果 SWF 文件包含动画，则不会对位图进行平滑处理。

- "最佳"选项：提供最佳的显示品质，而不考虑回放速度。所有的输出都已消除锯齿，而且始终对位图进行光滑处理。

- "窗口模式"选项：可以在更改文档的原始宽度和高度的情况下将内容放到指定的边界内，在该选项的下拉列表中包含 4 个选项，如图 13-20 所示。

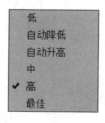

图 13-19

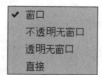

图 13-20

➢ "窗口"选项：默认情况下，预先不会在 object 和 embed 标签中嵌入任何窗口相关的属性。内容的背景不透明并使用 HTML 背景颜色。HTML 代码无法呈现在 Flash 内容的上方或下方。

➢ "不透明无窗口"选项：将 Flahs 内容的背景设置为不透明，并遮蔽该内容下面的所有内容，是 HTML 内容显示在该内容的上方或上面。

➢ "透明无窗口"选项：将 Flash 内容的背景设置为透明，并使用 HTML 内容显示在该内容的上方和下方。如果在"发布设置"对话框中的 Flahs 选项卡中勾选"硬件加速"选项，则会忽略所有的窗口模式，并默认为"窗口"。在某些情况下，当 HTML 图像复杂时，透明无窗口模式的呈现可能会导致动画速度变慢。

> "直接"选项：使用 Stage3D 渲染方法，该方法会尽可能是用 GPU。当使用直接模式时，在 HTML 页面中无法将其他非 SWF 图形放置在 SWF 文件的上面。

- "显示警告缩放"选项：如果在标签设置发生冲突时，会显示错误消息。
- "缩放"选项：可以修改内容边框或虚拟窗口与 HTML 页面中内容的关系，在该下拉列表中包括 4 个选项，如图 13-21 所示。
- "默认（显示全部）"选项：在指定的区域显示这个文档，并且保持 SWF 文件的原始高宽比，同时不会发生扭曲，应用程序的两侧可能会显示边框。
- "无边框"选项：对文档进行缩放以填充指定的区域，并保持 SWF 文件的原始高宽比，同时不会发生扭曲，并根据需要裁剪 SWF 文件边缘。
- "精确匹配"选项：在指定区域显示整个文档，但不保持原始高宽比，因此可能会发生扭曲。
- "无缩放"选项：禁止文档在调整 Flash Player 窗口大小时进行缩放。
- "HTML 对齐"选项：用于设置如何在应用程序窗口内放置内容以及如何裁剪内容，如图 13-22 所示。
  > 默认值"选项：使内容在浏览器窗口内居中显示，如果浏览器窗口小于应用程序，则会裁剪边缘。
  > "左 / 右 / 顶部 / 底部"选项：会将 SWF 文件与浏览器窗口的相应边缘对齐，并根据需要裁剪其余的三边。
  > "Flash 水平对齐"选项：用于在浏览器窗口中的水平对齐方向定位 SWF 文件窗口，下拉列表如图 13-23 所示。

"Flash 垂直对齐"选项：用于在浏览器窗口中的垂直方向定位 SWF 文件窗口，下拉列表如图 13-24 所示。

图 13-21

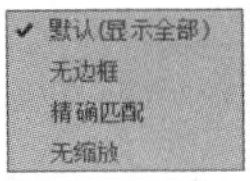

图 13-22

图 13-23

图 13-24

## 13.4.5　发布 GIF 图像

GIF 文件提供了一种简单的方法来导出绘画和简单动画，以便在 Web 中使用。标准的 GIG 文件是一种简单的压缩位图。

在"发布设置"对话框的左侧列表中选择"GIF 图像"选项，如图 13-25 所示，发布后的 GIF 图像效果如图 13-26 所示。

图 13-25

图 13-26

- "大小"选项：可以设置导出图像的宽度值和高度值。勾选"匹配影片"选项后，则表示 GIF 图像和 SWF 文件大小相同并保持原始图像的高宽比。
- "播放"选项：用于设置创建的 GIF 文件是静态图像还是 GIF 动画。播放下拉列表中有两个选项："静态"和"动画"，如果选择"动画"，可以激活"不断循环"和"重复"选项，然后选择"不断循环"选项或输入重复次数。

### 13.4.6 发布 JPEG 图像

JPEG 格式可以将图像保存为高压缩比的 24 位位图，使得图像在体积很小的情况下得到相对丰富的色调，所以 JPEG 格式图像的使用范围较为广泛，非常适合表现包含连续色调的图像。

在"发布设置"对话框的左侧列表中选择"JPEG 图像"选项卡，打开 JPEG 图像发布格式的相关选项，如图 13-27 所示。发布后的 JPEG 图像效果如图 13-28 所示。

图 13-27                                                    图 13-28

- "大小"选项：用于设置 JPEG 图像的宽度值好高度值，勾选"匹配影片"选项可以使 JPEG 图像和舞台大小相同并保持原始图像的高宽比例。
- "品质"选项：用于设置 JPEG 图像的压缩程度。勾选"渐进"选项可以在 Web 浏览器中增量显示渐进式 JPEG 图像，从而可在低速网络连接上以较快的速度显示加载的图像，类似于 GIF 和 PNG 图像中的交错选项。

### 13.4.7 发布 PNG 图像

PNG 是唯一支持透明度的跨平台位图格式，也是 Adobe Fireworks 的本地文件格式。在"发布设置"对话框的左侧列表中选择"PNG 图像"选项卡，打开 PNG 图像发布格式的相关选项，如图 13-29 所示。发布后的 PNG 图像效果如图 13-30 所示。

- "位深度"选项：设置创建图像时要使用的每个像素的位数和颜色数。位深度越高，文件就越大。
  - ➤ "8 位"选项：用于 256 色 PNG 图像。
  - ➤ "24 位"选项：用于数千种颜色的 PNG 图像。
  - ➤ "24 位 Alpha"选项：用于数千种颜色并带有透明度（32 位）的图像。

图 13-29

图 13-30

### 13.4.8　发布 Flash 动画

完成动画的发布设置后，选择"文件 > 发布设置"命令，Flash 会创建一个指定类型的文件，并将它放在 Flash 文档所有的文件夹中，在覆盖或删除之前，此文件会一直留在那里。

### 13.4.9　发布 AIR for Android 应用程序

用户可以预览 Flash AIR for Android SWF 文件，显示的效果与在 AIR 应用程序窗口中一样。如果希望在不打包也不安装应用程序的情况下查看应用程序的外观，预览功能非常有用。

选择"文件 > 新建"命令，在 Flash 中创建 Adobe AIR for Android 文档。还可以创建 ActionSpcript 3.0 FLA 文件，并通过"发布设置"对话框将其转换为 AIR for Android 文件。

在开发完成应用程序后，选择"文件 > AIR 设置"命令，或在"发布设置"对话框中的"目标"选项的下拉列表中选择"AIR for Android"选项，如图 13-31 所示。

单击"发布"按钮，可以弹出 AIR for Android 对话框，如图 13-32 所示。在该对话框中可以对应程序描述符文件、应用程序图标文件和应用程序包含的文件进行设置。

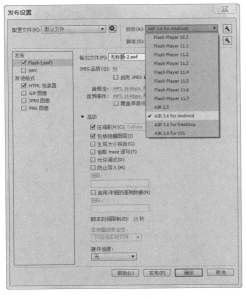

图 13-31

图 13-32

### 13.4.10　为 AIR for iOS 打包应用程序

Flash 支持为 AIR for iOS 发布应用程序，在为 iOS 发布应用程序时，Flash 会将 FLA 会将 FLA 文件转换为本机 iPhone 应用程序。

为 AIR for iOS 打包应用程序，需要在创建文档时，要选择创建 AIR for iOS 文档，如图 13-33 所示。选择"文件 > AIR 3.6 for iOS 设置"命令，在弹出的"AIR for iOS 设置"对话框中可以对应程序的宽、高、渲染模式、图标和语言等参数进行设置，如图 13-34 所示。

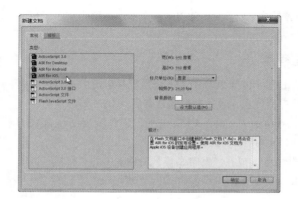

图 13-33

图 13-34

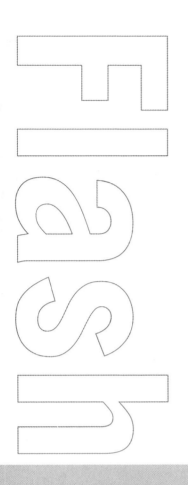

Chapter

# 14

## 第14章
## 商业案例实训

本章结合多个应用领域商业案例的实际应用，通过案例分析、案例设计和案例制作进一步讲解Flash强大的应用功能和制作技巧。读者在学习商业案例并完成大量商业练习和习题后，可以快速地掌握商业动画设计的理念和软件的技术要点，设计制作出专业的动画作品。

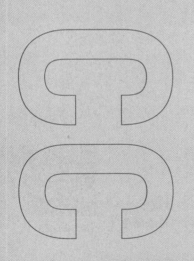

### 课堂学习目标

- 掌握软件基础知识的使用方法
- 了解Flash的常用设计领域
- 掌握Flash在不同设计领域的使用技巧

## 14.1  制作春节贺卡

### 14.1.1  案例分析

春节，是农历正月初一，又叫阴历年，俗称"过年"。这是我国民间最隆重、最热闹的一个传统节日。本例的春节电子贺卡要表现出春节喜庆祥和的气氛，把吉祥和祝福送给亲友。

在制作过程中，使用红色和金色的背景烘托出热闹喜庆的氛围，添加中国结和吉祥纹样作为卡片装饰，使画面更具传统特色。整个画面具有吉祥祝福的寓意，充满浓厚的中国韵味。

本例将使用"文本"工具，输入标题文字；使用"墨水瓶"工具，为文字添加笔触；使用"创建传统补间"命令，制作补间动画效果。

### 14.1.2  案例设计

本案例的效果如图 14-1 所示。

图 14-1

### 14.1.3  案例制作

#### 1. 导入素材制作图形元件

制作春节贺卡 1

**STEP** 🖱️1  选择"文件 > 新建"命令，在弹出的"新建文档"对话框中选择"ActionScript 3.0"选项，将"宽"选项设为 500，"高"选项设为 734，"背景颜色"选项设为黑色，单击"确定"按钮，完成文档的创建。

**STEP** 🖱️2  选择"文件 > 导入 > 导入到库"命令，在弹出的"导入到库"对话框中选择"Ch14 > 素材 > 制作春节贺卡 > 01 ~ 04"文件，单击"打开"按钮，文件被导入到"库"面板中，如图 14-2 所示。

**STEP** 🖱️3  按 Ctrl+F8 组合键，弹出"创建新元件"对话框，在"名称"选项的文本框中输入"底部"，在"类型"选项的下拉列表中选择"图形"，单击"确定"按钮，新建图形元件"底部"，如图 14-3 所示，舞台窗口也随之转换为图形元件的舞台窗口。将"库"面板中的位图"02"拖曳到舞台窗口中，如图 14-4 所示。

图 14-2

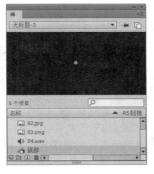
图 14-3

图 14-4

**STEP 4** 在"库"面板中新建一个图形元件"圆",如图 14-5 所示,舞台窗口也随之转换为图形元件的舞台窗口。将"库"面板中的位图"03"拖曳到舞台窗口中,如图 14-6 所示。

**STEP 5** 在"库"面板中新建一个图形元件"文字",如图 14-7 所示,舞台窗口也随之转换为图形元件的舞台窗口。选择"文本"工具 T ,在文本工具"属性"面板中进行设置,在舞台窗口中适当的位置输入大小为 160、字体为"叶根友行书繁"的白色文字,文字效果如图 14-8 所示。

图 14-5

图 14-6

图 14-7

图 14-8

**STEP 6** 在文本工具"属性"面板中进行设置,在舞台窗口中适当的位置输入大小为 96、字体为"叶根友行书繁"的白色文字,文字效果如图 14-9 所示。再次在舞台窗口中输入大小为 140、字体为"叶根友行书繁"的白色文字,文字效果如图 14-10 所示。

**STEP 7** 按 Ctrl+A 组合键,将舞台窗口中的文字全部选中,如图 14-11 所示。按 Ctrl+B 组合键,将文字打散,效果如图 14-12 所示。按 Ctrl+C 组合键,将其复制。选择"墨水瓶"工具 ,在墨水瓶工具"属性"面板中,将"笔触颜色"设为浅黄色(#FFFFCC),"笔触"选项设为 7,用鼠标在文字的边线上单击,勾画出文字的轮廓,效果如图 14-13 所示。

图 14-9

图 14-10

图 14-11

图 14-12

图 14-13

STEP **8** 单击"时间轴"面板下方的"新建图层"按钮，新建"图层2"。按 Ctrl+Shift+V 组合键，将复制的文字图形原位粘贴到"图层2"中，效果如图14-14所示。

STEP **9** 选择"窗口 > 颜色"命令，弹出"颜色"面板，选择"填充颜色"选项，在"颜色类型"选项的下拉列表中选择"线性渐变"，在色带上将左边的颜色控制点设为红色（#E9182D），将右边的颜色控制点设为深红色（#962223），生成渐变色，如图14-15所示。

STEP **10** 选择"选择"工具，按住 Shfit 键的同时单选需要的图形，将其选中，如图 14-16所示。选择"颜料桶"工具，在选中图形的内部从下向上拖曳渐变色，如图14-17所示。松开鼠标后，渐变色被填充，效果如图14-18所示。用相同的方法制作出如图14-19所示的效果。

图14-14    图14-15    图14-16    图14-17    图14-18    图14-19

STEP **11** 在"库"面板中新建一个图形元件"文字1"，如图14-20所示，舞台窗口也随之转换为图形元件的舞台窗口。选择"文本"工具，在文本工具"属性"面板中进行设置，在舞台窗口中适当的位置输入大小为13、字体为"方正北魏楷书简体"的浅黄色（#FFFCDB）文字，文字效果如图14-21所示。

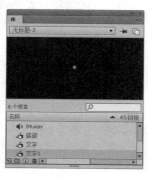

图14-20    图14-21

STEP **12** 在"库"面板中新建一个图形元件"文字2"，舞台窗口也随之转换为图形元件的舞台窗口。在文本工具"属性"面板中进行设置，在舞台窗口中适当的位置输入大小为22、字体为"方正大草简体"的浅黄色（#FFFCDB）文字，文字效果如图14-22所示。用相同的方法制作图形元件"文字3"，效果如图14-23所示。

图14-22    图14-23

**STEP 13** 在"库"面板中新建一个图形元件"文字 4"，舞台窗口也随之转换为图形元件的舞台窗口。在文本工具"属性"面板中进行设置，在舞台窗口中适当的位置输入大小为 13、字体为"方正黑体简体"的浅黄色（#FFFCDB）文字，文字效果如图 14-24 所示。

**STEP 14** 在"库"面板中新建一个图形元件"吉祥"，舞台窗口也随之转换为图形元件的舞台窗口。在文本工具"属性"面板中进行设置，在舞台窗口中适当的位置输入大小为 11、字体为"叶根友行书繁"的白色文字，文字效果如图 14-25 所示。

**STEP 15** 单击"时间轴"面板下方的"新建图层"按钮，新建"图层 2"。将"图层 2"拖曳到"图层 1"的下方。选择"椭圆"工具，在工具箱中将"笔触颜色"设为无，"填充颜色"设为红色（#CC0000），选中工具箱下方的"对象绘制"按钮，按住 Shift 键的同时在舞台窗口中绘制 1 个圆形，如图 14-26 所示。

**STEP 16** 选择"选择"工具，选中红色圆形，按住 Alt+Shift 组合键的同时向下拖曳圆形到适当的位置，松开鼠标复制图形，效果如图 14-27 所示。按两次 Ctrl+Y 组合键，重复复制图形，效果如图 14-28 所示。

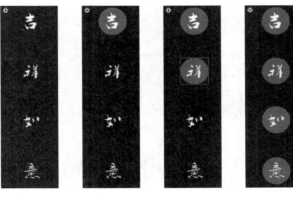

图 14-24　　　　　图 14-25　　　　图 14-26　　　　图 14-27　　　　图 14-28

## 2．制作场景动画

**STEP 1** 单击舞台窗口左上方的"场景 1"图标，进入"场景 1"的舞台窗口。将"图层 1"重新命名为"底图"。将"库"面板中的位图"01"拖曳到舞台窗口中，如图 14-29 所示。选中"底图"图层的第 120 帧，按 F5 键，插入普通帧。

制作春节贺卡 2

**STEP 2** 在"时间轴"面板中创建新图层并将其命名为"底部"。将"库"面板中的图形元件"底图"拖曳到舞台窗口中，并放置在适当的位置，如图 14-30 所示。选中"底部"图层的第 25 帧，按 F6 键，插入关键帧。

图 14-29　　　　　　　　　图 14-30

STEP **3** 选中"底部"图层的第 1 帧，在舞台窗口中将"底部"实例垂直向下拖曳到适当的位置，如图 14-31 所示。用鼠标右键单击"底部"图层的第 1 帧，在弹出的快捷菜单中选择"创建传统补间"命令，生成传统补间动画。

STEP **4** 在"时间轴"面板中创建新图层并将其命名为"圆"。选中"圆"图层的第 5 帧，按 F6 键，插入关键帧。将"库"面板中的图形元件"圆"拖曳到舞台窗口中，并放置在适当的位置，如图 14-32 所示。

STEP **5** 选中"圆"图层的第 35 帧，按 F6 键，插入关键帧。选中"圆"图层的第 5 帧，在舞台窗口中将"圆"实例垂直向上拖曳到适当的位置，如图 14-33 所示。用鼠标右键单击"圆"图层的第 5 帧，在弹出的快捷菜单中选择"创建传统补间"命令，生成传统补间动画。

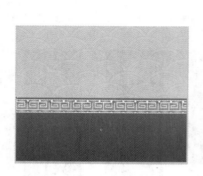

图 14-31

图 14-32

图 14-33

STEP **6** 在"时间轴"面板中创建新图层并将其命名为"文字"。选中"文字"图层的第 11 帧，按 F6 键，插入关键帧。将"库"面板中的图形元件"文字"拖曳到舞台窗口中，并放置在适当的位置，如图 14-34 所示。

STEP **7** 选中"文字"图层的第 40 帧，按 F6 键，插入关键帧。选中"文字"图层的第 11 帧，在舞台窗口中将"文字"实例水平向左拖曳到适当的位置，如图 14-35 所示。用鼠标右键单击"文字"图层的第 11 帧，在弹出的快捷菜单中选择"创建传统补间"命令，生成传统补间动画，如图 14-36 所示。

图 14-34

图 14-35

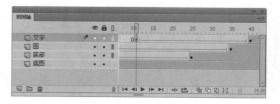

图 14-36

STEP **8** 在"时间轴"面板中创建新图层并将其命名为"吉祥"。选中"吉祥"图层的第 20 帧，按 F6 键，插入关键帧。将"库"面板中的图形元件"吉祥"拖曳到舞台窗口中，并放置在适当的位置，如图 14-37 所示。

**STEP 9** 选中"吉祥"图层的第 40 帧，按 F6 键，插入关键帧。选中"吉祥"图层的第 20 帧，在舞台窗口中将"文字"实例水平向右拖曳到适当的位置，如图 14-38 所示。用鼠标右键单击"吉祥"图层的第 20 帧，在弹出的快捷菜单中选择"创建传统补间"命令，生成传统补间动画，如图 14-39 所示。

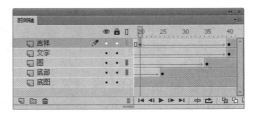

| 图 14-37 | 图 14-38 | 图 14-39 |

**STEP 10** 在"时间轴"面板中创建新图层并将其命名为"文字 1"。选中"文字 1"图层的第 30 帧，按 F6 键，插入关键帧。将"库"面板中的图形元件"文字 1"拖曳到舞台窗口中，并放置在适当的位置，如图 14-40 所示。

**STEP 11** 选中"文字 1"图层的第 55 帧，按 F6 键，插入关键帧。选中"文字 1"图层的第 30 帧，在舞台窗口中将"文字 1"实例垂直向下拖曳到适当的位置，如图 14-41 所示。用鼠标右键单击"文字 1"图层的第 30 帧，在弹出的快捷菜单中选择"创建传统补间"命令，生成传统补间动画。

**STEP 12** 在"时间轴"面板中创建新图层并将其命名为"文字 2"。选中"文字 2"图层的第 40 帧，按 F6 键，插入关键帧。将"库"面板中的图形元件"文字 2"拖曳到舞台窗口中，并放置在适当的位置，如图 14-42 所示。

| 图 14-40 | 图 14-41 | 图 14-42 |

**STEP 13** 选中"文字 2"图层的第 65 帧，按 F6 键，插入关键帧。选中"文字 2"图层的第 40 帧，在舞台窗口中将"文字 2"实例水平向左拖曳到适当的位置，如图 14-43 所示。用鼠标右键单击"文字 2"图层的第 40 帧，在弹出的快捷菜单中选择"创建传统补间"命令，生成传统补间动画。

**STEP 14** 在"时间轴"面板中创建新图层并将其命名为"文字 3"。选中"文字 3"图层的第 40 帧，按 F6 键，插入关键帧。将"库"面板中的图形元件"文字 3"拖曳到舞台窗口中，并放置在适当的位置，如图 14-44 所示。

**STEP 15** 选中"文字 3"图层的第 65 帧，按 F6 键，插入关键帧。选中"文字 3"图层的第 40 帧，在舞台窗口中将"文字 3"实例水平向右拖曳到适当的位置，如图 14-45 所示。用鼠标右键单击"文字 3"图层的第 40 帧，在弹出的快捷菜单中选择"创建传统补间"命令，生成传统补间动画。

图 14-43　　　　　　　　　图 14-44　　　　　　　　　图 14-45

**STEP 16** 在"时间轴"面板中创建新图层并将其命名为"文字 4"。选中"文字 4"图层的第 50 帧，按 F6 键，插入关键帧。将"库"面板中的图形元件"文字 4"拖曳到舞台窗口中，并放置在适当的位置，如图 14-46 所示。

**STEP 17** 选中"文字 4"图层的第 65 帧，按 F6 键，插入关键帧。选中"文字 4"图层的第 50 帧，在舞台窗口中将"文字 4"实例垂直向下拖曳到适当的位置，如图 14-47 所示。用鼠标右键单击"文字 4"图层的第 50 帧，在弹出的快捷菜单中选择"创建传统补间"命令，生成传统补间动画，如图 14-48 所示。

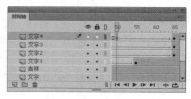

图 14-46　　　　　　　　　图 14-47　　　　　　　　　图 14-48

**STEP 18** 在"时间轴"面板中创建新图层并将其命名为"音乐"。选中"音乐"图层的第 1 帧，将"库"面板中的声音文件"04"拖曳到舞台窗口中，"时间轴"面板如图 14-49 所示。春节贺卡制作完成，按 Ctrl+Enter 组合键即可查看效果。

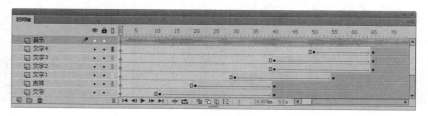

图 14-49

# 14.2　制作手机广告

## 14.2.1　案例分析

手机是现代人通讯生活的必需品，人们对它的技术和创新要求越来越高，使得商家在推出新款手机的竞争也就越来越大，本例将设计制作手机广告，希望借助网络和广告动画的形式表现出手机产品的创新和独特。

在设计制作过程中，使用黑色底搭配粉色的光束制作出具有空间感和有诱惑感的背景；手机产品放置在重要位置，突出对产品的展示，字体的色彩搭配与背景相得益彰，可以起到醒目强化的效果，达到了宣传的目的。

本例将使用"遮罩层"命令，制作遮罩动画效果；使用"矩形"工具和"颜色"面板，制作渐变矩形；使用"动作"面板，设置脚本语言；在制作过程中，要处理好遮罩图形，并准确设置脚本语言。

## 14.2.2 案例设计

本案例的效果如图 14-50 所示。

图 14-50

## 14.2.3 案例制作

### 1. 导入图片并制作图形元件

制作手机广告 1

**STEP 1** 选择"文件 > 新建"命令，在弹出的"新建文档"对话框中选择"ActionScript 3.0"选项，将"宽"选项设为 800，"高"选项设为 251，"背景颜色"选项设为灰色（#999999），单击"确定"按钮，完成文档的创建。

**STEP 2** 选择"文件 > 导入 > 导入到库"命令，在弹出的"导入到库"对话框中选择"Ch14 > 素材 > 制作手机广告 > 01 ~ 04"文件，单击"打开"按钮，文件被导入到"库"面板中，如图 14-51 所示。

**STEP 3** 在"库"面板中新建一个图形元件"手机"，舞台窗口也随之转换为图形元件的舞台窗口。将"库"面板中的位图"03"拖曳到舞台窗口中，如图 14-52 所示。用相同的方法将"库"面板中的位图"01"，制作成图形元件"底图"，"库"面板如图 14-53 所示。

图 14-51

图 14-52

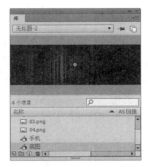

图 14-53

STEP **4** 在"库"面板中新建一个图形元件"渐变色"，舞台窗口也随之转换为图形元件的舞台窗口。选择"窗口 > 颜色"命令，弹出"颜色"面板，将"笔触颜色"设为无，单击"填充颜色"按钮，在"颜色类型"选项下拉列表中选择"线性渐变"，在色带上设置 3 个控制点，选中色带上两侧的控制点，将其设为白色，在"Alpha"选项中将其不透明度设为 0%，选中色带上中间的控制点，将其设为白色，生成渐变色，如图 14-54 所示。

图 14-54

STEP **5** 选择"矩形"工具，在舞台窗口中绘制 1 个矩形，效果如图 14-55 所示。在"库"面板中新建一个图形元件"标志"，舞台窗口也随之转换为图形元件的舞台窗口。将"库"面板中的位图"04"拖曳到舞台窗口中，如图 14-56 所示。

STEP **6** 单击"时间轴"面板下方的"新建图层"按钮，新建"图层 2"。选择"文本"工具，在文本工具"属性"面板中进行设置，在舞台窗口中适当的位置输入大小为 16、字体为"方正粗黑繁体"的白色文字，文字效果如图 14-57 所示。

图 14-56

图 14-55

图 14-57

STEP **7** 在"库"面板中新建一个图形元件"文字 1"，舞台窗口也随之转换为图形元件的舞台窗口。选择"文本"工具，在文本工具"属性"面板中进行设置，在舞台窗口中适当的位置输入大小为 22、字体为"方正准圆简体"的白色文字，文字效果如图 14-58 所示。再次在舞台窗口中输入大小为 53、字体为"方正字迹 - 张颢硬笔楷书"的白色文字，文字效果如图 14-59 所示。

图 14-58

图 14-59

STEP **8** 在"库"面板中新建一个图形元件"文字 2"，舞台窗口也随之转换为图形元件的舞台窗口。在文本工具"属性"面板中进行设置，在舞台窗口中适当的位置输入大小为 25、字体为"方正准圆简体"的青蓝色（#0099FF）文字，文字效果如图 14-60 所示。再次在舞台窗口中输入大小为 16、字体为"方正准圆简体"的青蓝色（#0099FF）英文，文字效果如图 14-61 所示。

图 14-60

图 14-61

## 2. 制作标志动画

**STEP** 在"库"面板中新建一个影片剪辑元件"标志动",舞台窗口也随之转换为影片剪辑元件的舞台窗口。将"库"面板中的图形元件"标志"拖曳到舞台窗口中,如图 14-62 所示。分别选中"图层 1"的第 15 帧、第 30 帧,按 F6 键,插入关键帧。

制作手机广告 2

**STEP** 选中"图层 1"的第 15 帧,在舞台窗口中选中"标志"实例,按 Ctrl+T 组合键,在弹出的"变形"面板中进行设置,如图 14-63 所示,按 Enter 键,确认变形,效果如图 14-64 所示。

**STEP** 分别用鼠标右键单击"图层 1"的第 1 帧、第 15 帧,在弹出的快捷菜单中选择"创建传统补间"命令,生成传统补间动画。将"舞台颜色"选项设为青蓝色(#0099FF)。

图 14-62        图 14-63        图 14-64

## 3. 制作轮廓动画

**STEP** 单击舞台窗口左上方的"场景 1"图标，进入"场景 1"的舞台窗口。将"图层 1"重命名为"轮廓"。将"库"面板中的图形元件"02"拖曳到舞台窗口中,并放置在舞台窗口的左侧,如图 14-65 所示。按多次 Ctrl+B 组合键,将其打散,如图 14-66 所示。

制作手机广告 3

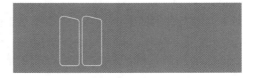

图 14-65             图 14-66

**STEP** 选中"轮廓"图层的第 40 帧,按 F5 键,插入普通帧。在"时间轴"面板中创建新图层并将其命名为"渐变",并将"渐变"图层拖曳到"轮廓"图层的下方,如图 14-67 所示。将"库"面板中的图形元件"渐变色"拖曳到舞台窗口,并放置在适当的位置,如图 14-68 所示。

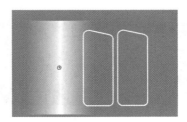

图 14-67             图 14-68

**STEP 3** 分别选中"渐变"图层的第 10 帧、第 20 帧、第 30 帧、第 40 帧，按 F6 键，插入关键帧，如图 14-69 所示。选中"渐变"图层的第 10 帧，在舞台窗口中将"渐变色"实例水平向右拖曳到适当的位置，如图 14-70 所示。

图 14-69　　　　　　　　　　　　　　　　　图 14-70

**STEP 4** 用相同的方法设置"渐变"图层的第 30 帧。分别用鼠标右键单击"渐变"图层的第 1 帧、第 10 帧、第 20 帧、第 30 帧，在弹出的快捷菜单中选择"创建传统补间"命令，生成传统补间动画，如图 14-71 所示。

**STEP 5** 用鼠标右键单击"轮廓"图层的图层名称，在弹出的快捷菜单中选择"遮罩层"命令，将"轮廓"图层转换为遮罩层，"渐变"图层转为被遮罩的层，如图 14-72 所示。

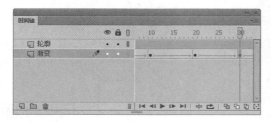
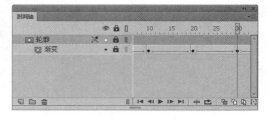

图 14-71　　　　　　　　　　　　　　　　　图 14-72

### 4. 制作场景动画

**STEP 1** 在"时间轴"面板中创建新图层并将其命名为"底图"。选中"底图"图层的第 40 帧，按 F6 键，插入关键帧。将"库"面板中的图形元件"底图"拖曳到舞台窗口中，并放置在与舞台中心重叠的位置，如图 14-73 所示。

**STEP 2** 选中"底图"图层的第 50 帧，按 F6 键，插入关键帧，选中第 85 帧，按 F5 键，插入普通帧。选中"底图"图层的第 40 帧，在舞台窗口中选中"底图"实例，在图形"属性"面板中选择"色彩效果"选项组，在"样式"选项的下拉列表中选择"Alpha"，将其值设为 0 %。

制作手机广告 4

**STEP 3** 用鼠标右键单击"底图"图层的第 40 帧，在弹出的快捷菜单中选择"创建传统补间"命令，生成传统补间动画，如图 14-74 所示。

图 14-73　　　　　　　　　　　　　　　　　图 14-74

**STEP** 4 在"时间轴"面板中创建新图层并将其命名为"手机"。选中"手机"图层的第 40
帧，按 F6 键，插入关键帧。将"库"面板中的图形元件"手机"拖曳到舞台窗口中，并放置在轮廓中，
如图 14-75 所示。

**STEP** 5 选中"手机"图层的第 50 帧，按 F6 键，插入关键帧。选中"手机"图层的第 40 帧，
在舞台窗口中选中"手机"实例，在图形"属性"面板中选择"色彩效果"选项组，在"样式"选项的
下拉列表中选择"Alpha"，将其值设为 0 %。

**STEP** 6 用鼠标右键单击"手机"图层的第 40 帧，在弹出的快捷菜单中选择"创建传统补间"
命令，生成传统补间动画，如图 14-76 所示。

图 14-75

图 14-76

**STEP** 7 在"时间轴"面板中创建新图层并将其命名为"文字 1"。选中"文字 1"图层的第
50 帧，按 F6 键，插入关键帧。将"库"面板中的图形元件"文字 1"拖曳到舞台窗口中，并放置在适
当的位置，如图 14-77 所示。

**STEP** 8 选中"文字 1"图层的第 70 帧，按 F6 键，插入关键帧。选中"文字 1"图层的
第 50 帧，在舞台窗口中将"文字 1"实例垂直向上拖曳到适当的位置，如图 14-78 所示。用鼠标
右键单击"文字 1"图层的第 50 帧，在弹出的快捷菜单中选择"创建传统补间"命令，生成传统补
间动画。

图 14-77

图 14-78

**STEP** 9 在"时间轴"面板中创建新图层并将其命名为"文字 2"。选中"文字 2"图层的第
50 帧，按 F6 键，插入关键帧。将"库"面板中的图形元件"文字 2"拖曳到舞台窗口中，并放置在适
当的位置，如图 14-79 所示。

**STEP** 10 选中"文字 2"图层的第 70 帧，按 F6 键，插入关键帧。选中"文字 2"图层
的第 50 帧，在舞台窗口中将"文字 2"实例垂直向下拖曳到适当的位置，如图 14-80 所示。用鼠
标右键单击"文字 2"图层的第 50 帧，在弹出的快捷菜单中选择"创建传统补间"命令，生成传统
补间动画。

图 14-79 图 14-80

**STEP 11** 在"时间轴"面板中创建新图层并将其命名为"标志"。选中"标志"图层的第70帧，按F6键，插入关键帧。将"库"面板中的影片剪辑元件"标志动"拖曳到舞台窗口中，并放置在适当的位置，如图14-81所示。

**STEP 12** 选中"标志"图层的第85帧，按F6键，插入关键帧。选中"标志"图层的第70帧，在舞台窗口中将"标志动"实例水平向右拖曳到适当的位置，如图14-82所示。在图形"属性"面板中选择"色彩效果"选项组，在"样式"选项的下拉列表中选择"Alpha"，将其值设为0%。

**STEP 13** 用鼠标右键单击"标志"图层的第70帧，在弹出的快捷菜单中选择"创建传统补间"命令，生成传统补间动画。

**STEP 14** 在"时间轴"面板中创建新图层并将其命名为"动作脚本"。选中"动作脚本"图层的第85帧，按F6键，插入关键帧。按F9键，在弹出的"动作"面板中输入动作脚本，如图14-83所示。设置好动作脚本后，关闭"动作"面板。在"动作脚本"的第85帧上显示出一个标记"a"。手机广告制作完成，按Ctrl+Enter组合键即可查看效果。

图 14-81 图 14-82 图 14-83

# 14.3 制作旅游相册

### 14.3.1 案例分析

很多人都喜欢旅行，在旅行中人们能够发现生活的美好，放松心情的同时得到更多的见闻，所以将旅行中的美好时刻记录下来是非常重要的，旅行相册设计要求美观大方。

在设计制作过程中，使用具有个性的插画图片作为相册的背景图案，并且在右侧搭配个人的照片，画面的中间放置旅行照片，在上方使用非常巧妙的方式放置照片的缩览图，使画面生动有趣，富有创意，增添了观看照片的乐趣。

本例将使用"椭圆"工具和"线条"工具，绘制按钮图形；使用"创建传统补间"命令，制作补间动画；使用"动作"面板，设置脚本语言；使用粘贴到当前位置命令复制按钮图形；使用"变形"面板改变图片的大小。

## 14.3.2 案例设计

本案例的效果如图 14-84 所示。

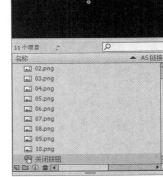

图 14-84

## 14.3.3 案例制作

### 1. 导入图片并制作按钮

**STEP 1** 选择"文件 > 新建"命令，在弹出的"新建文档"对话框中选择"ActionScript 3.0"选项，将"宽"选项设为 800，"高"选项设为 600，"背景颜色"选项设为黑色，单击"确定"按钮，完成文档的创建。

制作旅游相册 1

**STEP 2** 选择"文件 > 导入 > 导入到库"命令，在弹出的"导入到库"对话框中选择"Ch14 > 素材 > 制作旅游相册 > 01 ～ 04"文件，单击"打开"按钮，文件被导入到"库"面板中，如图 14-85 所示。

**STEP 3** 按 Ctrl+F8 组合键，弹出"创建新元件"对话框，在"名称"选项的文本框中输入"关闭按钮"，在"类型"选项下拉列表中选择"按钮"选项，如图 14-86 所示，单击"确定"按钮，新建按钮元件"关闭按钮"，如图 14-87 所示。舞台窗口也随之转换为按钮元件的舞台窗口。

图 14-85

图 14-86

图 14-87

**STEP 4** 选择"椭圆"工具 ⬭，在椭圆工具"属性"面板中，将"笔触颜色"设为白色，"填充颜色"设为青绿色（#33CCCC），"笔触"选项设为 3，选中工具箱下方的"对象绘制"按钮 ⬭，按住 Shift 键的同时绘制 1 个圆形，效果如图 14-88 所示。

**STEP 5** 选择"线条"工具 ✏，在线条工具"属性"面板中，将"笔触颜色"设为白色，"填充颜色"设为无，"笔触"设为 6，其他选项的设置如图 14-89 所示，在舞台窗口中绘制 1 条倾斜直线，效果如图 14-90 所示。用相同的方法再次绘制 1 条直线，效果如图 14-91 所示。将背景色改为白色。

图 14-88

图 14-89

图 14-90

图 14-91

**STEP 6** 在"库"面板中新建一个按钮元件"按钮 1"，舞台窗口也随之转换为按钮元件的舞台窗口。将"库"面板中的位图"02"拖曳到舞台窗口中，如图 14-92 所示。

**STEP 7** 在"库"面板中新建一个按钮元件"按钮 2"，舞台窗口也随之转换为按钮元件的舞台窗口。将"库"面板中的位图"03"拖曳到舞台窗口中，如图 14-93 所示。

**STEP 8** 在"库"面板中新建一个按钮元件"按钮 3"，舞台窗口也随之转换为按钮元件的舞台窗口。将"库"面板中的位图"04"拖曳到舞台窗口中，如图 14-94 所示。

图 14-92

图 14-93

图 14-94

### 2. 制作图形元件

**STEP 1** 按 Ctrl+F8 组合键，弹出"创建新元件"对话框，在"名称"选项的文本框中输入"图片 1"，在"类型"选项下拉列表中选择"图形"选项，单击"确定"按钮，新建图形元件"图片 1"。舞台窗口也随之转换为图形元件的舞台窗口。

制作旅游相册 2

**STEP 2** 将"库"面板中的位图"05"拖曳到舞台窗口中，如图 14-95 所示。在"库"面板中新建一个图形元件"图形 2"，舞台窗口也随之转换为图形元件的舞台窗口。将"库"面板中的位图"06"拖曳到舞台窗口中，如图 14-96 所示。

**STEP 3** 在"库"面板中新建一个图形元件"图形 3"，舞台窗口也随之转换为图形元件的舞台窗口。将"库"面板中的位图"07"拖曳到舞台窗口中，如图 14-97 所示。

图 14-95　　　　　　　　　　图 14-96　　　　　　　　　　图 14-97

### 3. 制作动画效果

STEP 1 单击舞台窗口左上方的"场景 1"图标  ，进入"场景 1"的舞台窗口。将"图层 1"重命名为"底图"。将"库"面板中的位图"01"拖曳到舞台窗口中，如图 14-98 所示。选中"底图"图层的第 88 帧，按 F5 键，插入普通帧。

STEP 2 在"时间轴"面板中创建新图层并将其命名为"按钮"。分别将"库"面板中的按钮元件"按钮 1""按钮 2"和"按钮 3"拖曳到舞台窗口中，并放置在适当的位置，如图 14-99 所示。

制作旅游相册 3

STEP 3 在"时间轴"面板中创建新图层并将其命名为"图夹"。分别将"库"面板中的位图"08""09"和"10"拖曳到舞台窗口中，并放置在适当的位置，如图 14-100 所示。

图 14-98　　　　　　　　　　图 14-99　　　　　　　　　　图 14-100

STEP 4 选择"选择"工具 ，在舞台窗口中选中"按钮 1"实例，在按钮"属性"面板"实例名称"选项的文本框中输入"a"，如图 14-101 所示。用相同的方法对"按钮 2"和"按钮 3"实例进行命名，分别如图 14-102 和图 14-103 所示。

图 14-101　　　　　　　　　　图 14-102　　　　　　　　　　图 14-103

**STEP 5** 在"时间轴"面板中创建新图层并将其命名为"图片 1"。选中"图片 1"图层的第 2 帧，按 F6 键，插入关键帧。将"库"面板中的图形元件"图片 1"拖曳到舞台窗口中，并放置在适当的位置，如图 14-104 所示。选中"图片 1"图层的第 15 帧、第 30 帧，按 F6 键，插入关键帧。选中"图片 1"图层的第 31 帧，按 F7 键，插入空白关键帧。

**STEP 6** 选中"图片 1"图层的第 2 帧，在舞台窗口中将"图片 1"实例水平向右拖曳到适当的位置，如图 14-105 所示。选中"图片 1"图层的第 30 帧，在舞台窗口中将"图片 1"实例水平向左拖曳到适当的位置，如图 14-106 所示。

**STEP 7** 分别用鼠标右键单击"图片 1"图层的第 2 帧、第 15 帧，在弹出的快捷菜单中选择"创建传统补间"命令，生成传统补间动画。

图 14-104　　　　　　　　　　图 14-105　　　　　　　　　　图 14-106

**STEP 8** 选中"图片 1"图层的第 30 帧，选择"窗口 > 动作"命令，弹出"动作"面板，在"动作"面板中设置脚本语言，"脚本窗口"中显示的效果如图 14-107 所示。

**STEP 9** 在"时间轴"面板中创建新图层并将其命名为"图片 2"。选中"图片 2"图层的第 31 帧，按 F6 键，插入关键帧。将"库"面板中的图形元件"图片 2"拖曳到舞台窗口中，并放置在适当的位置，如图 14-108 所示。选中"图片 2"图层的第 44 帧、第 59 帧，按 F6 键，插入关键帧。选中"图片 2"图层的第 60 帧，按 F7 键，插入空白关键帧。

**STEP 10** 选中"图片 2"图层的第 31 帧，在舞台窗口中将"图片 2"实例水平向右拖曳到适当的位置，如图 14-109 所示。

图 14-107　　　　　　　　　　图 14-108　　　　　　　　　　图 14-109

**STEP 11** 选中"图片 2"图层的第 59 帧，在舞台窗口中将"图片 2"实例水平向左拖曳到适当的位置，如图 14-110 所示。分别用鼠标右键单击"图片 2"图层的第 31 帧、第 44 帧，在弹出的快捷菜单中选择"创建传统补间"命令，生成传统补间动画，如图 14-111 所示。选中"图片 2"图层的第 59 帧，选择"窗口 > 动作"命令，弹出"动作"面板，在"动作"面板中设置脚本语言，"脚本窗口"中显示的效果如图 14-112 所示。

| 图 14-110 | 图 14-111 | 图 14-112 |

**STEP 12** 在"时间轴"面板中创建新图层并将其命名为"图片 3"。选中"图片 3"图层的第 60 帧，按 F6 键，插入关键帧。将"库"面板中的图形元件"图片 3"拖曳到舞台窗口中，如图 14-113 所示。选中"图片 3"图层的第 73 帧、第 88 帧，按 F6 键，插入关键帧。

**STEP 13** 选中"图片 3"图层的第 60 帧，在舞台窗口中将"图片 3"实例水平向右拖曳到适当的位置，如图 14-114 所示。选中"图片 3"图层的第 80 帧，在舞台窗口中将"图片 3"实例水平向左拖曳到适当的位置，如图 14-115 所示。

| 图 14-113 | 图 14-114 | 图 14-115 |

**STEP 14** 分别用鼠标右键单击"图片 3"图层的第 60 帧、第 73 帧，在弹出的快捷菜单中选择"创建传统补间"命令，生成传统补间动画，如图 14-116 所示。

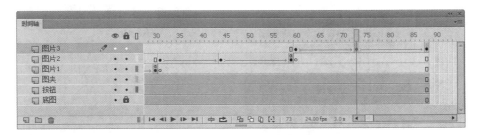

图 14-116

**STEP 15** 选中"图片 3"图层的第 80 帧，选择"窗口 > 动作"命令，弹出"动作"面板，在"动作"面板中设置脚本语言，"脚本窗口"中显示的效果如图 14-117 所示。

**STEP 16** 在"时间轴"面板中创建新图层并将其命名为"关闭按钮"。分别选中"关闭按钮"图层的第 15 帧、第 16 帧、第 44 帧、第 45 帧、第 73 帧、第 74 帧，按 F6 键，插入关键帧。

**STEP 17** 选中"关闭按钮"图层的第 15 帧，将"库"面板中的按钮元件"关闭按钮"拖曳到对应舞台窗口中相框的右上角，效果如图 14-118 所示。保持按钮实例的选取状态，在按钮"属性"面板"实例名称"选项的文本框中输入"a1"，如图 14-119 所示。

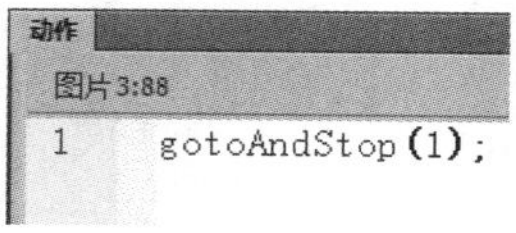

图 14-117

图 14-118

图 14-119

**STEP 18** 选择"窗口 > 动作"命令，弹出"动作"面板，在"动作"面板中设置脚本语言，"脚本窗口"中显示的效果如图 14-120 所示。

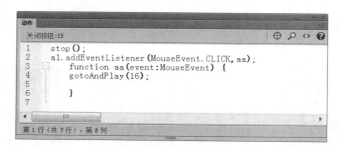

图 14-120

**STEP 19** 选中"关闭按钮"图层的第 44 帧，将"库"面板中的按钮元件"关闭按钮"拖曳到对应舞台窗口中相框的右上角，效果如图 14-121 所示。保持按钮实例的选取状态，在按钮"属性"面板"实例名称"选项的文本框中输入"b1"，如图 14-122 所示。

图 14-121

图 14-122

**STEP 20** 选择"窗口 > 动作"命令，弹出"动作"面板，在"动作"面板中设置脚本语言，"脚本窗口"中显示的效果如图 14-123 所示。选中"关闭按钮"图层的第 73 帧，将"库"面板中的按钮元件"关闭按钮"拖曳到对应舞台窗口中相框的右上角，效果如图 14-124 所示。

**STEP 21** 保持按钮实例的选取状态，在按钮"属性"面板"实例名称"选项的文本框中输入"c1"，如图 14-125 所示。选择"窗口 > 动作"命令，弹出"动作"面板，在"动作"面板中设置脚本语言，"脚本窗口"中显示的效果如图 14-126 所示。

```
动作
关闭按钮:44                                    ⊕ ○ ◇ 🔧 ❓
1    stop();
2    b1.addEventListener(MouseEvent.CLICK,bb);
3        function bb(event:MouseEvent) {
4            gotoAndPlay(45);
5
6        }
7
◀                  III                            ▶
第 1 行（共 7 行），第 8 列
```

图 14-123

图 14-124

图 14-125

```
动作
关闭按钮:73                                    ⊕ ○ ◇ 🔧 ❓
1    stop();
2    c1.addEventListener(MouseEvent.CLICK,cc);
3        function cc(event:MouseEvent) {
4            gotoAndPlay(74);
5
6        }
◀                  III                            ▶
第 6 行（共 6 行），第 5 列
```

图 14-126

**STEP 🔾◢22** 在"时间轴"面板中创建新图层并将其命名为"动作脚本"。选中"动作脚本"图层的第 1 帧，选择"窗口 > 动作"命令，弹出"动作"面板，在"动作"面板中设置脚本语言，"脚本窗口"中显示的效果如图 14-127 所示。环球旅游相册制作完成，按 Ctrl+Enter 组合键即可查看效果，如图 14-128 所示。

```
动作
动作脚本:1                                    ⊕ ○ ◇ 🔧 ❓
1    stop();
2    a.addEventListener(MouseEvent.CLICK,aaa);
3        function aaa(event:MouseEvent) {
4            gotoAndPlay(2);
5
6        }
7    b.addEventListener(MouseEvent.CLICK,bbb);
8        function bbb(event:MouseEvent) {
9            gotoAndPlay(31);
10
11        }
12   c.addEventListener(MouseEvent.CLICK,ccc);
13        function ccc(event:MouseEvent) {
14            gotoAndPlay(61);
15
16        }
17
◀                  III                            ▶
第 16 行（共 17 行），第 4 列
```

图 14-127

图 14-128

# 14.4 制作房地产网页

## 14.4.1 案例分析

房地产网页的功能是让用户便捷地浏览楼盘项目，了解楼盘新闻、建设、装饰等信息。除了界面效

果要吸引用户眼球，设计时还要注意房产网页的行业特点和构成要素。页面的布局设计和动态交互要使客户更加容易地了解项目的特点和价值。

在设计制作过程中，先对界面进行合理的布局，将导航栏放在上面区域，有利于用户单击浏览。网页的背景使用优雅高档的住宅的图片做为背景，体现网页的高端品质。网页的整体色调以黄色为主，与整个网页的搭配相得益彰，通过按钮图形和文字动画的互动，体现出房地产项目的科技感与创新感，整个网页设计能够让人眼前一亮。

本例将使用"矩形"工具和"文本"工具，绘制按钮效果；使用"文本"工具，添加说明文字；使用"动作"面板，设置脚本语言。

## 14.4.2 案例设计

本案例的效果如图 14-129 所示。

图 14-129

## 14.4.3 案例制作

### 1. 绘制按钮图形

制作房地产网页 1

**STEP 1** 选择"文件 > 新建"命令，在弹出的"新建文档"对话框中选择"ActionScript 3.0"选项，将"宽"选项设为 650，"高"选项设为 400，"背景颜色"选项设为黑色，单击"确定"按钮，完成文档的创建。

**STEP 2** 在"库"面板中新建一个按钮元件"按钮 1"，舞台窗口也随之转换为按钮元件的舞台窗口。选择"矩形"工具 ■，在矩形工具"属性"面板中，将"笔触颜色"设为白色，"填充颜色"设为黄色（E1AF02），"笔触"选项设为 2，其他选项的设置如图 14-130 所示，在舞台窗口中绘制 1 个圆角矩形，效果如图 14-131 所示。

**STEP 3** 分别选中"图层 1"的"指针经过"帧、"按下"帧，按 F6 键，插入关键帧。选中"指针经过"帧，选择"窗口 > 颜色"命令，弹出"颜色"面板，选择"填充颜色"选项 ■，在"颜色类型"选项的下拉列表中选择"线性渐变"，在色带上将左边的颜色控制点设为白色，将右边的颜色控制点设为黄色（E1AF02），生成渐变色，如图 14-132 所示。

**STEP 4** 选择"颜料桶"工具 ■，在矩形的内部从下向上拖曳渐变色。松开鼠标，填充渐变色，效果如图 14-133 所示。

图 14-130

图 14-131

图 14-132

图 14-133

**STEP 5** 单击"时间轴"面板下方的"新建图层"按钮，新建"图层 2"。选择"文本"工具 T，在文本工具"属性"面板中进行设置，在舞台窗口中适当的位置输入大小为 14、字体为"方正兰亭黑简体"的黑色文字，文字效果如图 14-134 所示。

**STEP 6** 选中"图层 2"的"指针经过"帧，按 F6 键，插入关键帧。选择"选择"工具，在舞台窗口中选中文字，在工具箱中将"填充颜色"设为红色（#FF0000），效果如图 14-135 所示。

图 14-134

图 14-135

**STEP 7** 选中"图层 2"的"按下"帧，按 F6 键，插入关键帧。按 Ctrl+A 组合键，将舞台窗口中的对象全部选中，如图 14-136 所示。按 Ctrl+T 组合键，弹出"变形"面板，将"缩放宽度"选项和"缩放高度"选项均设为 86%，如图 14-137 所示，按 Enter 键，图形缩小，按 Esc 键取消选择，效果如图 14-138 所示。

图 14-136

图 14-137

图 14-138

**STEP 8** 用上述的方法分别制作按钮元件"按钮 2""按钮 3"和"按钮 4"，如图 14-139、图 14-140 和图 14-141 所示。

图 14-139          图 14-140          图 14-141

### 2. 制作动画效果

**STEP** 单击舞台窗口左上方的"场景 1"图标，进入"场景 1"的舞台窗口。将"图层 1"重新命名为"底图"，如图 14-142 所示。选择"文件 > 导入 > 导入到舞台"命令，在弹出的"导入"对话框中选择"Ch14 > 素材 > 制作房地产网页 > 01"文件，单击"打开"按钮，文件被导入到"库"面板中，如图 14-143 所示。选中"底图"图层的第 30 帧，按 F5 键，插入普通帧。

制作房地产网页 2

图 14-142                          图 14-143

**STEP** 在"时间轴"面板中创建新图层并将其命名为"矩形块"。选择"矩形"工具，在工具箱中将"笔触颜色"设为无，"填充颜色"设为白色，在舞台窗口中绘制 1 个与舞台大小相同的矩形，效果如图 14-144 所示。

**STEP** 选中"矩形块"图层的第 20 帧，按 F6 键，插入关键帧。选中"矩形块"图层的第 1 帧，在舞台窗口中选中矩形，选择"窗口 > 颜色"命令，弹出"颜色"面板，选择"填充颜色"选项，"Alpha"选项设为 60%，如图 14-145 所示，效果如图 14-146 所示。

图 14-144          图 14-145                          图 14-146

**STEP 4** 用鼠标右键单击"矩形块"图层的第 1 帧，在弹出的快捷菜单中选择"创建补间形状"命令，生成形状补间动画。

**STEP 5** 在"时间轴"面板中创建新图层并将其命名为"黄色矩形"。选中"黄色矩形"图层的第 27 帧，按 F6 键，插入关键帧。在"颜色"面板中将"笔触颜色"设为白色，"填充颜色"设为黄色（#FFCB18），"Alpha"选项设为 60%，如图 14-147 所示。选择"矩形"工具 ，在矩形工具"属性"面板中，将"笔触"选项设为 2，在舞台窗口中绘制 1 个矩形，效果如图 14-148 所示。

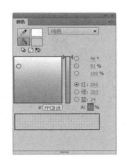

图 14-147

图 14-148

**STEP 6** 在"时间轴"面板中创建新图层并将其命名为"按钮"。选中"按钮"图层的第 27 帧，按 F6 键，插入关键帧。分别将"库"面板中的按钮元件"按钮 1""按钮 2""按钮 3""按钮 4"拖曳到舞台窗口中，并放置到适当的位置，效果如图 14-149 所示。

**STEP 7** 选择"选择"工具 ，在舞台窗口中选中"按钮 1"实例，在按钮"属性"面板"实例名称"选项的文本框中输入"a"，如图 14-150 所示。

图 14-149

图 14-150

**STEP 8** 在舞台窗口中选中"按钮 2"实例，在按钮"属性"面板"实例名称"选项的文本框中输入"b"，如图 14-151 所示。在舞台窗口中选中"按钮 3"实例，在按钮"属性"面板"实例名称"选项的文本框中输入"c"，如图 14-152 所示。在舞台窗口中选中"按钮 4"实例，在按钮"属性"面板"实例名称"选项的文本框中输入"d"，如图 14-153 所示。

图 14-151

图 14-152

图 14-153

STEP ✐**9** 在"时间轴"面板中创建新图层并将其命名为"文字"。分别选中"文字"图层的第27帧、第28帧、第29帧、第30帧，按F6键，插入关键帧。选中"文字"图层的第27帧，选择"文本"工具 T ，在文本工具"属性"面板中进行设置，在舞台窗口中适当的位置输入大小为12、字体为"方正兰亭黑简体"的黑色文字，文字效果如图14-154所示。

STEP ✐**10** 选中"文字"图层的第28帧，在文本工具"属性"面板中进行设置，在舞台窗口中适当的位置输入大小为12、字体为"方正兰亭黑简体"的黑色文字，文字效果如图14-155所示。用相同的方法在"文字"图层的第27帧、第28帧中输入需要的文字。

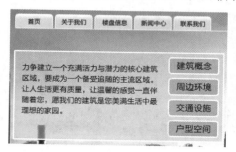

图 14-154

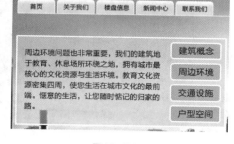

图 14-155

STEP ✐**11** 在"时间轴"面板中创建新图层并将其命名为"动作脚本"，选中"动作脚本"图层的第27帧，按F6键，插入关键帧。按F9键，弹出"动作"面板，在"动作"面板中设置脚本语言，"脚本窗口"中显示的效果如图14-156所示。房地产网页制作完成，按Ctrl+Enter组合键即可查看效果，如图14-157所示。

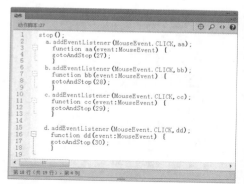

图 14-156

图 14-157

# 14.5 课堂练习1——制作端午节贺卡

## 🔍 练习知识要点

使用"文本"工具，输入标题文字和介绍文字；使用"创建传统补间"命令，制作补间动画效果；使用"属性"面板，更改实例的不透明度，如图14-158所示。

## 🔍 文件所在位置

资源包 /Ch14/ 效果 / 制作端午节贺卡 .fla。

图 14-158

制作端午节贺卡 1

制作端午节贺卡 2

制作端午节贺卡 3

制作端午节贺卡 4

## 14.6　课堂练习 2——制作滑雪网站广告

**➕ 练习知识要点**

使用"矩形"工具和"文本"工具，制作按钮效果；使用"创建传统补间"命令，制作导航条动画效果；使用"动作"面板，添加脚本语言，如图 14-159 所示。

**➕ 文件所在位置**

资源包 /Ch14/ 效果 / 制作滑雪网站广告 .fla。

图 14-159

制作滑雪网站广告 1

制作滑雪网站广告 2

制作滑雪网站广告 3

制作滑雪网站广告 4

## 14.7 课后习题 1——制作儿童电子相册

### 习题知识要点

使用"变形"面板，调整图形的大小；使用"按钮"元件，制作按钮效果；使用"动作"面板，添加脚本语言，如图 14-160 所示。

### 文件所在位置

资源包 /Ch14/ 效果 / 制作儿童电子相册 .fla。

制作儿童电子相册

图 14-160

## 14.8 课后习题 2——制作精品购物网页

### 习题知识要点

使用"钢笔"工具，绘制引导线；使用"椭圆"工具，绘制按钮图形；使用"动作"面板，添加动作脚本，如图 14-161 所示。

### 文件所在位置

资源包 /Ch14/ 效果 / 制作精品购物网页 .fla。

制作精品购物网页 1

图 14-161

制作精品购物网页 2